流域/区域气候变化影响评估报告丛书

U0822132

China Climate Change Impact Report: Huaihe River Basin

淮河流域气候变化影响评估报告

田红　高超　谢志清　马晓群　王艳君　主编

气象出版社
China Meteorological Press

内容简介

淮河介于长江和黄河两大流域之间，自然地理位置特殊，天气气候复杂多变，形成“无降水旱，有降水涝，强降水洪”的典型区域旱涝特征。深入探索气候变化对其各方面的影响，有助于积极适应和减缓气候变化，对保障淮河流域的可持续发展有重要意义。

全书共分八章，在阐述淮河流域气候变化事实的基础上，分析气候变化对流域水资源、旱涝灾害、农业、自然生态系统、能源、人体健康、旅游等方面的影响、脆弱性和适应性，并因地制宜地提出适应与减缓对策，为全球气候变化背景下淮河流域社会经济的可持续发展提供理论依据和科技支撑。本书是我国关于流域气候变化研究系列评估报告中的一本。

本书可供中央各部委和流域机构以及地方政府决策参考，亦可作为气候、气象、水文水资源、生态与环境、社会经济等领域的科研人员和有关大专院校师生的参考书目。

图书在版编目(CIP)数据

淮河流域气候变化影响评估报告/田红主编.
北京:气象出版社,2012.5
ISBN 978-7-5029-5488-8

Ⅰ.①淮…　Ⅱ.①田…　Ⅲ.①淮河-流域-气候变化-气候影响-研究报告
Ⅳ.①P468.25

中国版本图书馆 CIP 数据核字(2012)第 094100 号

Huaihe Liuyu Qihou Bianhua Yingxiang Pinggu Baogao
淮河流域气候变化影响评估报告
田红　高超　谢志清　马晓群　王艳君　主编

出版发行：气象出版社
地　　址：北京市海淀区中关村南大街 46 号　　**邮政编码**：100081
总 编 室：010-68407112　　**发 行 部**：010-68406961
网　　址：http://www.cmp.cma.gov.cn　　**E-mail**：qxcbs@cma.gov.cn
责任编辑：张锐锐　李太宇　　**终　　审**：黄润恒
封面设计：博雅思企划　　**责任技编**：吴庭芳
责任校对：赵　瑗
印　　刷：北京中新伟业印刷有限公司
开　　本：787 mm×1092 mm　1/16　　**印　　张**：11.25
字　　数：300 千字
版　　次：2012 年 7 月第 1 版　　**印　　次**：2012 年 7 月第 1 次印刷
定　　价：48.00 元

序言

科学研究表明，当前全球气候正经历一次以变暖为主要特征的显著变化。政府间气候变化专门委员会（IPCC）2007 年公布的第四次评估报告（AR4）指出，最近 100 年中，全球平均地表气温升高了 0.74℃，这是由于人类活动所排放温室气体产生的增温效应造成的，预计到 21 世纪末全球平均气温将升高 1.1～6.4℃。由气候变暖引起的一系列气候和环境问题日益突出，将对农业（含林业）、水资源、自然生态系统（草原、湖泊湿地、冰川和冻土）、人类健康和社会经济等产生重大影响，甚至给人类社会带来灾难性后果，已经成为全球可持续发展面临的最严峻挑战之一。因此，人类社会应积极应对气候变化并采取措施减缓气候变化带来的负面效应。

我国幅员辽阔，生态环境脆弱，气候变化对不同地区的生态系统将产生不同的影响。我国不同的区域对气候变化的响应不同，敏感度和适应能力也不同，是遭受气候变化不利影响最为严重的国家之一。妥善应对气候变化，事关我国经济社会发展全局和人民群众切身利益，事关国家根本利益。2008 年 6 月，中共中央政治局将第 6 次集体学习内容定为“全球气候变化和我国加强应对气候变化能力建设”，胡锦涛总书记强调，必须以对中华民族和全人类长远发展高度负责的精神，充分认识应对气候变化的重要性和紧迫性，坚定不移地走可持续发展道路，采取更加有力的政策措施，全面加强应对气候变化能力建设，为我国和全球可持续发展事业进行不懈努力。他还在讲话中指出，我国正处于全面建设小康社会的关键时期，同时也处于工业化、城镇化加快发展的重要阶段，发展经济和改善民生的任务十分繁重，应对气候变化的任务也十分艰巨，并要求加强气候变化综合影响评估，在经济建设和城乡建设中高度重视气候评价和灾害风险评估，夯实应对气候变化及其风险的工程基础。为了贯彻落实胡锦涛总书记的重要讲话精神，科学技术部、中国气象局、中国科学院等牵头启动了第二次《气候变化国家评估报告》的编写。同时，《中国气候与环境演变：2012》等一系列重要的气候变化科学报告也正在编制中，而《气候变化国家评估报告》、《中国应对气候变化国家方案》等方案的发布和实施，有力地推动了气候变化影响的研究和评估工作。中国气象局于2008年成立了气候变化中心，强化气候变化决策和公共服务职能，并重点加强在区域温室气体监测、气候系统基础数据分析处理、极端天气气候事件分析和气候系统模式研发，以及农业、水资源等关键领域气候变化影响评估、决策咨询服务等方面的工作。在地方层面，为了给地方应对气候变化方案提供科学支撑，同时为地方政府把气候变化纳入到区域发展规划提供科学支撑，中国气象局气候变化中心在全国范围组织了“流域/区域气候变化影响评估系列报告”的编写，在不同的气候变化响应的区域和流域上，探索研究中国的气候变化及其影响所具有的区域特征，以及气候变化对自然和社会经济系统的影响、脆弱性和适应性；发展区域尺度上气候变化影响评估的理论、方法和技术。

《流域/区域气候变化影响评估报告》系列丛书的出版，适逢IPCC第五次评估报告进入实质性编写阶段，丛书中富有区域特色的气候变化影响事实与适应对策论述，将为全球尺度的气候变化影响评估工作提供有益参考。这项研究成果的出版，得益于2009年中国气象局气候变化专项的特别资助，同时还要感谢参加编写的所有作者和参与此项工作的评审专家和相关工作人员。

中国气象局局长

郑国光

前言

淮河流域地处我国东部，介于长江和黄河流域之间，位于东经111°55′～121°25′，北纬30°55′～36°36′，面积约为27万km²。流域西起桐柏山、伏牛山，东邻黄海，南以大别山、江淮丘陵、通扬运河及如泰运河南堤与长江分界，北以黄河南堤和泰山为界与黄河流域毗邻。淮河流域属南北气候、高低纬度和海陆相三种过渡带的重叠地区，天气气候复杂多变，形成"无降水旱，有降水涝，强降水洪"的典型区域旱涝特征。流域地跨湖北、河南、安徽、山东、江苏5省40个地（市），181个县（市），总人口约为1.65亿人，平均人口密度约为630人/km²，是全国平均人口密度的5倍。粮食产量占全国粮食总产量约18%，在我国农业生产中占有举足轻重的地位。

在气候变化过程中淮河流域所面临的挑战十分严峻，如水资源的时空分布规律发生变化，旱涝事件有增多加剧的趋势，农业、自然生态系统以及其他对气候变化敏感的行业和领域也受到不同程度的影响。为了应对气候变化，2008年6月，中共中央政治局第6次集体学习的内容为"全球气候变化和我国加强应对气候变化能力建设"。胡锦涛总书记强调，必须充分认识应对气候变化的重要性和紧迫性，全面加强应对气候变化能力建设，加强气候变化综合影响评估，在经济建设和城乡建设中高度重视气候评价和灾害风险评估。

为了贯彻落实胡锦涛总书记在中央政治局集体学习会上的讲话精神，为国家气候变化综合影响报告提供科学支撑，同时也为地方政府区域发展规划提供科学支撑，中国气象局国家气候中心于2008年开始对我国八个不同气候敏感区组织《流域/区域气候变化综合影响评估报告》的编写工作，研究和拓展区域气候变化影响评估的理论、方法和技术。本书是针对敏感区之一的淮河流域编写的，强调突出淮河流域的区域特色，重点分析流域近50 a的气候变化事实以及未来的可能趋势，评估其对经济、社会、环境带来的影响，并提出适应性对策建议。

全书分为八章，依次叙述淮河流域气候变化的观测事实及未来趋势，气候变化对流域水资源、旱涝灾害、农业、生态系统、能源、人体健康等方面的影响、适应和减缓措施的综合评估。在编写形式上采用提要、正文和专栏等形式，服务于不同读者的需求。

本书是在中国气象局2009年气候变化专项支持下，由国家气候中心姜彤研究员组织，安徽省气候中心、安徽省气象科学研究所、江苏省气象科学研究所、安徽师范大学、南京信息工程大学、中国科学院南京地理与湖泊研究所等单位20余位长期从事淮河流域研究的工作人员，用两年多的时间完成的。姜彤、田红、曾燕、高超、马晓群、徐敏等全面策划报告内容并构思提纲，经过多次集体讨论确定。各章节内容和编写者如下：

前　　言　高超（安徽师范大学）　田红（安徽省气候中心）
报告提要　高超（安徽师范大学）　田红（安徽省气候中心）
第 一 章　曾燕　谢志清　王珂清　苗茜（江苏省气象科学研究所）
第 二 章　高超（安徽师范大学）
第 三 章　徐敏　程智（安徽省气候中心）
第 四 章　马晓群　江春（安徽省气象科学研究所）
第 五 章　王艳君（南京信息工程大学）
第 六 章　高超（安徽师范大学）
第 七 章　田红　王胜（安徽省气候中心）
第 八 章　王胜　田红（安徽省气候中心）

此外，本书在编写和出版期间，得到了多方的帮助和支持。国家气候中心罗勇研究员和中国气象局科技与气候变化司袁佳双处长在项目协调、规划和组织等方面给予了大力支持，国家气候中心许红梅、苏布达、刘绿柳、张称意、张勇、曹丽格、翟建青、李修仓，德国专家Marco Gemmer、Thomas Fischer、Lucie Vaucel给予了帮助，南京信息工程大学谈丰、方玉在全文系统审阅和修改上做了大量工作，中国气象科学研究院王石立、安徽省气象科学研究所吴必文、河南省气候中心王纪军、竹磊磊、山东省气候中心邹瑾等也对本书提出宝贵建议，安徽省临淮岗洪水控制工程管理局为本书提供了封面图片，在此一并表示感谢。

由于本书内容涉及面广，同时因气候变化影响涉及面广，故书中尚有许多不足之处，恳请广大读者批评指正，以便在后续报告中加以改进。

编者

2011年11月

报告提要

淮河流域位于我国东部，介于长江和黄河流域之间，地跨湖北、河南、安徽、江苏、山东五省，流域西部、西南部及东北部为山地丘陵区，其余为广阔的平原，地处暖温带和北亚热带两大气候带的过渡区，属半湿润季风气候，光、热、水资源丰富，四季分明，雨热同季，有利于农作物生长发育，是我国粮食主产区和重要的农产品基地之一，现有耕地面积约 1333 万 hm^2，2009 年粮食产量占全国粮食总产量的 18%左右。

一、淮河流域 1961—2008 年气温明显增高，降水变化趋势不明显，但年际变率加大；根据全球气候模式数据预估，未来淮河流域各情景气温均呈现上升趋势，降水以增加趋势为主

根据淮河流域内 170 个气象站 1961—2008 年的观测数据，淮河流域年平均气温和极端最低气温升高趋势明显，尤其是 2000 年以后上升趋势最为显著，而年极端最高气温总体呈现下降趋势。大部分地区年降水量、年极端降水量和极端降水事件日数无明显变化。年日照时数呈显著减少趋势（倾向率为－98.3 h/10 a），且流域西北部日照时数减少程度大于东南部。17 个全球气候模式对温室气体不同排放情景下（高、中、低排放）的未来气候变化趋势预估结果表明，2001—2050 年流域四季和年平均气温均将明显上升，降水模拟结果有差异，但以增加趋势为主。

二、气候变化改变了淮河流域水资源时空分布格局，水文极端事件增加，旱涝灾害频发；给农业带来生长季延长等正面影响的同时，也带来如病虫害和气象灾害增多、农业生产的不稳定性增加等负面影响；气候变化影响森林生态系统结构和物种组成，

湿地表现出显著的生态脆弱性特征；加剧了能源供应的紧张局面；给人体健康带来不利影响

水资源方面，整体而言淮河干流径流量有下降趋势，同时出现极端流量的频率有所增加，旱涝事件趋多趋强。特别是进入21世纪以来，2003、2005、2007年淮河流域先后发生大洪水，2001、2004、2008、2009、2010年又出现大旱。旱涝灾害组合复杂，常常是年内交替出现（尤其是旱涝急转），流域面上共存。

已观测到的气候变化对淮河流域农业的影响有，作物生长季延长，农作物复种指数提高，一年两熟面积扩大，水稻、玉米中晚熟品种面积增加，有利于提高作物产量。但由于气象灾害和病虫害发生趋重，故气候变化导致农业生产的不稳定性增加，农业损失加大。未来气候变化对农业的负面影响将会增多，农业生产结构和布局发生变动。

气候变化对淮河流域生态系统的影响主要表现在，影响森林生态系统结构和物种组成，热带雨林将侵入到目前的亚热带或温带地区，温带森林面积将减少，使森林生产力增加，春季物候提前，果实期提前，落叶期推迟，绿叶期延长；影响湿地水文情势，湖泊水域面积减少，湿地萎缩，破坏湿地生物多样性，使湿地由CO_2的“汇”变成“源”。

气候变化对能源消费的影响主要表现在生活中的冬季取暖和夏季降温的能源消耗上，淮河流域采暖度日减少而制冷度日开始回升，综合而言，加剧了能源供应的紧张局面。

气候变化影响人体健康，如洪涝灾害容易引发与水情密切相关的肠道传染病等发病率上升，血吸虫病则可能因为淮河流域极端最低温度升高而向流域北部传播蔓延，夏季高温热害的增多诱发老弱人员中暑等。

三、为了应对气候变化，淮河流域在水资源、农业、生态、能源等领域采取了一系列适应和减缓措施并取得成效，未来仍然要坚持适应和减缓并重的原则，在政策、技术等方面继续跟进

淮河流域人口众多，经济基础较为薄弱，能源结构以煤炭为主，是我国温室气体排放浓度较高的地区，应对气候变化面临巨大挑战。尽管如此，淮河流域在农业、水资源、能源等领域采取了一系列适应措施并取得成效，治淮19项骨干工程就是一个典型案例。在减缓方面，通过关停小火电、淘汰落后炼钢等措施，实施高效节能与新能源领域相关项目，提高企业节能成效，开展国际合作，如实施综合利用瓦斯发电等项目。

未来淮河流域应对气候变化仍然要坚持适应和减缓并重的原则。适合于本流域的适应性对策主要有：加强对气象灾害的预警预报，大力推行节水技术、尤其是农业节

水，构建节水型社会；提高防洪排涝能力，增强淮河流域对旱涝灾害的适应能力；植树造林，加强水土保持，治理水土流失。农业方面，加强农业基础设施建设和农田基本建设；调整农业结构和种植制度，发展多种经营，农牧渔业并举；选育适应性强的抗逆农作物品种，发展生物技术等新技术，不断提高对气候变化的适应性。自然生态系统方面，建设森林生态系统和湿地生态系统保护工程，保护生物多样性；扩大植树造林、保护湿地、增加碳汇，加大森林火灾与病虫害的防治。

适合于本流域的减缓措施和政策建议：提高风能等新能源的利用、养成节约用水用电的生活习惯，加强淮河流域防洪与排涝项目建设，加强城市、农村村庄布点合理规划，建立健全影响公众健康的疾病监测和预警系统，落实提高政策性农业保险等措施，发展低碳经济，减少温室气体排放；加大生态保护，增加碳汇功能；实施清洁发展机制，引进国外资金与技术；加强减缓气候变化的法律法规体系建设，有步骤地实施温室气体减排技术的研发与推广普及工作。

目录

Contents

第一章

淮河流域气候变化观测事实和预估

曾燕，谢志清，王珂清，苗茜（江苏省气象科学研究所）

引 言

本章主要对1961—2008年淮河流域的气候变化观测事实做出科学分析，同时对由于人类活动引起的2001—2050年气候变化可能趋势进行初步预估。首先，介绍淮河流域气候的基本特点；其次，阐述淮河流域气候变化主要观测事实；再次，描述淮河流域极端气候事件的变化情况；最后，预估淮河流域未来温室气体排放情景下的气候变化趋势。

专 栏

气候：狭义上，气候通常被定义为天气的平均状况，或更严格地表述为，在某个时期内对相关量的均值和变率作出的统计描述，而一个时期的长度从几个月至几千年甚至几百万年不等。通常求各变量平均值的时期是世界气象组织（WMO）定义的30 a。这些相关量一般指地表变量，如温度、降水和风。更广义上，气候就是气候系统的状态，包括统计上的描述（IPCC，2007）。

气候变化：指气候状态的变化，而这种变化能够通过其特性的平均值和/或变率的变化予以判别（如：运用统计检验），气候变化将在延伸期内持续，通常为几十年或更长时期。气候变化的原因可能是由于自然内部过程或外部强迫，或是由于大气成分和土地利用中持续的人为变化。注意《联合国气候变化框架公约》(UNFCCC)第一条将气候变化定义为"在可比时期内所观测到的自然气候变率之外的直接或间接归因于人类活动改变全球大气成分所导致的气候变化"。因此,UNFCCC对可归因于人类活动而改变大气成分后的气候变化与可归因于自然原因的气候变率作出了明确的区分(IPCC,2007)。

气候倾向率:

气象要素的趋势变化一般用一次线性方程表示,即:

$$\hat{x}_t = a_0 + a_1 t \qquad t = 1,2,\cdots,n(\mathrm{a})$$

将 $a_1 \cdot 10$ 称为气候倾向率,单位为气象要素单位/10 a,并根据统计检验判断这种气候趋势是否有意义,还是一种随机振动(Jones,1978)。

气候变率:是指在所有空间和时间尺度上气候平均状态和其他统计值(如标准偏差,出现极值的概率等)的变化,这种变化超出了单个天气事件的变化尺度。变率或许由于气候系统内部的自然过程(内部变率),或由于自然或人为外部强迫(外部变率)所致(IPCC,2007)。

降水日数:降水日数是指观测有降水的日子。一个降水日所必需测到的最小降水量一般定为 0.1 mm,降水日数按月或年统计。

降水强度:单位时间内的降水量,通常测定 5 min、10 min 和 1 h 内的最大降水量。气象部门把下雨下雪都叫做降水。在气象上用降水量来区分降水的强度,可分为:小雨、中雨、大雨、暴雨、大暴雨、特大暴雨,小雪、中雪、大雪和暴雪等。

第一节　基本气候要素

IPCC 的第一、第二和第三次报告基于全球观测资料对全球气候变化状况进行的评估结果如下:全球表面平均气温在 20 世纪已升高约 0.6℃;北半球中高纬度降水量每 10 a增加 0.5%～1%;20 世纪下半叶大雨频率增加 2%～4%。第四次评估报告进一步指出:1906—2005 年全球年平均气温升高了 0.74℃,高于 1901—2000 年 0.6℃的增温值,气候系统变暖是毋庸置疑的,亚洲相比除非洲外的其他五个大洲(南极洲未参与比较)气温的上升幅度要高。《气候变化国家评估报告》预测:到 2020 年,我国年平均气温可能增加 1.1～2.1℃,年平均降水量可能增加 2%～3%,降水日数在北方显著增加,降水区域差异更为明显;未来极端天气气候事件呈增加趋势。

一、气温

根据淮河流域内 170 个常规气象站 1961—2008 年气象观测资料统计,全流域年平均气温为 14.4℃。从空间分布上看，年平均气温呈现由北向南逐步递增的纬向分布特征。流域西南部的驻马店—阜阳—蚌埠一线以南以及东南部的扬州、泰州一带为高温区域，年平均气温超过 15.0℃。流域北部枣庄—连云港一线以北地区为低温区域，在 14℃以下(图 1.1)。

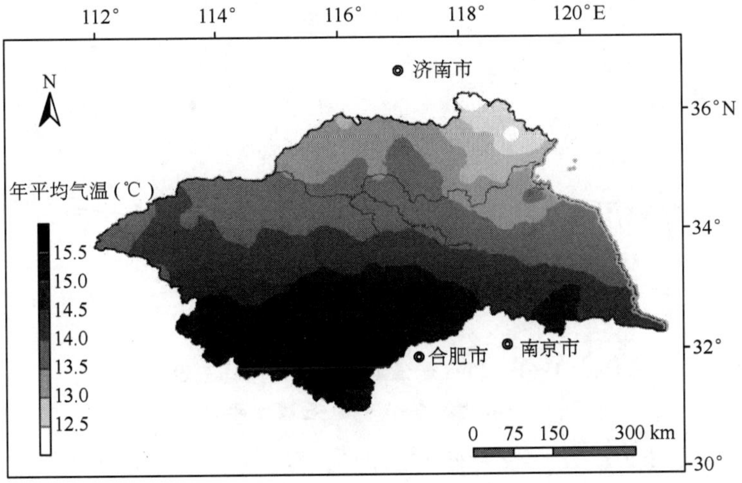

图 1.1 淮河流域年平均气温空间分布

1. 平均气温

1961—2008 年淮河流域年平均气温呈现明显升高趋势，上升趋势通过 0.01 显著性水平检验，其气候倾向率为 0.21℃/10 a。从图 1.2 可知，20 世纪 90 年代之后气温上升趋势更为显著。170 个站点中有 143 个站点的升温趋势达到 0.05 显著水平。

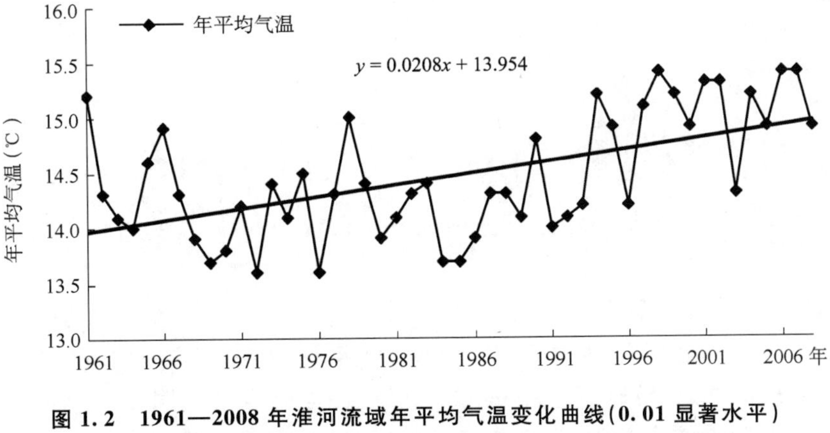

图 1.2 1961—2008 年淮河流域年平均气温变化曲线(0.01 显著水平)

1961—2008 年的四季平均气温变化情况如图 1.3，春、秋、冬三季均出现不同程度的上升，且上升趋势通过 0.01 显著性水平检验。冬季平均气温的增温幅度最大，其气候倾向率为 0.39℃/10 a，春、秋季略小一些。夏季平均气温呈现微弱下降的趋势，但未通过统计检验。

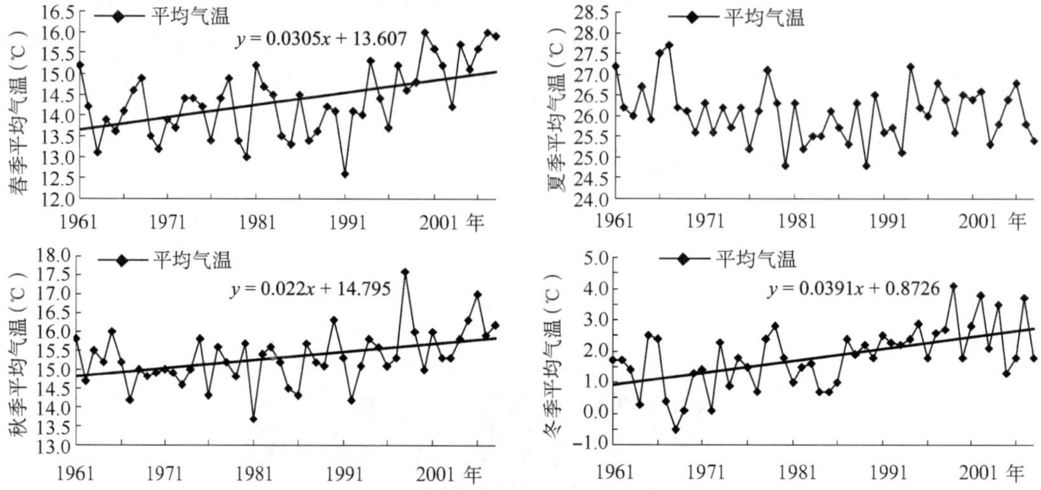

图 1.3　1961—2008 年淮河流域四季平均气温变化曲线

（春、秋、冬季 0.01 显著水平）

淮河流域气温季节变化比较明显(表 1.1)。夏季全流域多年平均气温为 26.1℃,冬季为 1.8℃。20 世纪 90 年代之后,年平均气温呈现上升趋势,春、秋、冬季上升较为明显。

表 1.1　　1961—2008 年淮河流域不同年代平均气温(单位:℃)

年代	年	春季	夏季	秋季	冬季
1961—1970	14.3	14.0	26.5	15.1	1.1
1971—1980	14.2	14.0	26.0	15.1	1.6
1981—1990	14.2	14.1	25.7	15.1	1.5
1991—2000	14.7	14.5	26.1	15.5	2.5
2001—2008	15.1	15.4	26.1	16.0	2.6
多年平均	14.5	14.4	26.1	15.3	1.8

为了能够更明显地看出气温增长情况,取 1971—2000 年 30 a 的气候平均值为参照。相对于 30 a 气温平均值而言,20 世纪 90 年代以来,气温的升高显著。1991—2000 年的年平均气温升高幅度达到 0.4℃,其中冬季增温最为明显,为 0.7℃,春、秋次之,约为 0.3℃,夏季增温最少,为 0.2℃。2000 年以后增温幅度更大,年平均气温较30 a 均值增加了 0.7℃,春季增温最为显著,高达 1.2℃,秋、冬次之,夏季增温幅度最小(表 1.2)。

表 1.2　淮河流域 1961—2008 年季节平均气温年代变化(相对 1971—2000 年平均;单位:℃)

年代	年	春季	夏季	秋季	冬季
1961—1970	−0.1	−0.2	0.6	−0.1	−0.7
1971—1980	−0.2	−0.2	0.0	−0.1	−0.3
1981—1990	−0.2	−0.1	−0.2	−0.1	−0.4
1991—2000	0.4	0.3	0.2	0.3	0.7
2001—2008	0.7	1.2	0.1	0.7	0.7

淮河流域内各站点的年平均气温变化存在着一定的地区差异(图 1.4)。总体来说,流域气温升高呈东部大于西部、沿海大于内陆的趋势。东部菏泽—徐州—扬州一线以东地区的年平均气温上升趋势较为明显,流域北部济宁—徐州—临沂一带以及安徽省北部宿州—淮南—蚌埠一带变化幅度最大,形成相对高值区,流域西北部平顶山—许昌一带地区的年平均气温则无明显变化趋势。

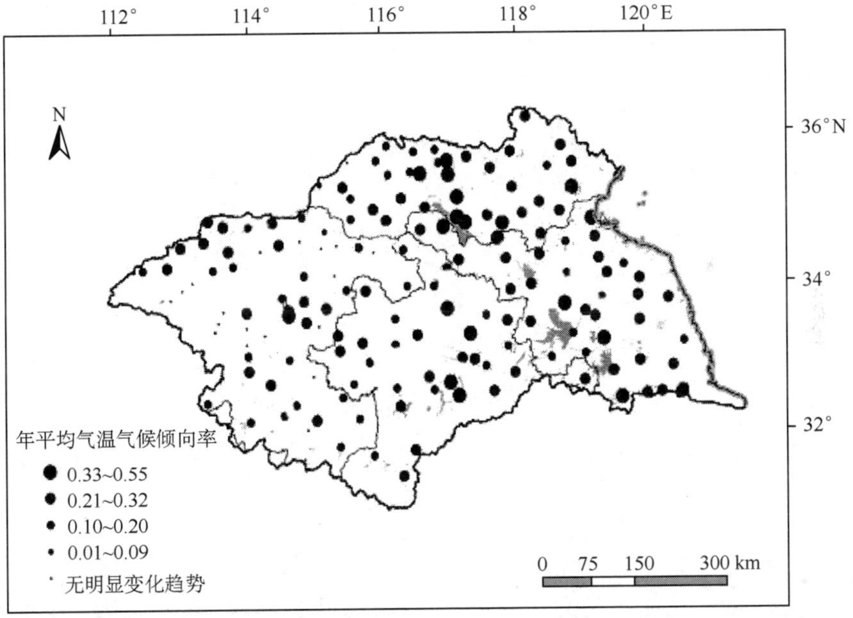

图 1.4　1961—2008 年淮河流域年平均气温气候倾向率空间分布(单位:℃/10 a)

从淮河流域四季平均气温变化的空间分布(图 1.5)看,春、秋、冬季淮河流域大部分地区平均气温都呈现上升趋势,并且冬季上升趋势最大、上升的区域最广,这三季上升趋势最为显著的地区集中在淮北、枣庄、济宁一带,气候倾向率在 0.36℃/10 a 以上,而流域西部的驻马店—平顶山—许昌一带则没有明显变化趋势。夏季,流域中部和东部大部分地区平均气温没有明显变化,菏泽—阜阳—信阳一线西北地区呈现明显下降趋势,在春、秋、冬季没有明显变化的驻马店—平顶山—许昌一带,夏季平均气温下降最为显著,气候倾向率在−0.2℃/10 a 以下。

图 1.5 1961—2008 年淮河流域四季平均气温气候倾向率空间分布（单位：℃/10 a）

2. 平均最低气温

1961—2008 年淮河流域年平均最低气温呈现明显的上升趋势，年平均最低气温的气候倾向率达到 0.35℃/10 a，通过 0.01 显著性水平检验。值得关注的是，20 世纪 90 年代之后，年平均最低气温的上升趋势尤为明显。1998、2006、2007 三年的年平均最低气温更是达到了 11.3℃之高，比 1968 年的平均最低气温 8.7℃高出了 2.6℃(图 1.6)。

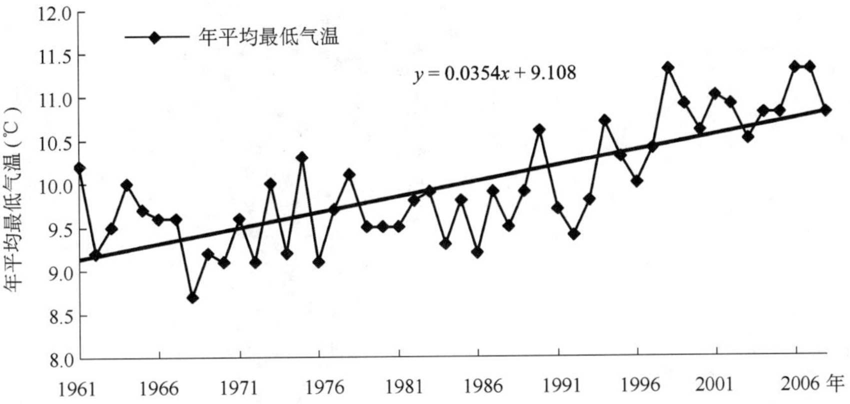

图 1.6　1961—2008 年淮河流域年平均最低气温变化曲线(0.01 显著水平)

对比淮河流域四季平均最低气温变化，可以看出：冬季上升趋势最为明显，气候倾向率达到 0.57℃/10 a，春季次之，为 0.43℃/10 a，秋季为 0.30℃/10 a。除夏季未通过统计检验外，春、秋、冬季的平均最低气温上升趋势均通过 0.01 显著性水平检验(图1.7)。

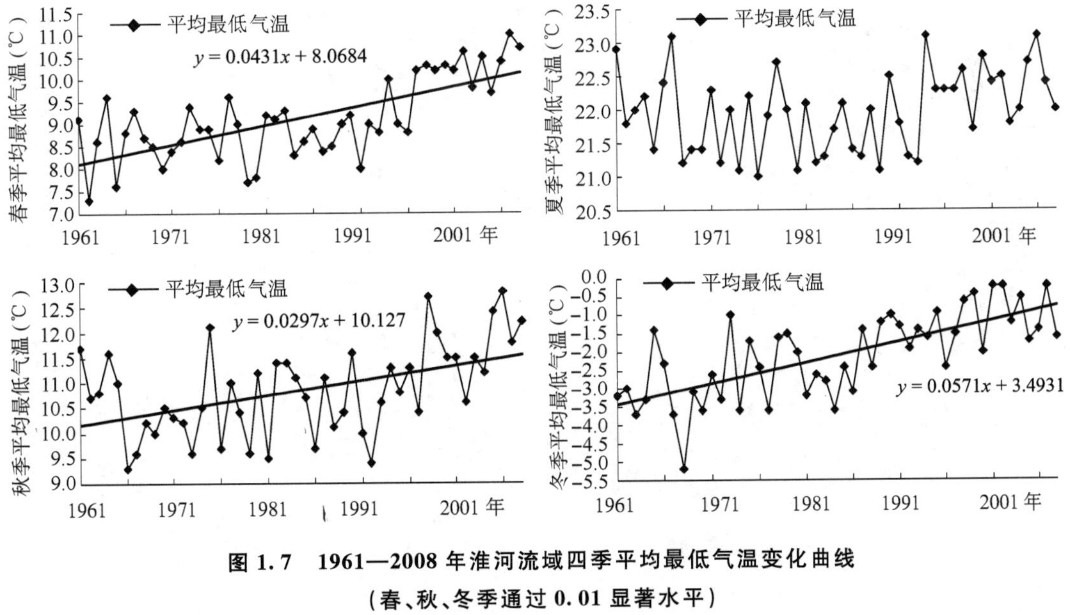

图 1.7　1961—2008 年淮河流域四季平均最低气温变化曲线
(春、秋、冬季通过 0.01 显著水平)

由平均最低气温变化的空间分布上看(图 1.8)，冬季全流域的平均最低气温上升最显著，其中北部济宁—徐州—枣庄一带上升幅度最大，西部的许昌—驻马店—信阳一线

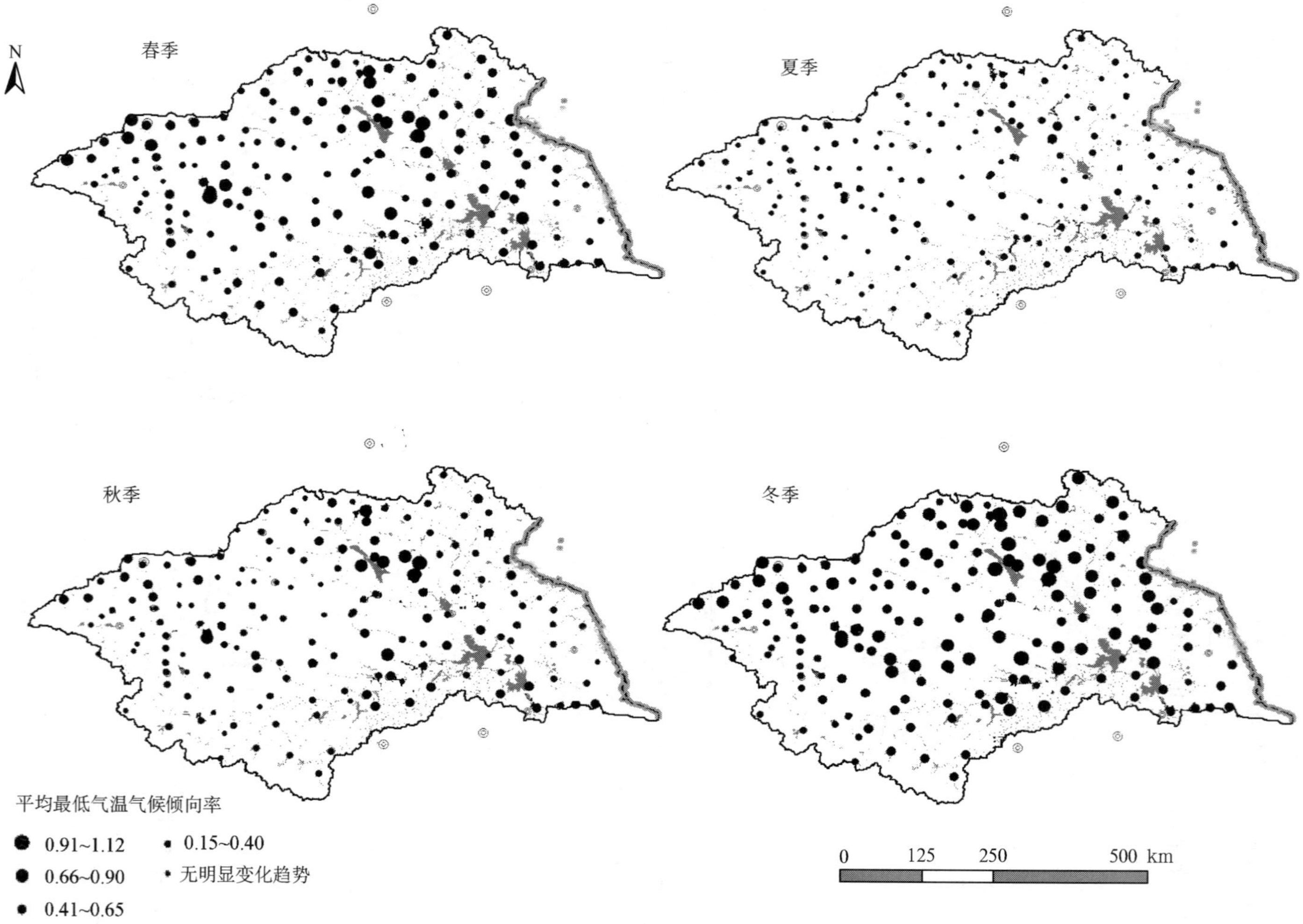

图1.8　1961—2008年淮河流域四季平均最低气温气候倾向率空间分布（单位：℃/10 a）

以西则相对较小；春、秋季平均最低气温升高幅度较冬季略小，高值区域仍集中在济宁—徐州—枣庄一带；夏季平均最低气温在全流域范围内几乎没有明显变化。

3. 平均最高气温

与年平均最低气温变化趋势有所不同，1961—2008 年淮河流域年平均最高气温的总体变化趋势不明显。然而 20 世纪 90 年代之后的年平均最高气温明显高于 70、80 年代（图 1.9）。

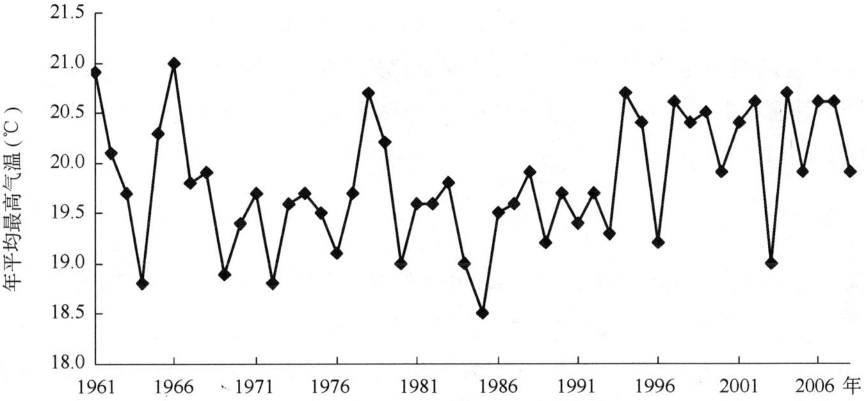

图 1.9　1961—2008 年淮河流域年平均最高气温变化曲线

统计结果显示，淮河流域秋季平均最高气温增加趋势通过 0.05 显著性水平检验，气候倾向率为 0.20℃/10 a，春、冬季上升趋势相对较弱，没有通过显著性检验。值得关注的是，夏季平均最高气温出现明显下降趋势，且下降趋势通过 0.05 显著性水平检验，气候倾向率为－0.19℃/10 a(图 1.10)。

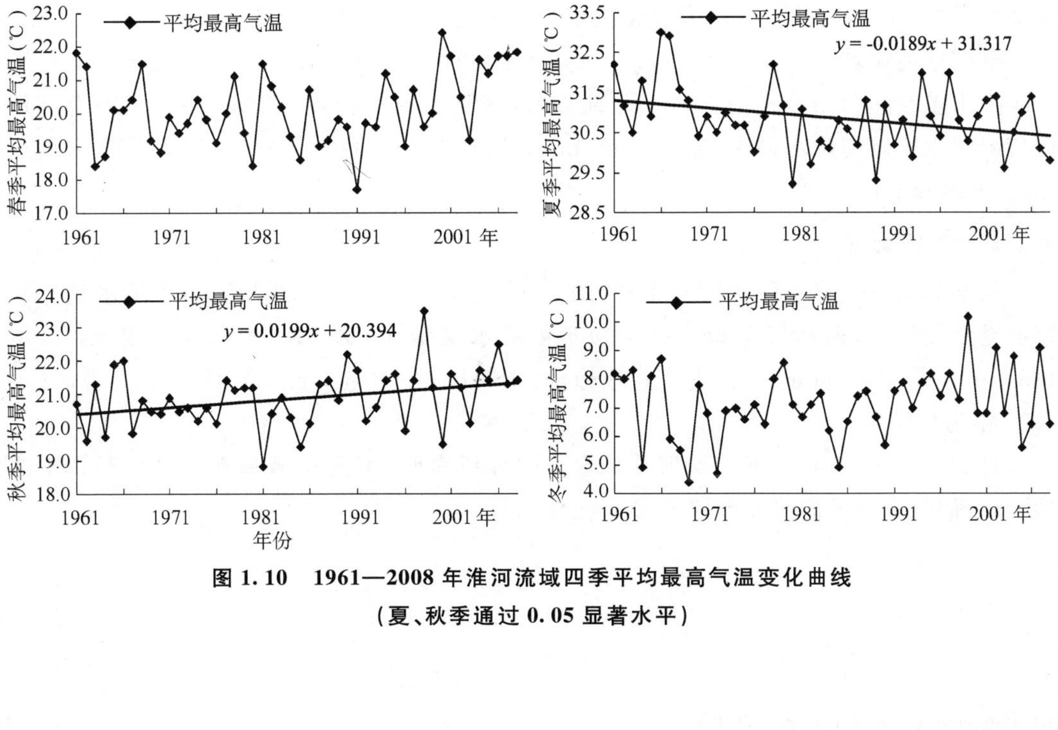

图 1.10　1961—2008 年淮河流域四季平均最高气温变化曲线

（夏、秋季通过 0.05 显著水平）

淮河流域四季平均最高气温的气候倾向率空间分布与平均最低气温变化的空间分布情况差别较大。全流域170个气象观测站中，平均最高气温呈现上升趋势且通过0.05显著性水平检验的站点春季有75个，秋季有83个，冬季有48个。春季宿州—济宁以西、阜阳—驻马店以北地区的平均最高气温没有明显的变化趋势，升温幅度较大的区域集中在淮河以南和流域东南部的淮安—盐城以南地区。秋季平均最高气温呈显著上升趋势的站点在全流域的分布相对比较均匀；冬季平均最高气温呈现显著升高的区域则集中在流域东部济宁—宿迁—扬州以东，其余大部分地区则没有明显变化。夏季平均最高气温则呈现显著下降趋势，且下降趋势显著水平达0.05以上的站点为84个，就空间分布来看，主要集中在淮河流域中部与西部地区，其中平顶山—信阳一带下降尤为明显（图1.11）。

二、降水

淮河流域地处中纬度副热带典型季风气候区，降水较为丰沛，但降水量年代变率较大且季节性变化显著，使得淮河流域干旱、洪涝灾害频繁发生。谢义炳等（1959）和Murakami, *et al.*（1959）指出中国夏季降水有两个水汽来源：一是从西太平洋高压南缘以南风及东南风的形式进入我国内陆，二是从印度低压东南方以西南风形式进入我国西南部。而研究表明，淮河流域汛期降水实际上就是东亚夏季风推进的产物（丁一汇，1993；尹东屏等，2005）。淮河流域降水主要集中在主汛期，主汛期降水呈南部多于北部、山区多于平原、近海多于内陆的特点。主汛期平均降水量年际变率大，尤其是最近10 a降水增加趋势明显，但降水未出现统计显著的突变（王胜等，2009）。

淮河流域多年平均年降水量为850 mm，夏季多年平均降水量为465 mm，约占到全年降水量的54%，故夏季降水多寡是决定当年旱涝情况的主要因素。

根据淮河流域170个站点1961—2008年的降水观测资料统计，淮河流域内多年平均年降水量空间分布呈现南部多于北部、山区多于平原的特点（图1.12）。流域南部地区信阳—六安以南降水最多，超过1100 mm；北部许昌—菏泽—济宁一线以北降水量最小，在650 mm以下。

1. 降水量变化

从全流域平均降水量年际变化看（图1.13）：1961—2008年淮河流域年降水量并没有明显变化趋势，但年际波动较大，1966年降水量最小，为511 mm，2003年最大，达1284 mm；进入21世纪降水量呈上升趋势。2001—2008年，淮河流域8年5涝，其中2003年为特涝年。

对1961—2008年淮河流域四季降水量的分析表明，淮河流域降水量呈现明显季节性变化，但每个季节内降水量没有显著变化趋势。

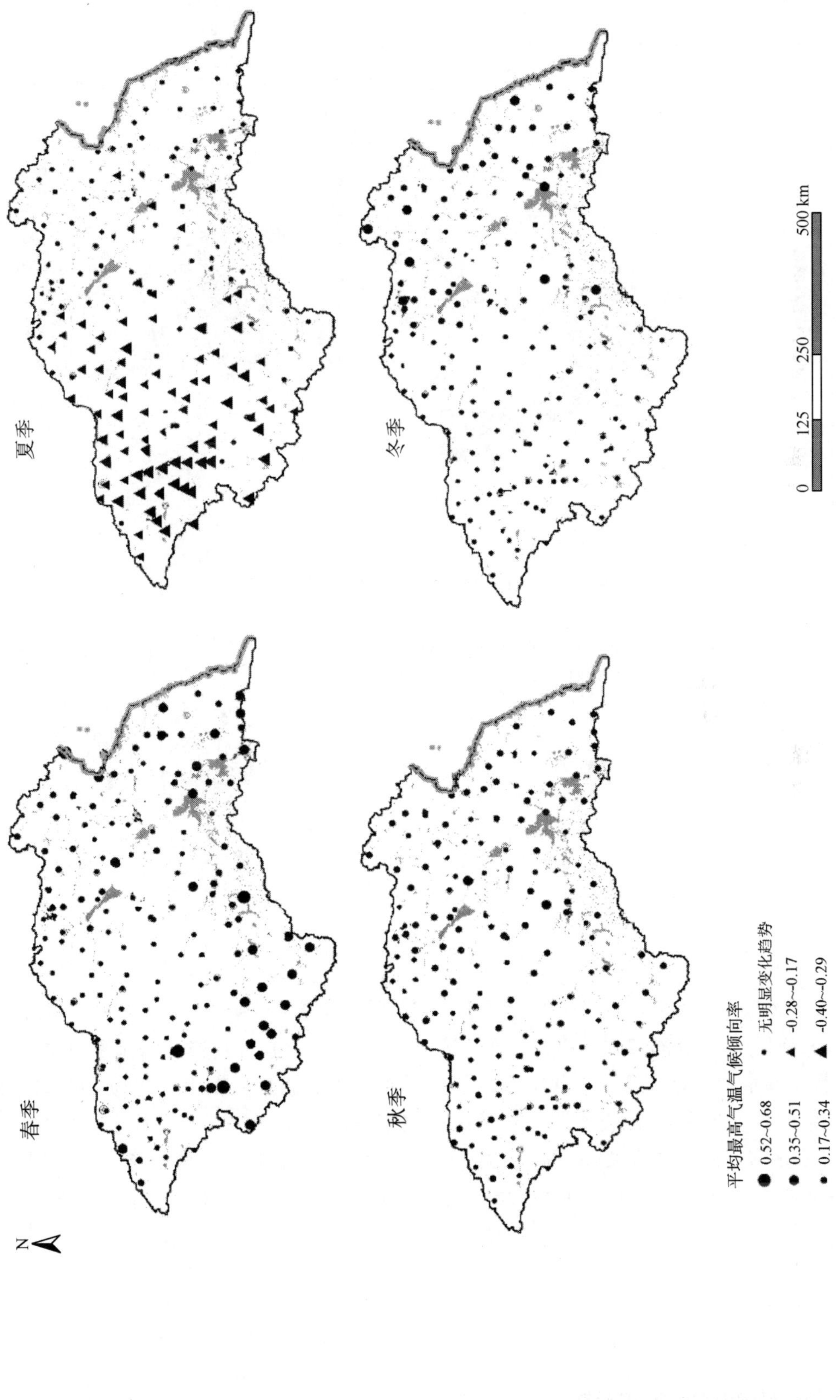

图1.11　1961—2008年淮河流域四季平均最高气温气候倾向率空间分布（单位：℃/10 a）

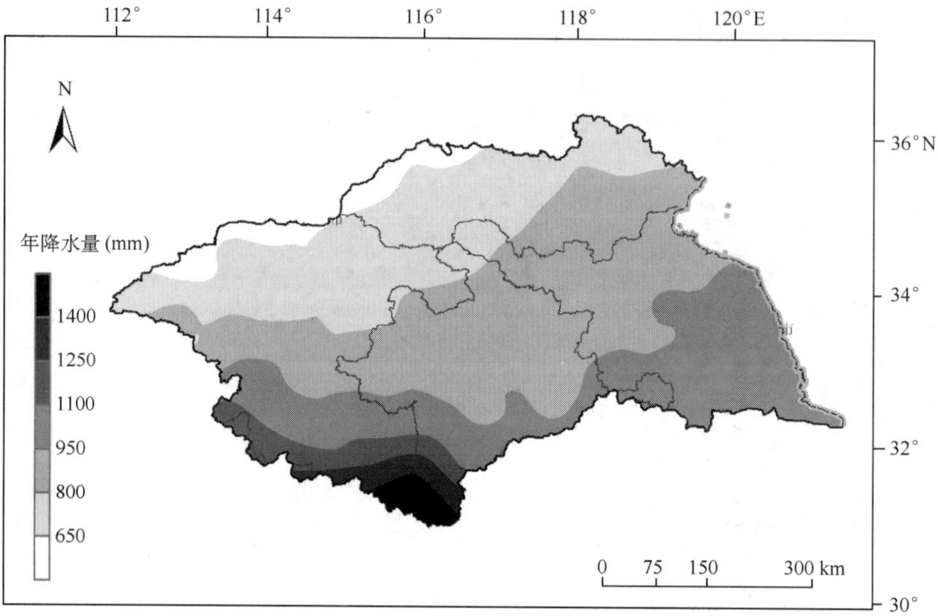

图 1.12 淮河流域年降水量空间分布

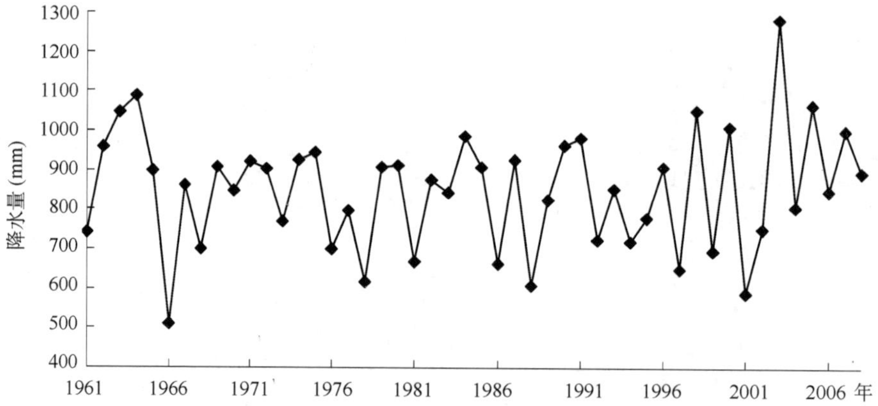

图 1.13 1961—2008 年淮河流域年降水量变化曲线

1961—2008 年全流域多年平均四季降水量显示(表 1.3),淮河流域降水主要集中在夏季,夏季降水量的年际变化与年降水量的年际变化形式基本一致(图 1.14),由于 6—8 月是淮河流域的主汛期,故夏季降水量是决定当年旱涝的主要因素。整体上,夏季(6—8 月)降水最多,春、秋季次之,冬季(12 月—次年 2 月)最少(图 1.14)。从淮河流域不同年代降水量变化看,从 20 世纪 90 年代开始,秋季降水量呈下降趋势,夏季降水量却明显增加,年降水量亦增加,2001—2008 年夏季多年平均降水量高达 546 mm。

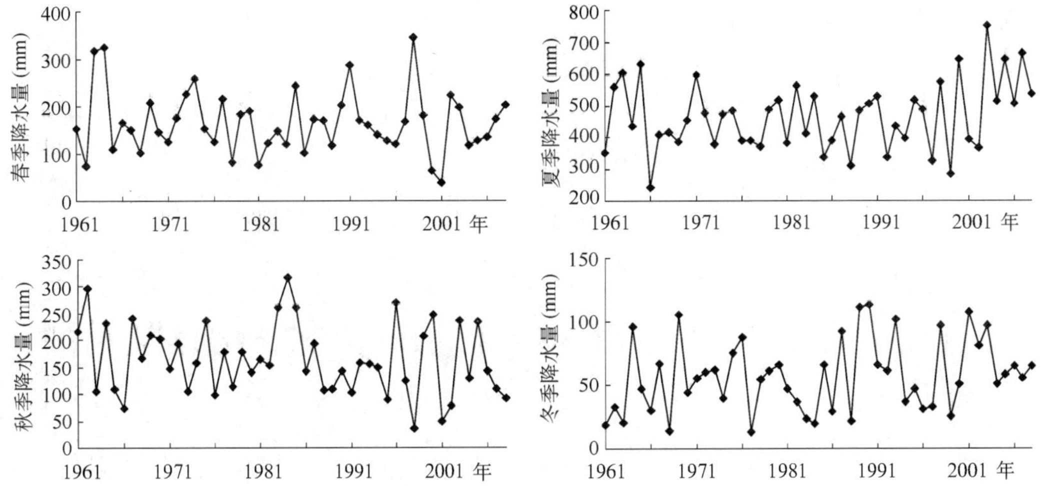

图 1.14　1961—2008 年淮河流域四季降水量变化曲线

表 1.3　1961—2008 年淮河流域不同年代平均降水量(单位:mm)

年代	年	春季	夏季	秋季	冬季
1961—1970	855	175	449	185	48
1971—1980	840	172	455	155	58
1981—1990	827	147	438	185	56
1991—2000	837	175	452	154	55
2001—2008	904	151	546	134	73
多年平均	850	165	465	164	57

将 1971—2000 年 30 a 平均降水量作为气候平均态进行参照对比(表 1.4),可以看出淮河流域年降水量大致呈高—低—高的年代际变化:在 20 世纪 60 年代还是相对较高的,80 年代较少,2001—2008 年流域平均年降水量最高。

淮河流域大部分地区年降水量变化趋势并不明显:仅 5 个站点的降水量呈现明显增加趋势,且分布比较分散;其余站点均无明显变化(图 1.15)。

从四季降水量气候倾向率的空间分布上看,淮河流域 170 个站点的春季降水量均无明显变化趋势,夏季有 15 个站点呈现显著上升趋势,变化较大的区域集中在流域北部的枣庄—徐州一带,以及流域西北部商丘—阜阳—平顶山一带;秋季则有 10 个站点降水量出现不同程度的显著减少,分布较为分散;冬季有 25 个站点呈现显著上升趋势,集中在南部的阜阳—盐城一线以南地区(图 1.16)。

表 1.4　淮河流域 1961—2008 年季节降水年代变化(相对 1971—2000 年平均;单位:mm)

年代	年	春季	夏季	秋季	冬季
1961—1970	21.2	9.6	0.4	20.4	−8.6
1971—1980	5.4	7.3	6.9	−9.9	1.3
1981—1990	−7.7	−17.7	−10.6	20.5	−0.1
1991—2000	2.3	10.5	3.6	−10.6	−1.2
2001—2008	70.1	−13.8	98.3	−31.0	16.5

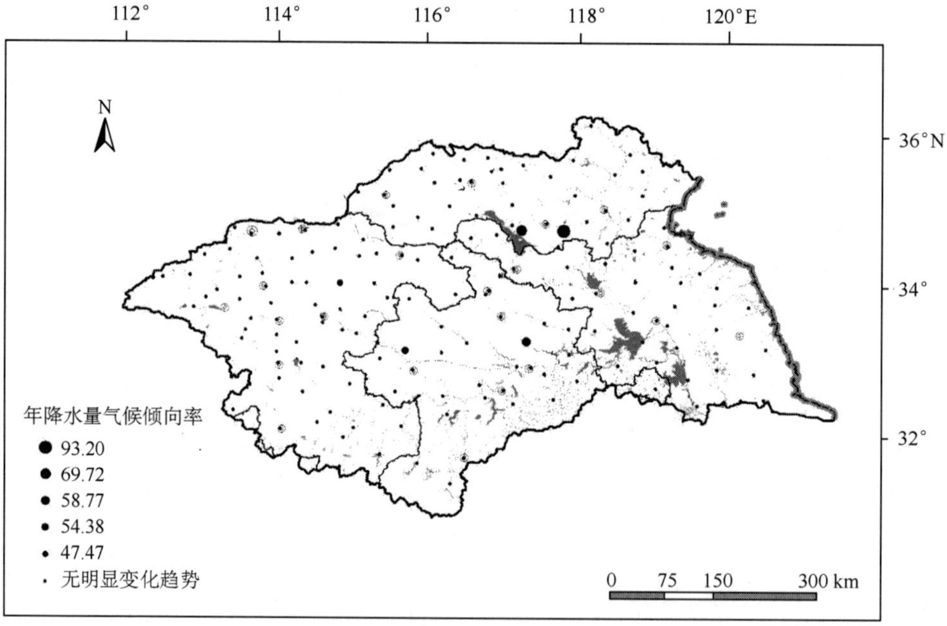

图 1.15　1961—2008 年淮河流域年降水量气候倾向率空间分布(单位:mm/10 a)

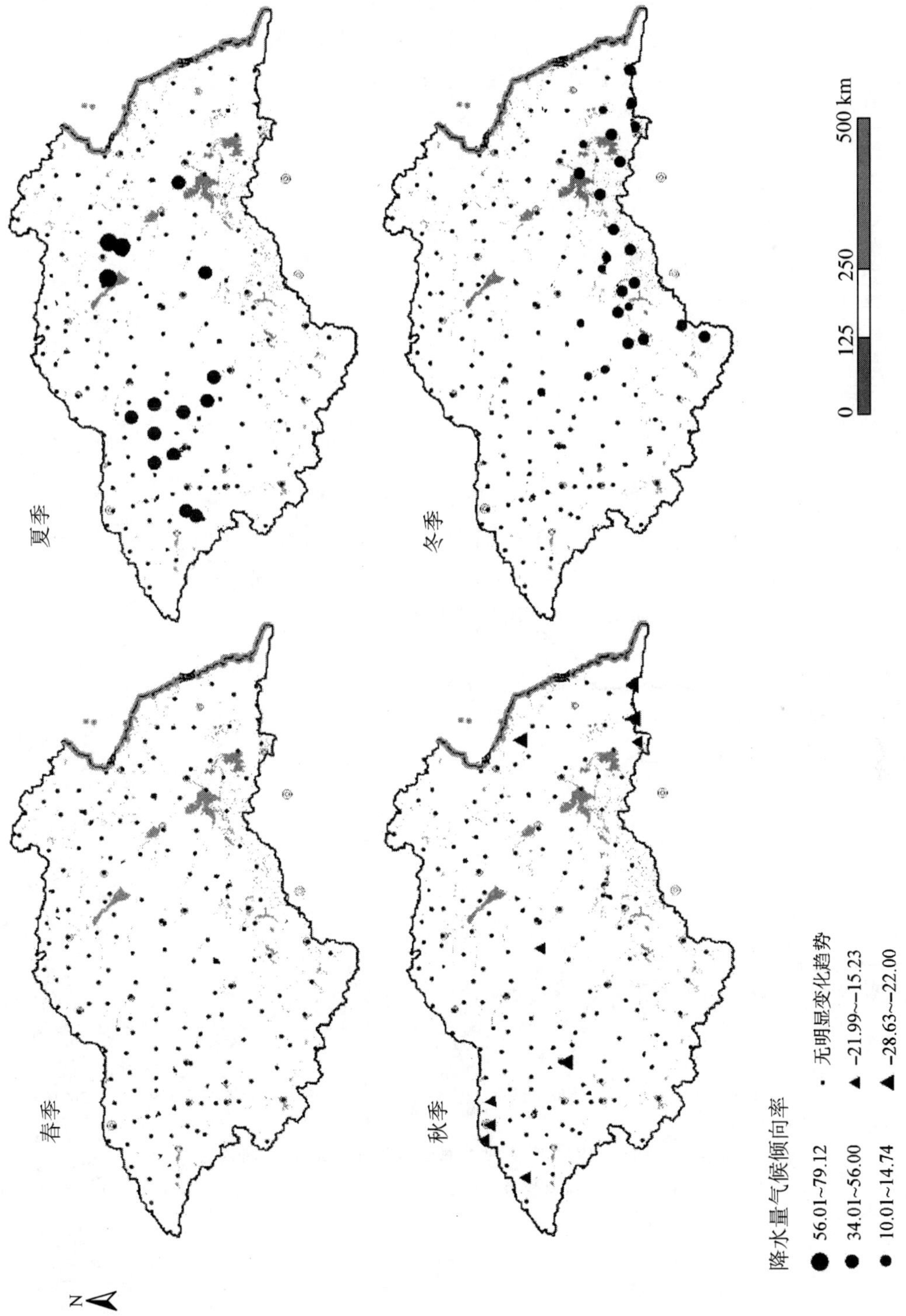

图 1.16　1961—2008 年淮河流域四季降水量气候倾向率空间分布（单位：mm/10 a）

2. 降水日数变化

由图 1.17 可以看出，1961—2008 年淮河流域年降水日数在波动中略有下降，但下降趋势不显著。年降水日数最多年份(1964 年达到 126 d)和最少年份(1988 年仅 70 d)均出现在 1990 年之前，自 20 世纪 90 年代开始，年降水日数呈下降趋势。

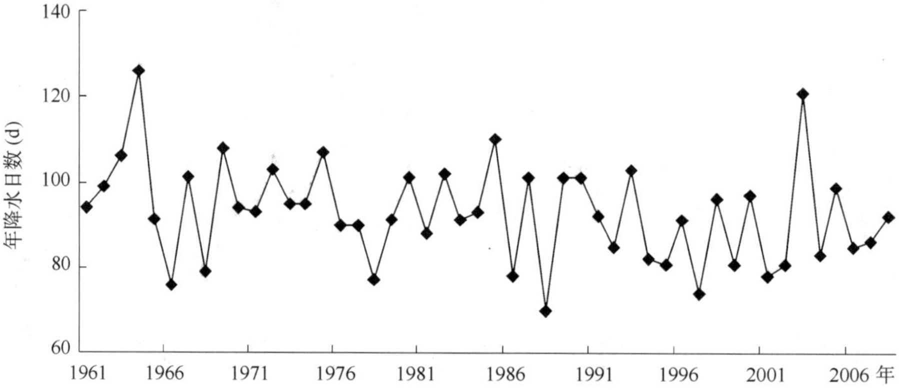

图 1.17　1961—2008 年淮河流域年降水日数变化曲线

从图 1.18 可以看出，就整个流域平均而言，1961—2008 年淮河流域春季和秋季降水日数呈显著下降趋势，通过了 0.05 显著性水平检验，其气候倾向率分别为－1.3 d/10 a 和－1.6 d/10 a；夏季和冬季降水日数无明显变化趋势。

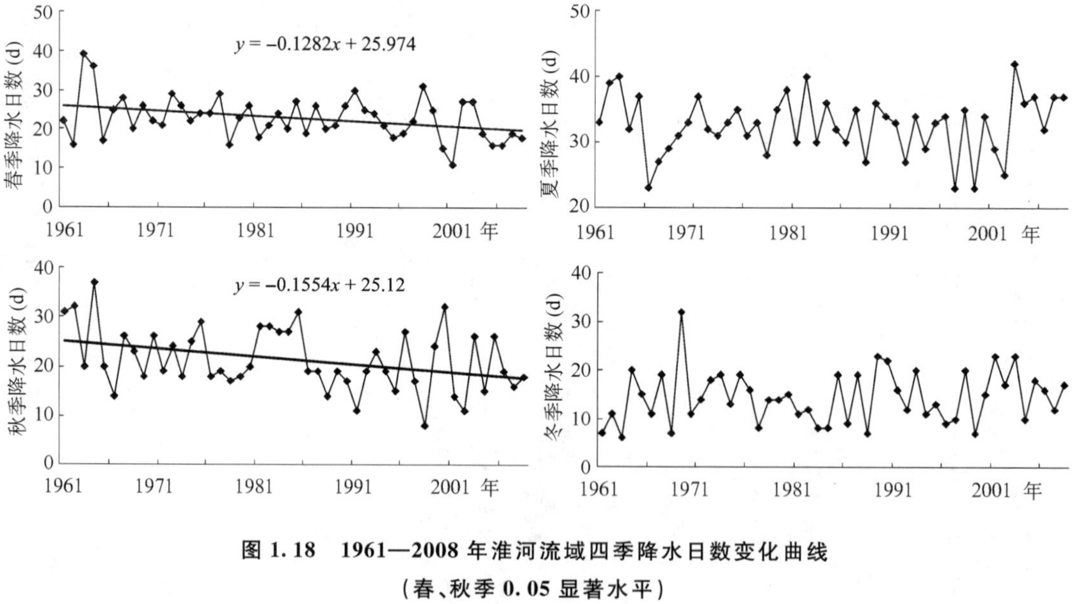

图 1.18　1961—2008 年淮河流域四季降水日数变化曲线

(春、秋季 0.05 显著水平)

表 1.5　淮河流域 1961—2008 年降水日数年代平均变化(相对 1971—2000 年平均;单位:d)

年代	年	春季	夏季	秋季	冬季
1961—1970	5.43	2.03	0.13	3.67	−0.13
1971—1980	2.23	0.93	1.03	−0.33	0.97
1981—1990	1.53	−0.87	0.73	1.87	−0.23
1991—2000	−3.77	−0.07	−1.77	−1.53	−0.73
2001—2008	−1.34	−3.94	2.11	−2.91	2.97

从表 1.5 可以看到:淮河流域各年代的年和春、秋季降水日数不断减少,其中 2001—2008 年较 1971—2000 年变化较大,春、秋季和年降水日数减少,夏和冬季降水日数增加。因此,21 世纪初淮河流域年降水日数的减少主要来自春、秋两季的贡献。

淮河流域大部分区域年降水日数无明显变化趋势,北部临沂一商丘一线以北地区呈减少趋势,其气候倾向率多在−2.5 d/10 a 以上,最高达−7.7 d/10 a(图 1.19)。

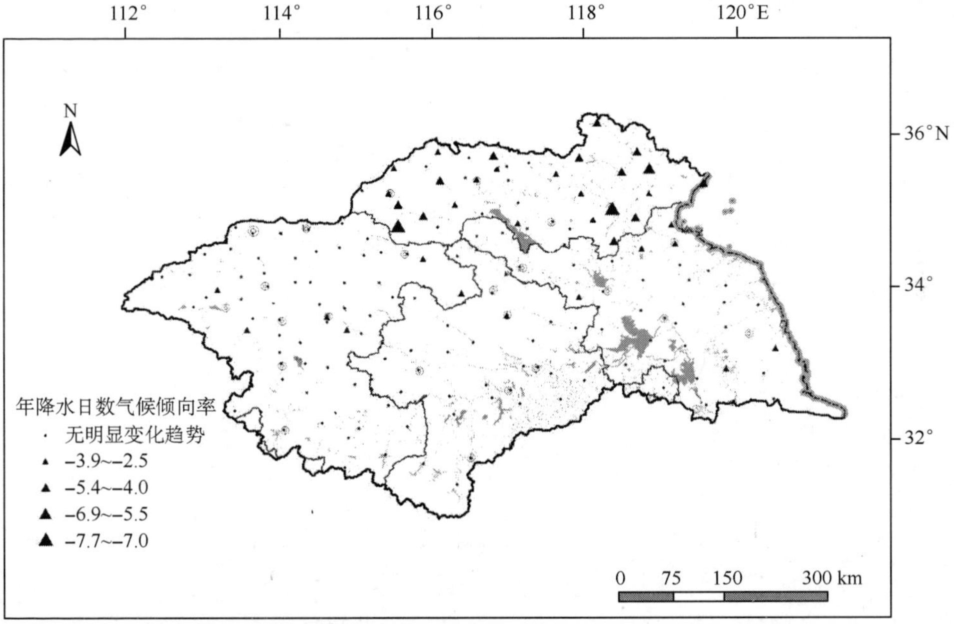

图 1.19　1961—2008 年淮河流域年降水日数气候倾向率空间分布(单位:d/10 a)

由图 1.20 可见,淮河流域四季降水日数变化趋势呈现出较大的空间差异:春、秋两季全流域大部分地区呈减少趋势、且秋季较春季减少幅度更大,夏季和冬季多无明显变化趋势。春季,除流域东部菏泽—扬州一线以东地区的降水日数无明显变化趋势,其他地区降水日数减少 1.2~3.0 d/10 a。秋季,除流域中部地区无明显变化趋势外,其他地区降水日数减少多在 2.1 d/10 a 以上,北部临沂—菏泽一线以北地区减少甚至超过 3.1 d/10 a。

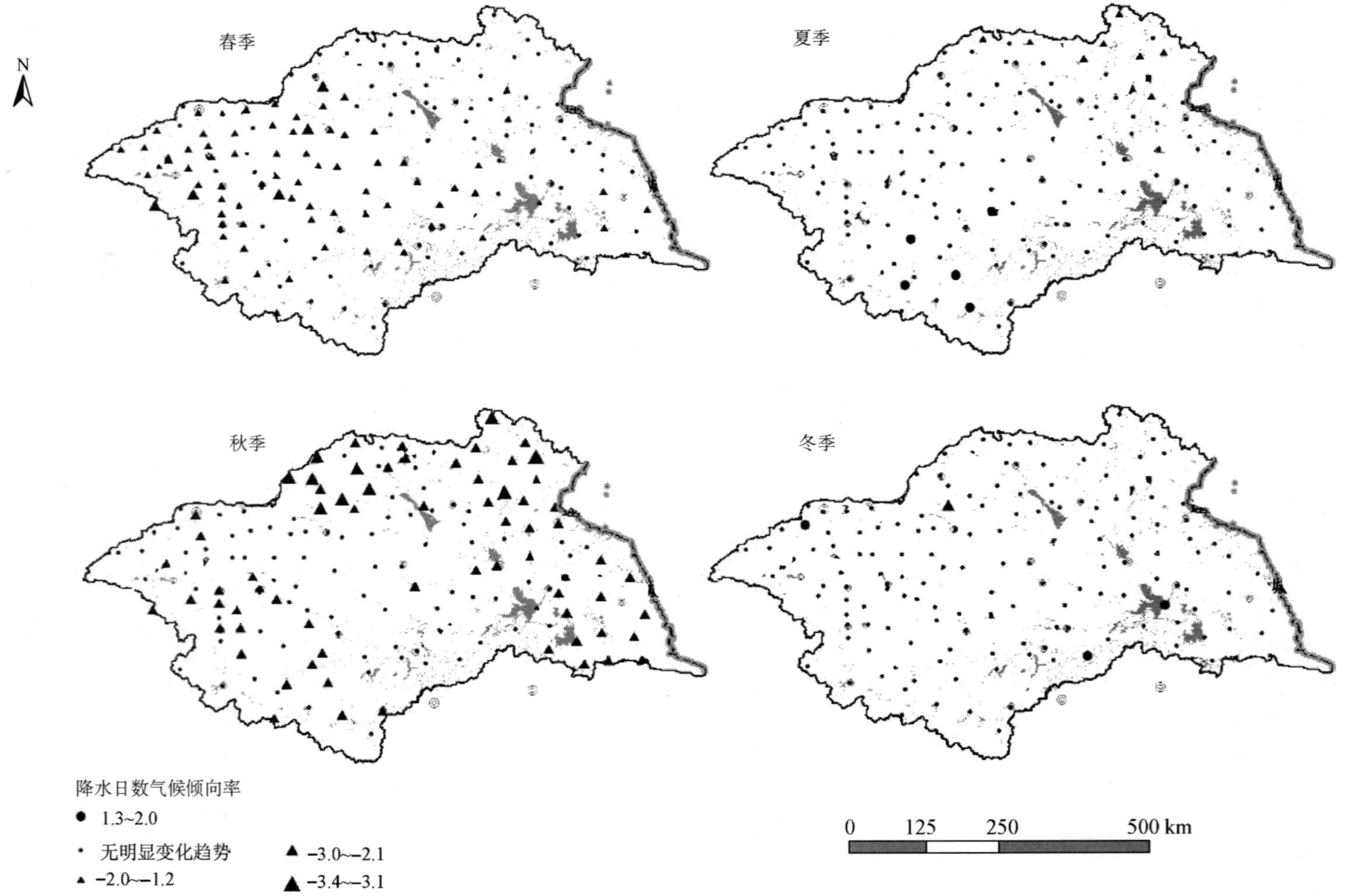

图 1.20　1961—2008年淮河流域四季降水日数气候倾向率空间分（单位：d/10 a）

三、日照时数

日照时数是指当地日照时间的长短,一般用小时数来表示。淮河流域1961—2008年48 a的年日照时数平均值为2177 h。全流域日照时数在空间分布上呈现由东北向西南逐渐递减的空间分布特点。流域北部菏泽—枣庄—连云港以北地区日照时数最长,平均年日照时数超过2200 h,流域西南部平顶山—阜阳以南大部分地区日照时数较少,在2000 h以下。从日照时数的季节性变化看,春、夏日照时间较长,秋、冬较短。

统计结果显示,1961—2008年淮河流域年日照时数为下降趋势,其气候倾向率为−98.3 h/10 a,通过0.01显著性水平检验(图1.21)。夏季日照时数减少强度最大,秋、冬次之,春季最小。在空间分布上,流域西北部日照时数减少幅度大于东南部。

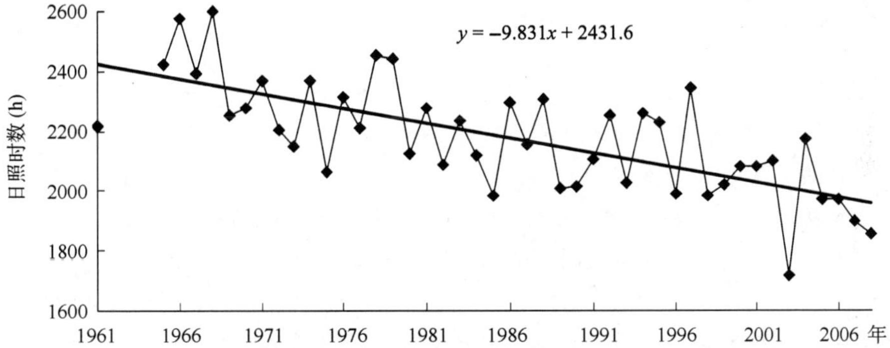

图1.21 1961—2008年淮河流域年日照时数变化曲线(通过0.01显著水平)

1961—2008年淮河流域四季日照时数变化如图1.22,可以看出,夏、秋、冬季的日照时数均呈现显著下降趋势(0.01显著水平)。夏季日照时数减少趋势最为明显,为−49.7 h/10 a,秋、冬季日照时数减少幅度相对夏季要小一些,春季日照时数变化趋势没有通过统计检验。

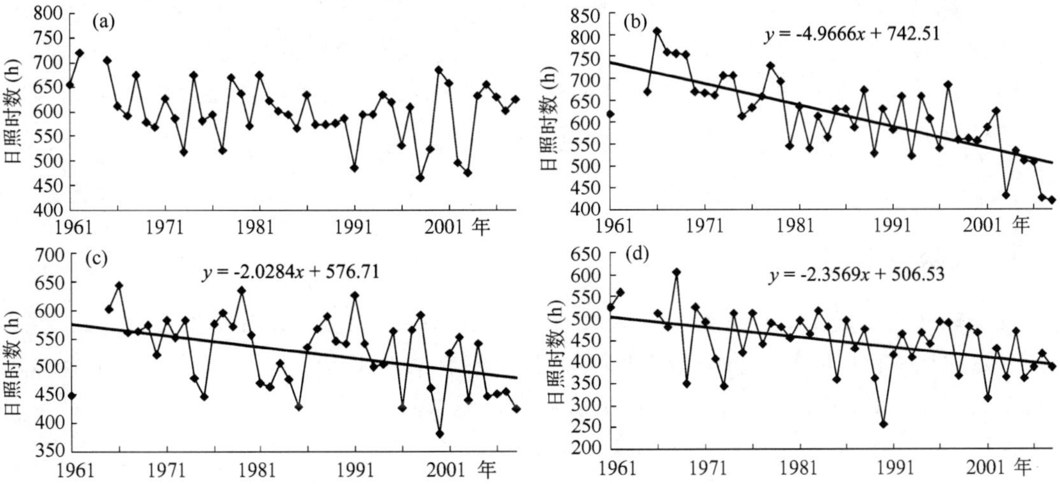

图1.22 1961—2008年淮河流域四季日照时数变化曲线
(a. 春季,b. 夏季,c. 秋季,d. 冬季,夏、秋、冬通过0.01显著水平)

第二节 极端气候要素变化

20 世纪 80 年代以来，极端气候事件频繁发生所造成的灾害，给社会、经济以及人民生活造成了严重的影响和损失，包括极端气温、极端降水等在内的极端气候要素变化的研究显得愈发重要。

专 栏

极端天气气候事件：极端天气气候事件是指天气(气候)的状态严重偏离其平均态时所发生的事件，可以认为是异常或很少发生的事件，在统计意义上称为极端事件。极端天气气候事件常定义为超过某个阈值的极端事件。阈值包括极值、绝对阈值和相对阈值。极值即挑选某个长期序列的极端最大、最小值及其出现的日期和时间。IPCC 第三次评估报告(TAR)和 IPCC 最新公布的第四次评估报告(AR4)都对极端天气气候事件作了明确的定义，对一特定地点和时间，极端天气事件就是从概率分布的角度来看，发生概率极小的事件，通常发生概率只占该类天气现象的 10%或者更低，从这样的定义来看，极端天气事件的特征是随地点而变的；极端气候事件就是在给定时期内，大量极端天气事件的平均状况，这种平均状态相对于该类天气现象的气候平均态也是极端的(Houghton, *et al.*, 2001; IPCC, 2007)。

极端气候事件百分位(5%或 95%)值：将某站待研究年限内所有日气象资料按升序排列，得到该站日气象资料的第 5%个的最低值或第 95%个的最高值，将之作为该站极端低值或高值的阈值。如果某日的最低值低于或最高值高于该阈值，则认为该日为极端低值或极端高值事件，有必要统计该站每年出现极端低值或高值事件的日数，并分析其在待研究年内的变化趋势。

一、极端气温

全球气候变暖后，天气和气候极端事件的出现频率也会随之发生变化(丁一汇，2003)。过去几十年中，极端低温事件发生频率有减少趋势，美国(Easterling *et al.*，2000)、加拿大(Bonsal *et al.*，2001)都有同样的结果。

1. 极端最低气温

翟盘茂和潘晓华(1999)研究指出：在最近 40～50 a 中，极端最低气温趋于增高。1961—2008 年，淮河流域年极端最低气温呈明显上升趋势，2000 年后上升趋势尤为显著。从年极端最低气温气候倾向率的空间分布上看(图1.23),上升幅度较为明显的区域集中在流域中部和东部,西部的变化则相对不明显。

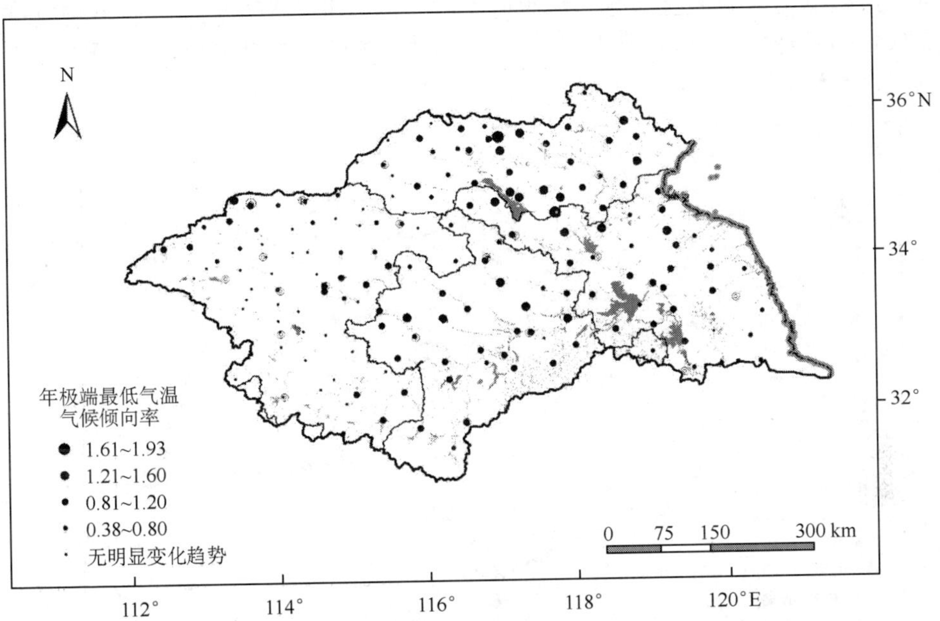

图1.23　1961—2008年淮河流域年极端最低气温气候倾向率(单位:℃/10 a)

由图1.24可以看出,除个别站点外,全流域大部分站点年极端低温事件日数呈明显下降趋势。下降幅度较大的区域集中在中东部地区,西部的许昌—六安一线以西则变化幅度相对小一些。

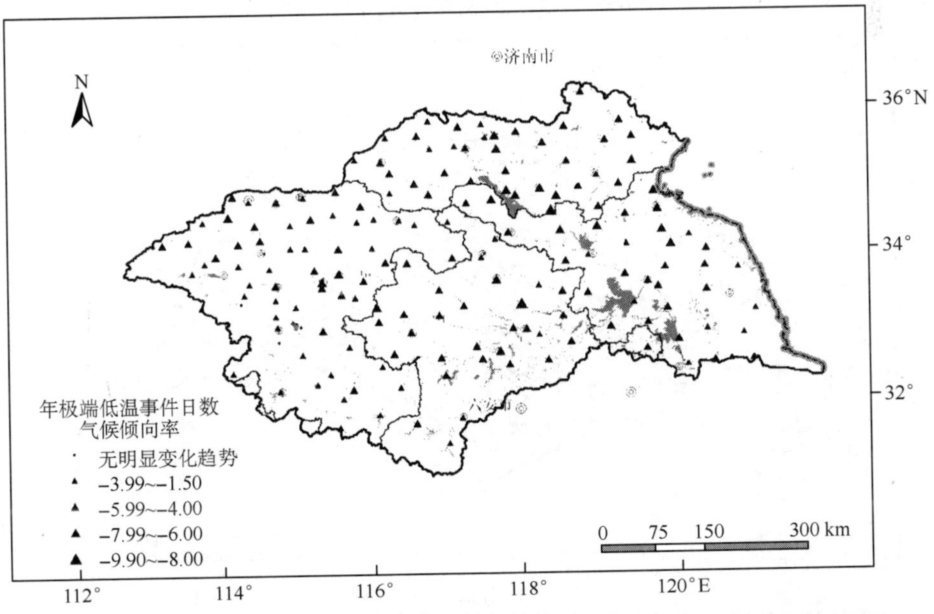

图1.24　1961—2008年淮河流域年极端低温事件日数气候倾向率(单位:d/10 a)

2. 极端最高气温

从淮河流域年极端最高气温气候倾向率的空间分布上看(图 1.25):大部分地区并无明显变化趋势;流域西北部的 40 个站呈显著下降趋势,但集中在扬州、泰州一带的 5 个站呈现上升趋势。

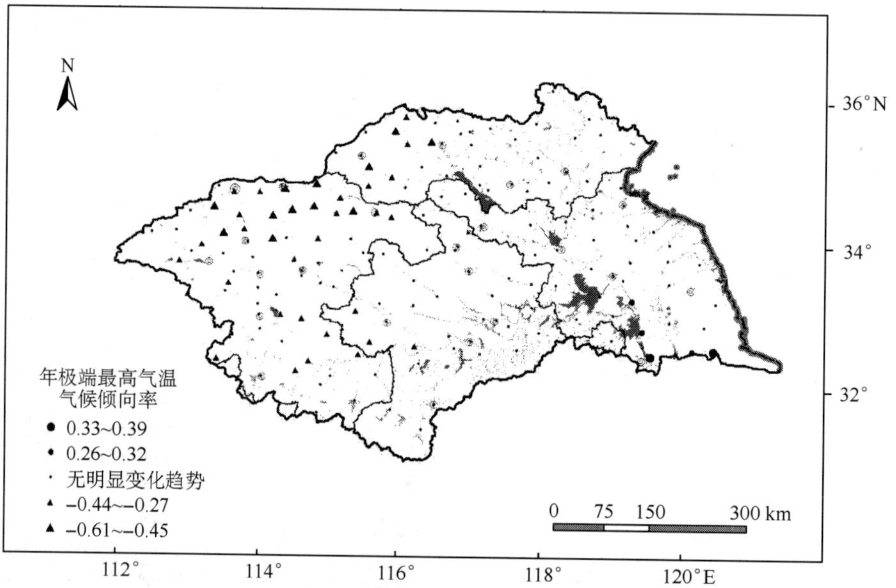

图 1.25 1961—2008 年淮河流域年极端最高气温气候倾向率(单位:℃/10 a)

从图 1.26 可以看到,170 个测站中极端高温事件日数集中在流域西部的 64 个站呈现显著下降趋势,3 个站呈现显著上升,其余站无明显变化趋势。

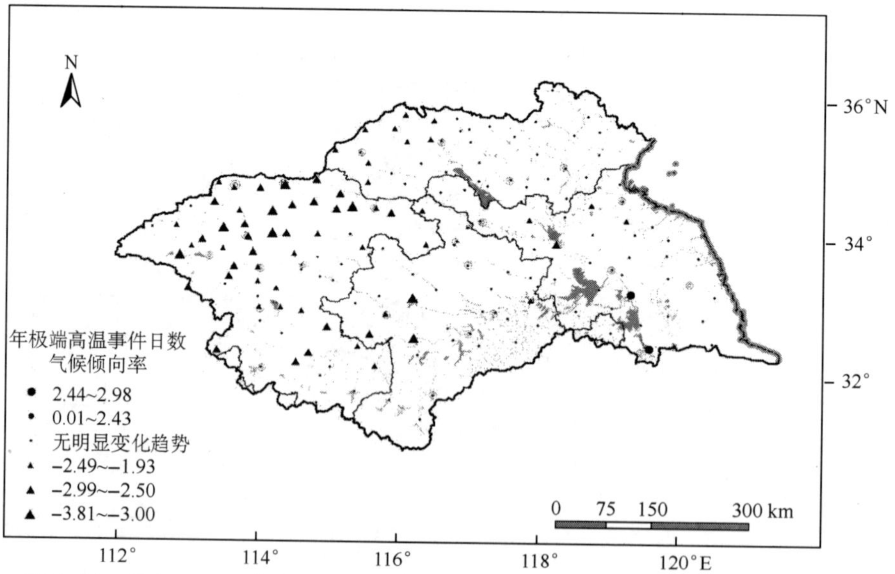

图 1.26 1961—2008 年淮河流域极端高温事件日数气候倾向率(单位:d/10 a)

由于极端最低气温明显升高、极端最高气温无明显变化或显著下降，可以推测：淮河流域近 48 年极端最高气温与极端最低气温的差别将减小，这与 Frich *et al*.(2002)的“20 世纪后半叶逐年的极端最高气温与极端最低气温的差异显著减小”的结论一致。

二、极端降水

随着全球气候变暖，水循环加剧，全球范围极端降水事件及其导致的灾害呈增加的趋势，极端降水事件是气候变化研究的重要内容之一(任国玉，2007)。汪方等(2010)总结了淮河流域 1960—2007 年极端强降水的趋势变化特征：中上游地区主要呈增加趋势，下游以减少为主；极端强降水量呈弱上升趋势。由于该流域极端强降水事件的频繁出现，最近 10 年内尤以 2003 和 2005 年最为突出，章国材等(2004)曾将 2003 年降水的时空分布特征与历史同期比较，发现雨带稳定、暴雨集中和突发性强是 2003 年淮河降水的突出特点。陈晓红等(2007)特别就 2005 年 7 月 4—11 日的强降水过程做了水汽收支分析。张娇等(2008)则对 2003 和 2005 年的环流特征进行了对比分析，发现 2003 与 2005 年淮河流域强降水过程环流特征十分相似。

淮河流域日降水 95%分位值空间分布情况大致为：流域西部开封—漯河—平顶山一线以西及商丘、六安一带极端降水强度阈值较低，在 34 mm 以下，菏泽—宿州一线以东地区以及驻马店—信阳一带则相对较高，为 40～48 mm(图 1.27)。

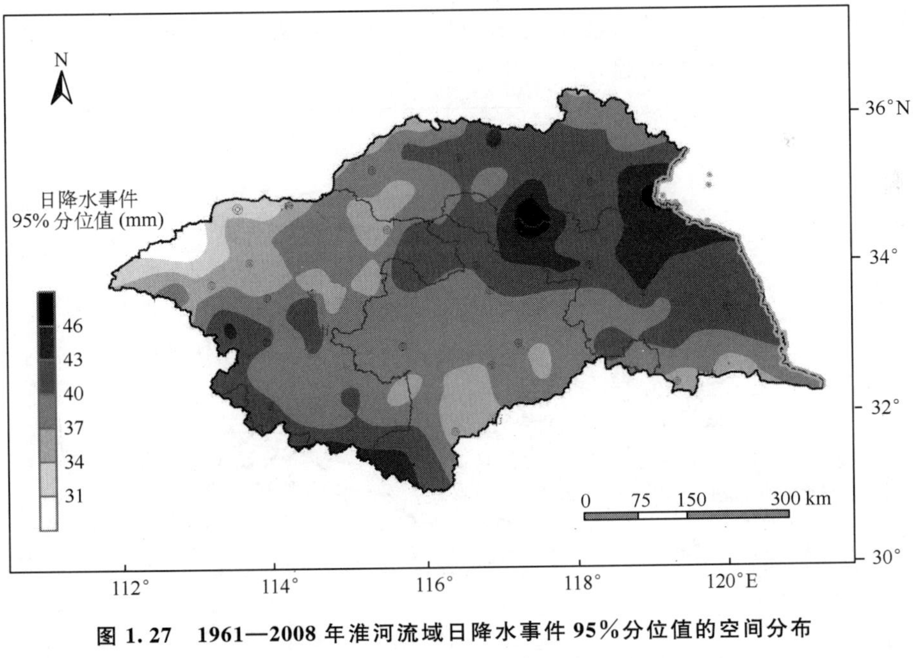

图 1.27 1961—2008 年淮河流域日降水事件 95%分位值的空间分布

从淮河流域的年极端降水量气候倾向率空间分布上看(图 1.28)，在 170 个气象站中仅 13 个站点呈现显著上升趋势，主要分布在流域中游和上游，下游大部分地区并无明显变化趋势。

从图 1.29 可以看出，淮河流域年极端降水事件日数气候倾向率在空间分布上除 10

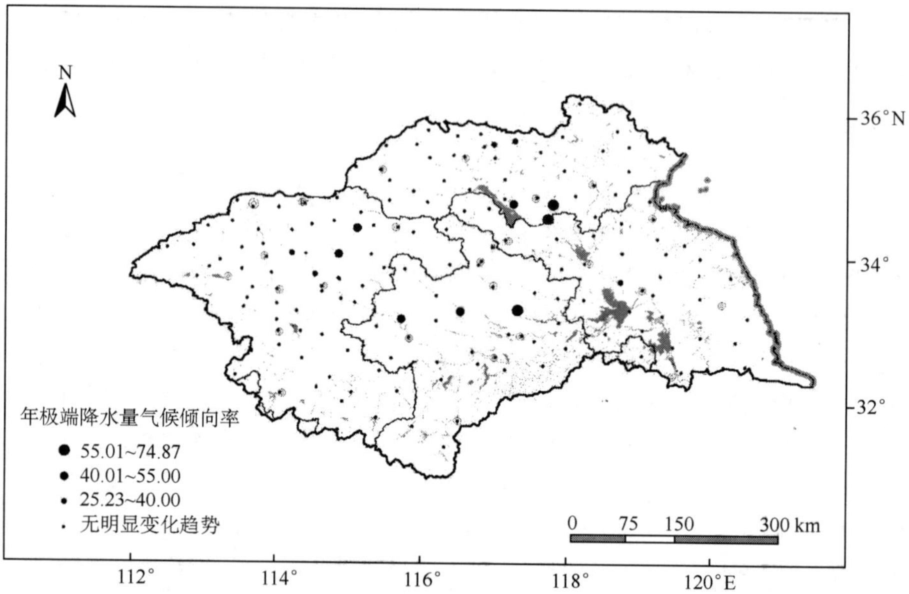

图 1.28　1961—2008 年淮河流域年极端降水量气候倾向率(单位:mm/10 a)

个站呈显著上升趋势外,其余站均无明显变化趋势。总体而言,流域大部分地区年极端降水量和极端降水事件日数无明显变化趋势,呈现上升趋势的个别气象观测站也不排除是由于测站迁移因素所引起。

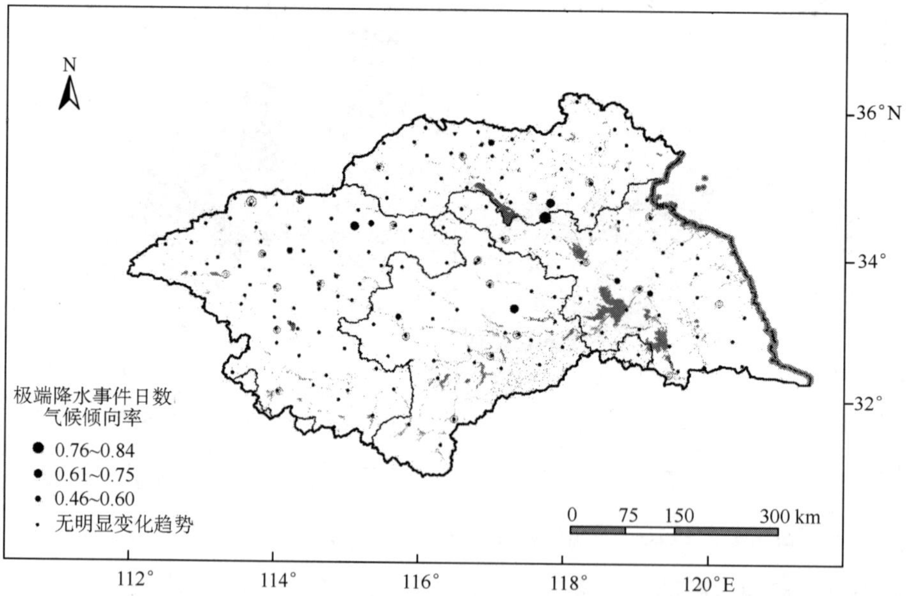

图 1.29　1961—2008 年淮河流域年极端降水事件日数气候倾向率(单位:d/10 a)

第三节　未来气候变化可能趋势

专　栏

联合国政府间气候变化专门委员会(IPCC)。成立于1988年，由世界气象组织(WMO)和联合国环境规划署(UNEP)联合组建，对联合国和WMO的全体会员开放。

IPCC的作用是在全面、客观、公开和透明的基础上，评估与理解人为引起的气候变化、这种变化的潜在影响以及与适应和减缓方案的科学基础有关的科技和社会经济信息。

IPCC已发布了4次评估报告。报告提供有关气候变化、成因、可能产生的影响及有关对策的全面的科学、技术和社会经济信息。

在1990年发表的首份评估报告中，IPCC为人们指明了气温升高的危险。这份报告推动了联合国环境与发展大会1992年通过《联合国气候变化框架公约》。该公约是世界上第一个旨在全面控制二氧化碳等温室气体排放、应对全球气候变暖给人类经济和社会带来不利影响的国际公约。

在1995年的第二份报告中，IPCC认为，“证据清楚地表明人类对全球气候的影响”。

在2001年的第三份报告中，IPCC表示，有“新的、更坚实的证据”表明人类活动与全球气候变暖有关，全球变暖“可能”由人类活动导致，“可能”表示66%的可能性。

在2007年的第四份报告中，IPCC表示，全球气候系统的变暖已经是不争的事实，这一现象很可能是人类活动导致温室气体浓度增加所致，“很可能”意味着结论的可靠性在90%以上。如果不采取行动，人类活动导致的气候变化可能带来一些“突然的和不可逆的”影响(IPCC，2007)。

排放情景SRES：为了预估未来全球和区域的气候变化，必须事先提供未来温室气体和硫酸盐气溶胶的排放情况，即所谓的排放情景(Special Report on Emissions Scenarios，SRES)。排放情景通常是根据一系列因子假设而得到(包括人口增长、经济发展、技术进步、环境条件、全球化、公平原则等)。对应于未来可能出现的不同社会经济发展状况，通常要制作不同的排放情景。到目前为止，IPCC先后发展了两套温室气体和气溶胶排放情景，即IS92和SRES排放情景。SRES排放情景于2000年提出，主要由四个框架组成：

A1 框架和情景系列。经济快速增长，全球人口峰值出现在21世纪中叶、随后开始减少，未来会迅速出现新的和更高效的技术。它强调地区间的趋同发展和能力建设，文化和社会的相互作用不断增强，地区间人均收入差距持续缩小。

A2 框架和情景系列。该系列描述的是一个发展极不均衡的世界。其基本点是自给自足和地方保护主义，地区间的人口出生率很不协调，导致人口持续增长，经济发展主要以区域经济为主，人均经济增长与技术变化日益分离，低于其他框架的发展速度。

B1 框架和情景系列。该系列描述的是一个经济结构向服务和信息经济方向快速调整的世界，材料密度降低，引入清洁、能源效率高的技术。其基本点是在不采取气候行动计划的条件下，在全球范围更加公平地实现经济、社会和环境的可持续发展。

B2 框架和情景系列。该系列描述的世界强调区域经济、社会和环境的可持续发展。全球人口以低于A2的增长率持续增长，经济发展处于中等水平，技术变化速率与A1、B1相比趋缓，发展方向多样。同时，该情景所描述的世界也朝着环境保护和社会公平的方向发展，但所考虑的重点仅局限于地方和区域一级(IPCC，2007)。

气候预测：气候预测或气候预报是试图对未来的实际气候演变作出估算，例如：季、年际的或更长时间尺度的气候演变。由于气候系统的未来演变或许对初始条件高度敏感。因此，实质上这类预测通常是概率性的(IPCC，2007)。

气候预估：对气候系统响应温室气体和气溶胶的排放情景或浓度情景或响应辐射强迫情景所做出的预估，通常基于气候模式的模拟结果。气候预估与气候预测不同，气候预测主要依赖于所采用排放/浓度/辐射强迫情景，而预估则基于相关的各种假设，例如：未来也许会或也许不会实现的社会经济和技术发展，因此具有相当大的不确定性。

气候变化预估的不确定性

目前，各类气候系统模式预估的未来气候变化存在不确定性，主要原因在于：地球气候系统的复杂性，现阶段人类对其的理解有限，现有各种不同复杂程度的气候模式本身亦存在着较大的不确定性；与此同时，现阶段对未来社会发展和排放情景的估计也并不准确，从而使得未来气候变化趋势的估计存在着较大的不确定性，尤其是区域气候变化的情景及其预估中的不确定性更大；可用于气候研究和模拟的气候系统资料也不足。

一、数据来源和方法

气候模式在气候变化预估中起着十分重要的作用，是预估未来气候变化趋势所依靠的主要计算工具。气候模式预估方法基于控制气候系统变化的物理定律的数理方程，用数值方法对之进行求解，以得到未来气候变化的方法。目前主要利用海气耦合模式、中等复杂程度地球系统模式以及简单气候模式等，预估不同温室气体和气溶胶排放情景下的未来气候变化。

本套数据由国家气候中心提供，具体是将IPCC第四次评估报告采用的多个全球气候系统模式（表1.6）的模拟结果插值降尺度，统一到同一分辨率下，并利用简单平均方法进行多模式集合（张建云等，2007；徐影，2008），制作成一套1961—2050年月平均资料。利用这套资料，对淮河流域2001—2050年气温、降水情况进行预估。

表1.6　　全球气候模式

模式	国家
BCRR_CM2_0	挪威
CCCMA_3	加拿大
CNRMCM3	法国
CSIRO_MK3	澳大利亚
GFDL_CM2_0	美国
GFDL_CM2_1	美国
GISS_AMO	美国
GISS_E_H	美国
IAP_FGOALS	中国
INMCM3	俄罗斯
IPSL_CM4	法国
MIROC3_H	日本
MIROC3	日本
MIUB_ECHO_G	德国/韩国
MPI_ECHAM5	德国
MRI_CGCM2	日本
NCAR_CCSM3	美国
UKMO_HADCM3	英国

三种不同排放情景中SRES-A1B使用的模式有17种，SRES-A2采用了16种模式，SRES－B1使用了17种（表1.7）。

表 1.7　　三种排放情景下所使用的不同气候模式

SRES－A1B 情景	SRES－A2 情景	SRES－B1 情景
CCCMA_3	BCCR_BCM2_0	BCCR_BCM2_0
CNRMCM3	CCCMA_3	CCCMA_3
CSIRO_MK3	CNRMCM3	CNRMCM3
GFDL_CM2_0	CSIRO_MK3	CSIRO_MK3
GFDL_CM2_1	GFDL_CM2_0	GFDL_CM2_0
GISS_AOM	GFDL_CM2_1	GISS_AOM
GISS_E_H	GISS_E_R	GISS_E_R
IAP_FGOALS	INMCM3	IAP_FGOALS
INMCM3	IPSL_CM4	INMCM3
IPSL_CM4	MIROC3	IPSL_CM4
MIROC3_H	MIUB_ECHO_G	MIROC3_H
MIROC3	MPI_ECHAM5	MIROC3
MIUB_ECHO_G	MRI_CGCM2	MIUB_ECHO_G
MPI_ECHAM5	NCAR_CCSM	MPI_ECHAM5
MRI_CGCM2	NCAR_PCM1	MRI_CGCM2
NCAR_CCSM	KMO_HADCM3	NCAR_CCSM
UKMO_HADCM3		UKMO_HADCM3

二、多模式集合年际预估

1. 年平均气温预估

在 A1B、A2、B1 三种不同排放情景下，对 2001—2050 年多个气候模式模拟的气温值平均后进行比较，结果显示，三种情景下年和四季气温均有明显上升，其中 SRES-A1B 情景下气温上升最显著，年平均气温气候倾向率达到 0.38℃/10 a，SRES-A2 次之，为 0.28℃/10 a，SRES-B1 最小，为 0.22℃/10 a。在季节分配上，SRES-A1B 和 SRES-A2 情景下冬季气温上升趋势最为显著，SRES-B1 情景下四季升温速率相当（表 1.8）。

表 1.8　　不同情景下 2001—2050 年淮河流域气温气候倾向率（单位：℃/10 a）

排放情景	年	春季	夏季	秋季	冬季
SRES-A1B	0.38	0.34	0.40	0.38	0.40
SRES-A2	0.28	0.24	0.28	0.26	0.33
SRES-B1	0.22	0.23	0.22	0.22	0.22

根据不同情景下淮河流域2001—2050年多个气候模式模拟结果显示，三种情景中任意一种模式模拟出的气温均呈现上升趋势，且均通过0.01显著性水平检验。多模式的简单平均值表明，2001—2050年SRES-A1B情景下气温上升幅度最大，气候倾向率为0.38℃/10 a，SRES-A2情景下次之，为0.28℃/10 a，SRES-B1情景下最小，为0.22℃/10 a。也可以发现：进入21世纪增温趋势更加明显（图1.30）。

2. 年降水量预估

三种情景下不同模式集合对2001—2050年降水量模拟的平均值显示，SRES-A1B和SRES-B1排放情景下全流域降水增加趋势通过0.01显著性水平检验，SRES-A2排放情景下降水增加趋势通过0.05显著性水平检验，其中SRES-A1B情景下流域降水量增加幅度最大，气候倾向率达到10 mm/10 a。四季中春、夏季的降水增加趋势通过0.01显著性水平检验（秋、冬季没有通过统计检验）。

2001—2050年多个气候模式模拟结果显示，SRES-A1B情景下采用的17个气候模式中有12个模式模拟的降水序列呈现增加趋势（4个通过0.01显著性水平检验，一个通过0.05显著性水平检验，其余没有通过统计检验），SRES-A2情景下的16个气候模式中有10个模式模拟的降水序列呈现增加趋势（3个通过0.01显著性水平检验，3个通过0.05显著性水平检验，其余没有通过统计检验），SRES-B1情景下的17个气候模式中有15个模式模拟的降水序列呈现增加趋势（5个通过0.01显著性水平检验，1个通过0.05显著性水平检验，其余没有通过统计检验）。多模式结果平均后表明，2001—2050年三种情景下降水增加趋势均通过0.05的显著性水平检验、A1B和B1情景下的模拟甚至通过了0.01的显著性水平检验，其中SRES-A1B情景下气候倾向率最大，达到10.8 mm/10 a，SRES-B1情景下次之，为9.1 mm/10 a，SRES-A2情景下相对最小，为8.5 mm/10 a（图1.31）。

三、ECHAM5模式月尺度预估

通过比较ECHAM5模式及多模式集合模拟情况表明，ECHAM5模式对年平均气温及其年际变率的模拟与观测数据最接近，而且更好地把握了降水量的年际变率，且对降水量的季节内分配模拟较好（刘绿柳等，2009）。为了进一步分析淮河流域的月气温和降水情况及极端事件的特征，选用德国马普气象研究所全球大气环流模式MPI-ECHAM5的模拟结果进行趋势分析。

1. 气温与降水

根据ECHAM5气候模式预估数据，2001—2050年淮河流域各月气温变化除SRES-B1情景下12月气温略有下降外，其余月份平均气温均呈现上升趋势（图1.32）。其中SRES-A1B情景下增温幅度最大，SRES-A2情景下次之，SRES-B1情景下最小。在SRES-A1B情景下，除12月气温升高趋势没有通过0.05显著性水平检验，其余月份气温均呈现显著增加趋势；SRES-A2情景下，4—11月和SRES-B1情景下6—8月气温为显著升高，其余月份没有通过显著性检验。

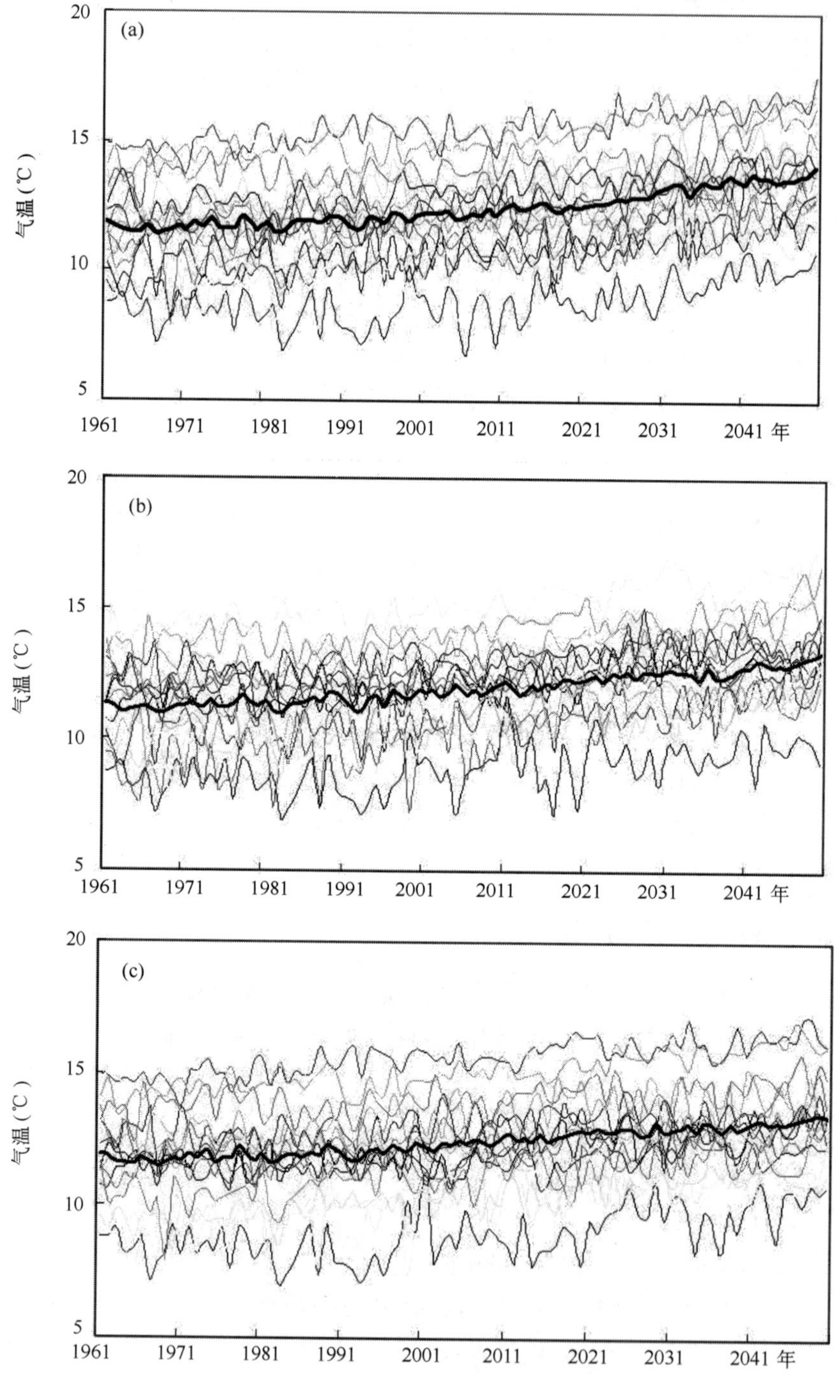

图 1.30　1961—2050 年淮河流域多模式模拟年平均气温变化
(a. SRES-A1B, b. SRES-A2, c. SRES-B1；黑色粗线条为多模式均值)

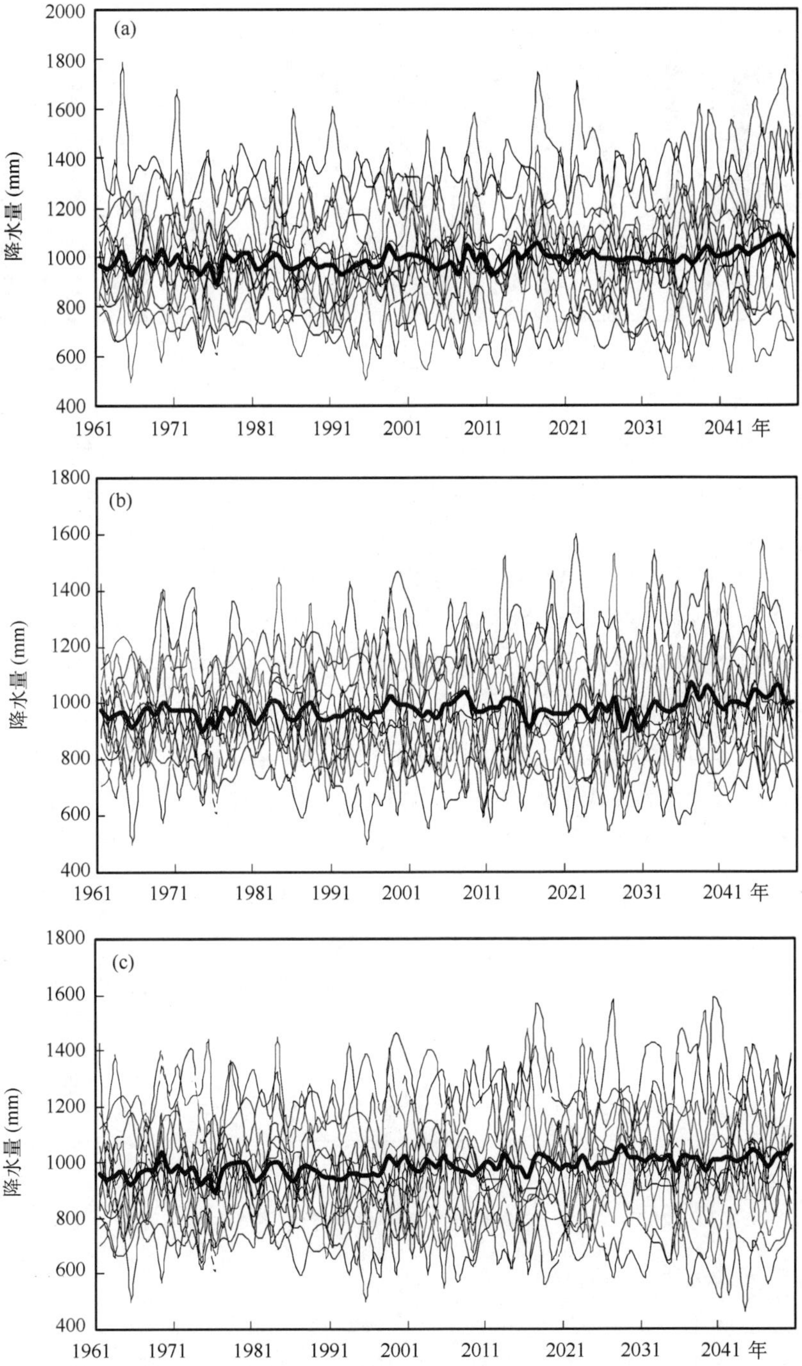

图 1.31　1961—2050 年淮河流域多模式模拟年降水量变化

(a. SRES-A1B, b. SRES-A2, c. SRES-B1;黑色粗线条为多模式均值)

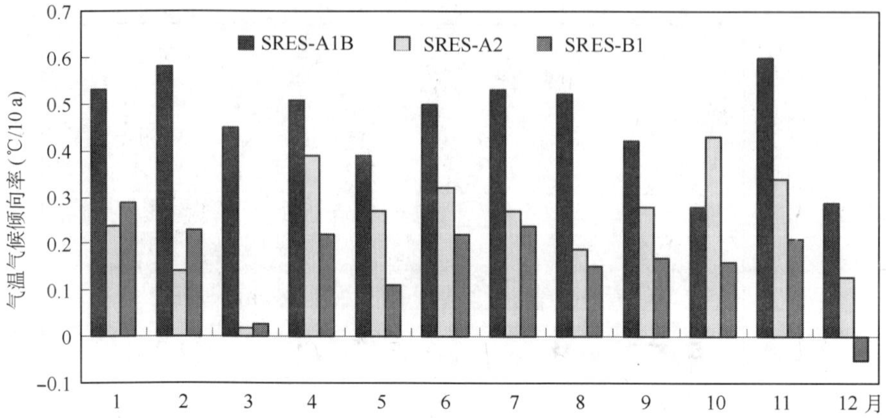

图 1.32　2001—2050 年淮河流域三种排放情景下各月气温变化趋势

ECHAM5 模式预估的淮河流域逐月降水变化趋势在三种情景下的结果并不一致。SRES-A1B 情景下，1、2、10、11 月降水量呈现减少趋势，其余月份降水量出现不同程度的增加，其中 8 月降水增加趋势为显著，通过 0.05 显著性水平检验，其他月份的变化趋势没有通过统计检验；SRES-A2 情景下，降水变化趋势均不显著，2、4、5、6、7 月降水略有下降，其他月份降水略有升高；SRES-B1 情景下，1、3、8 月降水略有下降，其他月份降水则略有升高，然而变化趋势都不显著(图 1.33)。

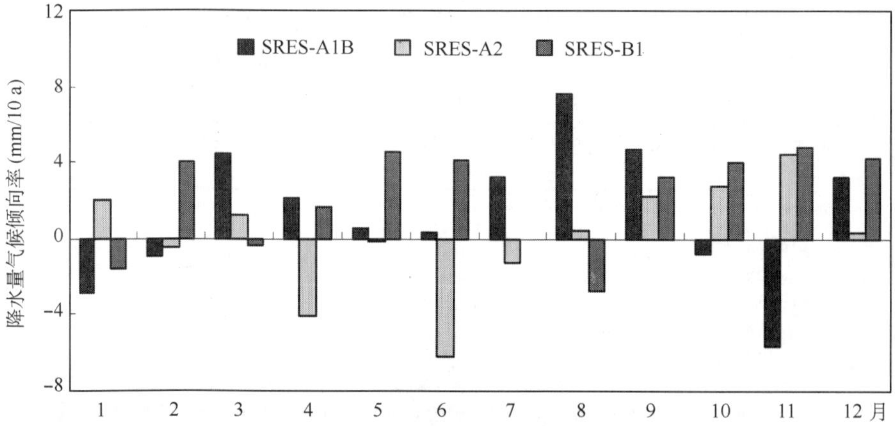

图 1.33　2001—2050 年淮河流域三种排放情景下各月降水量变化趋势

2. 极端强降水

淮河流域试验期(1951—2000 年)50 a 一遇日降水量最大值(Annual Maximum，简称 AM)如图 1.34，可以看出 AM 由西向东呈现高—低—高的空间分布，流域西部驻马店—信阳一带以及流域东部临沂—连云港—盐城以东地区强度大于 120 mm/d，流域中部菏泽—阜阳—淮南一带以东、枣庄—宿迁—扬州一线以西地区强度小于 100 mm/d。

模式预估结果显示(图 1.35)，2001—2050 年 50 a 一遇 AM 的空间分布同 1951—

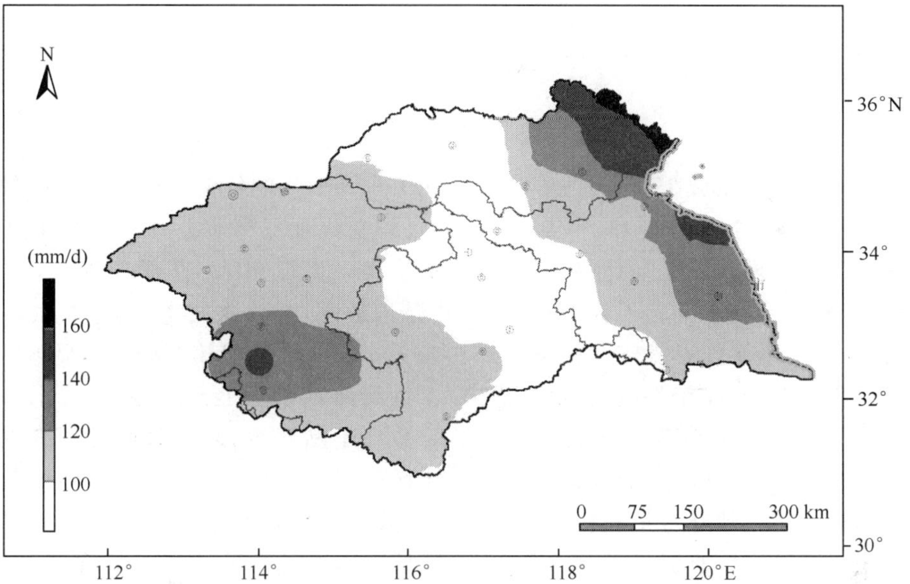

图 1.34　试验期(1951—2000 年)淮河流域 50 a 一遇 AM

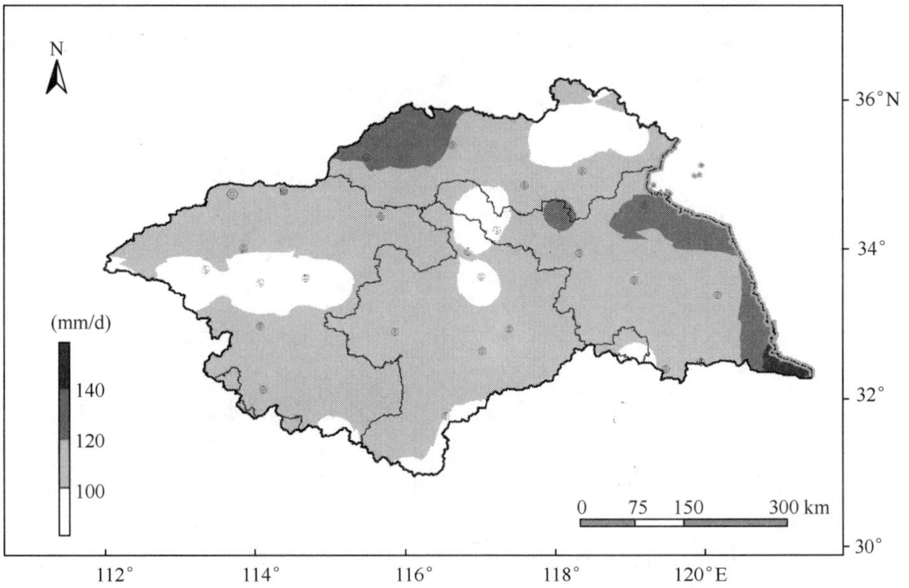

图 1.35　2001—2050 年淮河流域 50 a 一遇 AM

2000 年相比:降水强度整体降低、区域性差别减小。除流域东部连云港—盐城以东地区以及北部菏泽—济宁以北达到 120 mm/d 外,大部分地区仅有 100 mm/d;流域中部菏泽—阜阳—淮南一带以东、枣庄—宿迁—扬州一线以西地区强度则由原先 100 mm/d 以下上升到 100～120 mm/d;降水强度在 140～160 mm/d 的范围退缩至流域东南角很小的区域;降水强度在 160 mm/d 以上的地区已完全消失。

小　结

本章利用淮河流域170个常规气象站1961—2008年的气温、降水、日照时数等气象要素的观测数据，分析了近48年淮河流域的气候变化观测事实。1961—2008年淮河流域年平均气温呈现明显上升趋势，气候倾向率达到0.21℃/10 a，东部升温率大致高于西部，季节分配上除夏季变化不显著外，冬季升温率最高，春秋次之；年均最高气温变化趋势不明显；年均最低气温气候倾向率达到0.35℃/10 a，且冬季较春秋升温显著。年降水量无明显变化趋势，但年际波动较大，进入21世纪降水量呈上升趋势；年降水日数在波动中略有下降，但下降趋势不显著。年日照时数在不断减少，夏季日照时间减少幅度最大，秋、冬次之，春季日照时数变化不显著。流域的极端高温、极端低温事件日数整体均呈下降趋势。年极端降水量和极端降水事件日数气候倾向率无明显变化。

利用国家气候中心提供的多个不同分辨率的全球气候系统模式的模拟结果，对淮河流域2001—2050年气温、降水情况进行预估。结果表明，B1、A1B、A2三种情景下淮河流域年平均气温都将不同程度上升，气候倾向率分别达到0.38、0.28和0.22℃/10 a。全流域降水在三种情景下均呈显著增加趋势，且A1B情景下增加幅度最大，气候倾向率达到10.8 mm/10 a。未来极端强降水事件整体呈减少和减缓的趋势，尤其流域的西部和东部，但中部地区稍有增加。

参考文献

毕宝贵，矫梅燕，李泽椿. 2004. 2003年淮河流域洪涝暴雨的气象水文特征分析. 南京气象学院学报，**27**(5)：577-586.

陈晓红，余金龙，邱学兴等. 2007. 2005年7月4—11日淮河流域强降水过程的水汽收支分析. 气象，**33**(4)：47-52.

陈峪，高歌，任国玉等. 2005. 中国十大流域近40多年降水量的时空变化特征. 自然资源学报，**20**(5)：637-643.

丁一汇. 1993. 1992年江淮流域持续性特大暴雨研究. 北京：气象出版社.

丁一汇. 2003. 气候系统的演变及其预测. 北京：气象出版社.

高歌，陈德亮，徐影. 2008. 未来气候变化对淮河流域径流的可能影响. 应用气象学报，**19**(6)：741-748.

黄荣辉，蔡榕硕，陈际龙等. 2006. 我国旱涝气候灾害的年代际变化及其与东亚气候系统变化的关系. 大气科学，**30**(5)：730-743.

江守钰，程绪干. 2007. 淮河流域暴雨洪水特性分析. 水文，**27**(3)：89-92.

梁树献，杨亚群，徐珉. 2001. 淮河流域6—8月旱涝分布特征. 水文，**21**(2)：54-56.

刘绿柳，姜彤，原峰. 2009. 珠江流域1961—2007年气候变化及2011—2060年预估分析. 气候变化研究进展，**5**(4)：209-214.

前川孝昭，宋豫秦，程必定等. 2002. 淮河流域可持续发展研究的重点问题. 中国人口·资源与环境，**12**(4)：77-80.

任国玉，郭军，徐铭志等. 2005. 近 50 年中国地面气候变化基本特征. 气象学报，**63**(6)：942-952.

任国玉. 2007. 气候变化与中国水资源. 北京：气象出版社.

汪方，田红. 2010. 淮河流域 1960—2007 年极端强降水事件特征. 气候变化研究进展，**6**(3)：228-229.

王慧，王谦谦. 2002. 49 年来淮河流域降水异常及其环流特征. 气象科学，**22**(6) ：149-157.

王胜，田红，丁小俊等. 2009. 淮河流域主汛期降水气候特征及"旱涝急转"现象. 中国农业气象，**30**(1)：31-34.

王又丰，张义丰，刘录祥. 2001. 淮河流域农业气候资源条件分析. 安徽农业科学，**29**(3)：399-403.

魏凤英，张婷. 2009. 淮河流域夏季降水的振荡特征及其与气候背景的联系. 中国科学(D 辑)，**39**(10)：1360-1374.

谢义炳，戴武杰. 1959. 中国东部地区夏季水汽输送个例计算. 气象学报，**30**(2) ：171-185.

徐明，马超德. 2009. 长江流域气候变化脆弱性与适应性研究. 北京：中国水利水电出版社.

徐群，张艳霞. 2007. 近 52 年淮河流域的梅雨. 应用气象学报，**18**(2)：147-157.

徐影. 2008. 中国地区气候变化预估产品简介. 气候变化研究进展，**4**(6)：373-375.

杨金虎，沈永平，王鹏祥等. 2007. 中国西北近 45a 来极端低温事件及其对区域增暖的响应. 冰川冻土，**29**(4)：536-542.

尹东屏，沈树勤，曾明剑等. 2005. 淮河下游暴雨和非暴雨天气特征分析. 气象科技，(4)：324-329.

翟盘茂，潘晓华. 2003. 中国北方近 50a 温度和降水极端事件变化. 地理学报，**58**(增)：1-10.

张爱民，王效瑞，马晓群. 2002. 淮河流域气候变化及其对农业的影响. 安徽农业科学，**30**(6)：843-846.

张建云，王国庆. 2007. 气候变化对水文水资源影响研究. 北京：科学出版社.

张娇，王东勇，田红等. 2008. 2003 年与 2005 年淮河流域强降水过程环流特征的对比分析. 气象科学，**28**(4)：402-408.

章国材，毕宝贵，鲍媛媛等. 2004. 2003 年淮河流域强降水大尺度环流特征及成因分析. 地理研究，**23**(6)：795-805.

赵思雄，张立生，孙建华. 2007. 2007 年淮河流域致洪暴雨及其中尺度系统特征的分析. 气候与环境研究，**12**(6)：713-727.

Bonsal B R, Zhang X, Vincent L A, *et al*. 2001. Characteristics of daily and extreme temperature over Canada. *J. Climate*, **5**(14): 1959-1976.

Easterling D R, Evana J L, Grosman P Y, *et al*. 2000. Observed variability and trends in extreme climate events: A brief review. *Bull. Amen Metor. Soc*, **81**:417-425.

Frich P, Alexander L V, Della-Marta P M, *et al*. 2002. Observed coherent changes in climatic extremes during the second half of the 20th century. *Clim. Res*, **19**:193-212.

He J, Zhou B, Wen M, *et al*. 2001. Vertical circulation structure, interannual variation features and variation mechanism of western Pacific subtropical high. *Adv. Atmos. Sci*, **18**(4):497-510.

Murakami T, *et al*. 1959. The general circulation and water vapor balance over the Far East during the rainy season. *Geophys Magazine*, **29**(2) :137-171.

Zhai P, Sun A, Ren F, *et al*. 1999. Changes of climate extremes in China. *Climate Change*, **42**(1): 203-218.

第二章

气候变化对淮河流域水资源的影响和适应性

高超（安徽师范大学）

引　言

淮河是我国一条重要的自然地理界线，且其水系流程短、降水时空分布差异大，导致洪涝灾害频发，准确地掌握其水资源状况，对国民经济生产和人民生活意义重大。在全球气候变化的背景下，淮河流域气候变化对水资源的影响和适应性等问题值得关注。本章首先分析观测到的淮河流域水文水资源平均态的特征及其变化，以及淮河干流水文极端事件等的变化特征等；进而对未来气候变化对淮河流域水文水资源可能影响做出评述；最后提出应对气候变化影响的流域水文水资源适应性对策等。

专　栏

气候变化的影响

按政府间气候变化专门委员会的定义，气候变化的影响指气候变化对自然和人为系统造成的结果。与适应性结合起来考虑，可以区分为潜在的影响和残余的影响。潜在影响指不考虑适应性，某一预计的气候变化所产生的全部影响；残余影响指采取了适应性措施后，气候变化仍将产生的影响。

适应

就是自然或人类系统对新的或变化的环境的调整。对气候变化的适应，就是自然或人类系统为应对现实的或预期的气候刺激或其影响而做出的调整，这种调整能够减轻损害或开发有利的机会。各种不同适应形式包括预防性适应和应对性适应、个体性适应和集体性适应以及自发性适应和计划性适应。

减缓

减缓气候变化指人类通过削减温室气体的排放源和/或增加温室气体的吸收汇而对气候系统实施的干预。为了减缓气候变化，人类社会可以选取相应的手段或措施，也必然对经济发展产生直接影响。

敏感性

敏感性是指某个系统受气候变率或气候变化影响的程度，包括不利的和有利的影响。影响也许是直接的(如：农作物因响应平均温度、温度范围或温度变率而减产)或是间接的(如：由于海平面上升，沿海地区洪水频率增加所造成的破坏)。

脆弱性

脆弱性是指某个系统易受到气候变化的不利影响，包括气候变率和极端气候事件，但却无能力应对不利影响的程度。脆弱性随一个系统面临的气候变化和变异的特征、幅度和速率、敏感性及其适应能力而变化。

第一节　水资源概述

一、流域水系基本概况

淮河流域以废黄河为界，分淮河及沂沭泗河两大水系，流域面积分别为19万 km^2 和8万 km^2，有京杭大运河、淮沭新河和徐洪河贯通其间。

淮河发源于河南省桐柏山，东流经豫、皖、苏三省，在三江营入长江，全长约1000 km，总落差约200 m。洪河口以上为上游，长约360 km，地面落差约178 m，流域面积3.06万 km^2，因而淮河上游地区流程短、落差大，造成中游地区常常洪水不能及时下泄，形成洪涝灾害；洪河口以下至洪泽湖出口中渡为中游，长约490 km，地面落差约16 m，中渡以上流域面积约15.8万 km^2；中渡以下至三江营为下游入江水道，长约150 km，地面落差约6 m，三江营以上流域面积为约16.46万 km^2。

淮河上中游支流众多。南岸支流都发源于大别山区及江淮丘陵区，源短流急，有白露河、史灌河、淠河、东淝河、池河；北岸支流主要有洪汝河、沙颍河、西淝河、涡河、漴潼河、新汴河、奎濉河；淮河下游里运河以东，有射阳港、黄沙港、新洋港、斗龙港等滨海河道，承泄里下河及滨海地区的雨水，洪泽湖的排水出路，除入江水道以外，还有苏北灌溉总渠等。

沂沭泗河水系位于淮河流域东北部，大都属苏、鲁两省，由沂河、沭河、泗河组成，多发源于沂蒙山区。泗河流经南四湖，汇集蒙山西部及湖西平原各支流后，经韩庄运河、中运河、骆马湖、新沂河于灌河口燕尾港入海。沂河、沭河自沂蒙山区平行南下，沂河流至山东省临沂市进入中下游平原，在江苏省邳县入骆马湖，由新沂河入海。在刘家道口和江风口有"分沂入沭"和邳苍分洪道，分别分沂河洪水入沭河和中运河。沭河在大官庄分新、老沭河，老沭河南流至新沂县入新沂河，新沭河东流经石梁河水库，至临洪口入海。

二、流域水资源特点

淮河流域多年平均天然地表水资源量 621 亿 m^3，浅层地下水资源量 374 亿 m^3，水资源总量 854 亿 m^3。

1. 水资源量严重不足，时空分布不均

淮河流域年均降水量 850 mm，多年平均径流深为 221 mm，多年平均天然河川年径流量为 594.7 亿 m^3。2008 年淮河片平均降水量 879.5 mm，折合降水总量 2902.3 亿 m^3，比多年平均偏多 4.9%，属平水年份。其中，淮河流域平均降水量 903.6 mm，折合降水总量 2430.3 亿 m^3，比多年平均偏多 3.3%；山东半岛平均降水量 773.2 mm，折合降水总量 472.0 亿 m^3，比多年平均偏多 13.9%。

(1)淮河流域地表水资源

2009 年淮河片天然年径流深 164.7 mm，年径流量 543.50 亿 m^3，较常年减少 19.7%，比上年减少 30.5%。其中淮河流域天然年径流深 179.7 mm，年径流量 483.27 亿 m^3，较常年减少 18.8%，较上年减少 28.0%。山东半岛天然年径流深 98.7 mm，年径流量 60.23 亿 m^3，较常年减少 26.7%，较上年减少 45.8 %。从各分区年径流深分布看，山东半岛年径流深 98.7 mm 为最小，淮河下游区 264.6 mm 最大，淮河流域天然年径流深为山东半岛的 1.82 倍。

淮河片各分区 2009 年地表水资源量与 2008 年及常年比较见图 2.1。

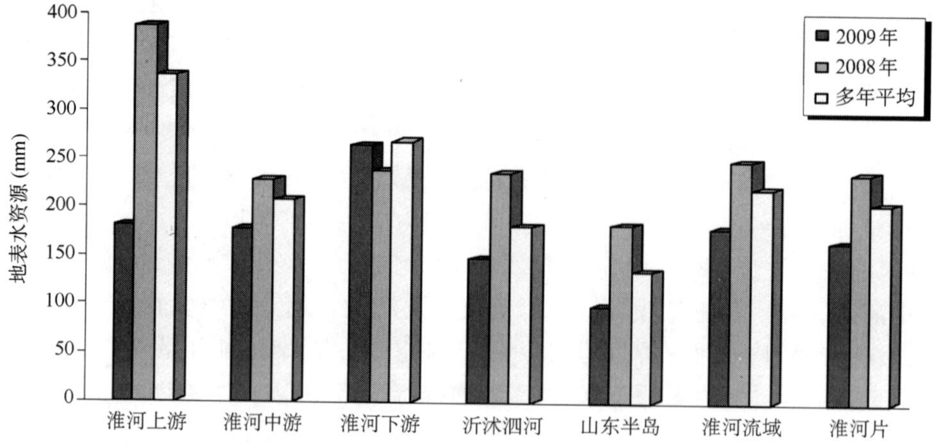

图 2.1　淮河流域地表水资源量年际变化

(2)淮河流域地下水资源

2009 年淮河片地下水资源量为 390.52 亿 m^3，较上年减少 9.3%，其中平原区浅层地下水资源量 286.60 亿 m^3。淮河流域地下水资源量为 335.21 亿 m^3，较上年减少 7.7%，其中平原区浅层地下水资源量 263.22 亿 m^3。山东半岛地下水资源量为 55.31 亿 m^3，较上年减少 17.7%，其中平原区浅层地下水资源量 23.38 亿 m^3。

淮河片各分区 2009 年地下水资源量与 2008 年比较见图 2.2。

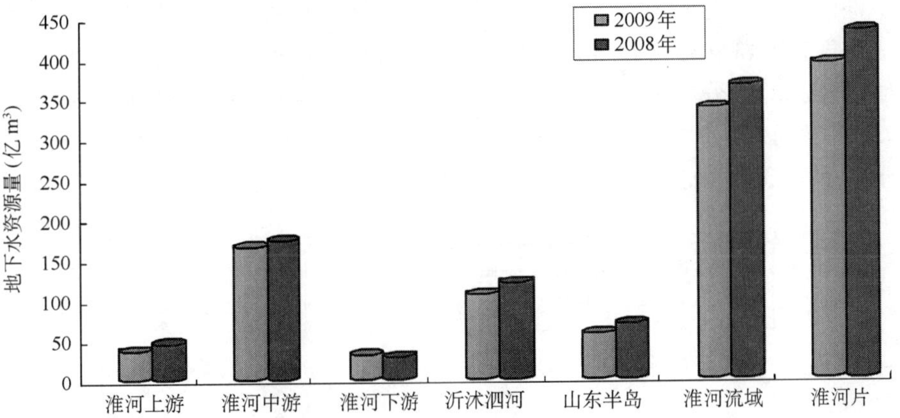

图 2.2　地下水资源量年际变化

2009 年淮河片水资源总量为 799.85 亿 m^3，较常年减少 12.2%，较上年减少 23.6%，产水系数 0.30，产水模数 24.24 万 m^3/km^2。淮河流域水资源总量为 710.92 亿 m^3，较常年减少 10.5%，较上年减少 21.5%，产水系数 0.32，产水模数 26.43 万 m^3/km^2。山东半岛水资源总量为 88.93 亿 m^3，较常年减少 24.0%，较上年减少 37.3%，产水系数 0.23，产水模数 14.57 万 m^3/km^2。

淮河流域各省、山东半岛和淮河片 2009 年水资源量情况见表 2.1。

表 2.1　　2009 年淮河片水资源量(单位:亿 m^3)

分　区	降水量	地表水资源量	地下水资源量	地下与地表水资源不重复量	水资源总量
淮河流域	2251.26	483.27	335.21	227.64	710.92
其中　河南省	678.35	107.65	109.47	79.21	186.86
安徽省	624.90	171.30	84.11	45.59	216.89
江苏省	560.00	126.83	69.33	59.09	185.91
山东省	376.29	75.21	71.59	43.76	118.97
湖北省	11.72	2.29	0.72		2.29
山东半岛	395.12	60.23	55.31	28.70	88.93
淮河片	2646.38	543.50	390.52	256.34	799.85

淮河流域人均地表水资源量仅为世界人均水资源量的二十分之一，不足全国人均水资源量的五分之一，远低于世界公认的严重缺水地区人均 500 m^3 的标准，尤其是拥有全流域 80％人口和耕地的淮北地区，水资源更为贫乏，人均水资源量不足 300 m^3。由于缺水，农业灌溉用水得不到保证，农业旱灾日益严重(图 2.3)(张屏等，2008)，20 世纪 70 年代以来年均旱灾面积已超过水灾面积，1990 年以来发生了 1992、1994、1999 和 2001 年 4 个严重旱灾的年份，旱灾进一步加剧。每遇枯水、特枯水年，城市生活和工业用水形势严峻。淮河流域水资源及开发利用现状已难以承载流域经济社会的可持续发展，缺水日渐成为国民经济和社会经济发展最为重要的制约因素之一(费永法，2005)。同时，淮河流域水资源时空分布不均，容易产生洪涝灾害。淮河上游干流及其南部山区，河道坡度大，汇流时间短，洪峰水位高，历时短。当淮北支流洪水，泄洪入淮河干流时，与淮河上游干流及其淮南山区洪水遭遇，在淮河干流形成特大洪水(Yang *et al.*，2003)。

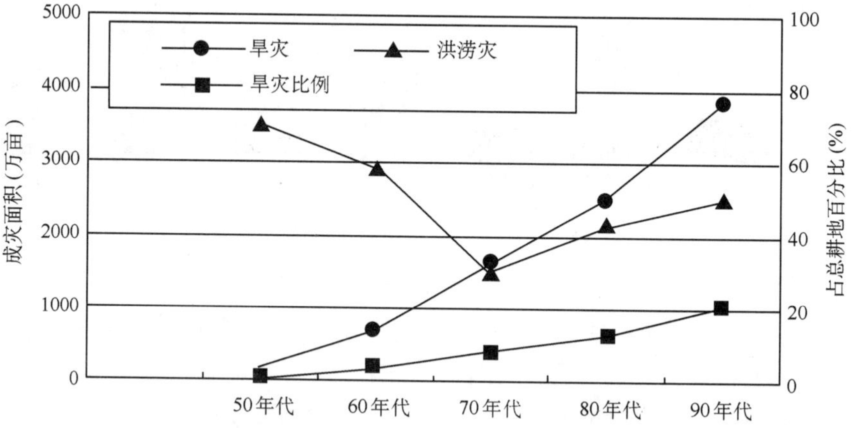

图 2.3　淮河流域旱涝灾害年均成灾面积变化趋势图(费永法，2005)

为了减少洪涝灾害带来的损失，同时也为调节水资源时空分布，淮河流域在沿淮洼地修建了 22 个行洪区，目前 18 个行洪区总面积 1320 km^2，在中等洪水时可分泄河道泄量的 20％～40％，9 个蓄滞洪区总面积 2286 km^2，其中淮河干流中游蒙洼、城西湖、城东湖和瓦埠湖 4 个蓄洪区可滞蓄洪水 66 亿 m^3(叶正伟，2007b)。

2. 水体污染严重

由于淮河流域产业结构和布局不尽合理，企业规模小、生产力水平低、技术落后、污水处理难度大，使得淮河成为我国污染最严重的河流之一。淮河流域入河排污口多年污染物入河排放量的分析表明，1993—2000 年入河污染物排放量呈逐年下降趋势，但从 2000 年开始，由于受城市化进程加快以及部分企业污染反弹等因素影响，污染物入河排放量逐年递增(图 2.4)(费永法，2005；梅莹，2008)。

淮河流域水质状况变化趋势不容乐观。2003 年淮河流域Ⅰ—Ⅲ类水仅占 27.4％，超标河长达到 72.6％，Ⅴ类和劣Ⅴ类水质河长占 56.9％。淮河流域众多城市因地表水水质严重污染，城市用水不得不抽取地下水，淮河干流也不时出现严重的污染团下泄，水体污染加重了水资源短缺和生态危机。淮河流域近期水质状况变化趋势见图 2.5。

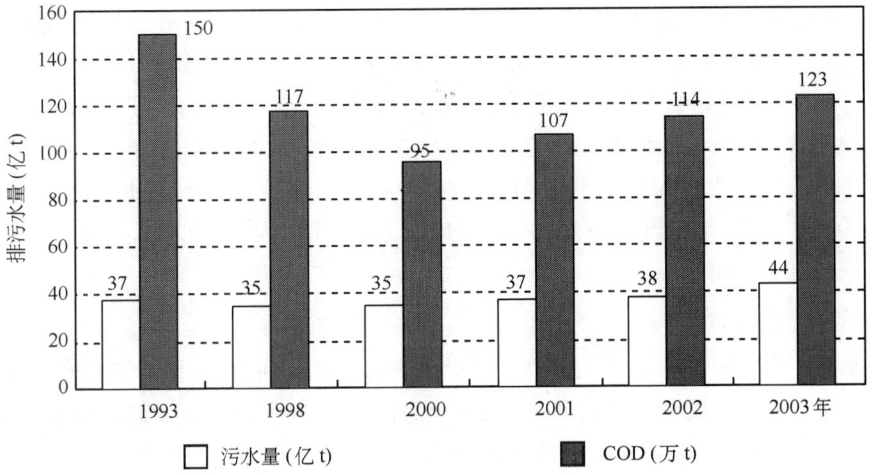

图 2.4　历年入河排污水量(费永法,2005)

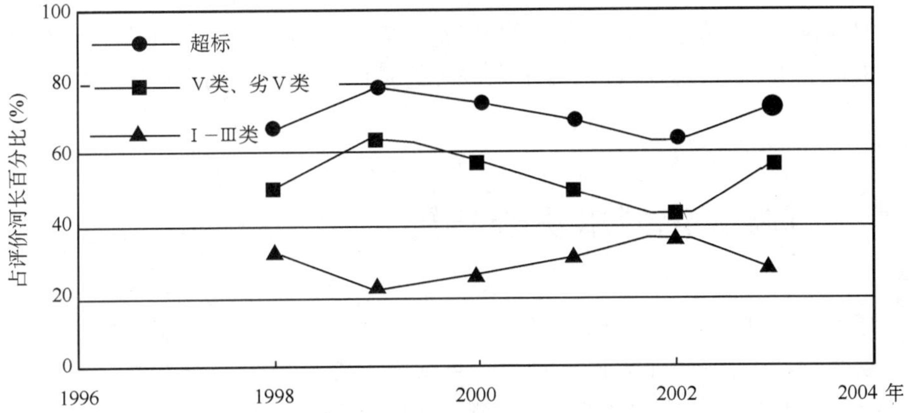

图 2.5　淮河流域水质趋势图(费永法,2005)

3. 流域水资源调蓄能力差

淮河流域三分之二的面积属于平原地区,山丘区在流域的南部、西部和东北部地区。大中型蓄水工程一般修建在山丘区,控制流域面积都不大,平原区又极少有修建大型蓄水工程的地形条件。因此流域调蓄径流的能力小。淮河流域蓄水工程总蓄水容积为 303 亿 m^3,兴利库容仅 150 亿 m^3。虽然丰水年地表水资源量较多,但由于流域蓄水工程,特别是广大的平原地区调蓄径流的能力差,降水时空变化大,难以做到以丰补歉。即使下游有洪泽湖、南四湖和骆马湖等大型湖泊,遇大旱年也常出现干湖现象。虽经治淮骨干工程建设,为流域水资源调度奠定了一定基础,但由于工程体系不完善,尚不能满足流域引水、供水要求,难以对流域水资源在时间和空间上实行有效调控和优化配置。

淮河流域地处"海陆相、中低纬度和南北气候带"交汇地带,又由于中游地区独特的倒比降等地貌形态,造成中游地区极容易受洪涝灾害侵扰,而上游地区高差大,支流众多，容易形成突发性山洪，下游地区入江入海通道不顺，这些问题造成淮河流域有水不能蓄、不敢蓄，但需水时，蓄水和引水能力有限。1949 年以来，通过 60 a 治理，尤其是 1950 和 1991 年掀起的两次治淮高潮，使淮河水系形成了较完整的防洪工程体系。目前已建成大型水库 18 座，控制面积超过 2 万 km^2，约占水系山丘区总面积的 1/3，总库容 140 亿 m^3，但仍然不能满足国民经济发展需要，流域整体性缺水情况仍未得到缓解（马晓群等，2002）。水资源总量入不敷出，供不应求，这些情况在 2001 和 2010 年流域出现大旱时表现得尤为突出。

4. 生态危机突出

近年来，由于淮河流域人口密度大，水资源严重不足，河道有水无流现象较普遍，河湖干涸现象也常发生，现状 50%、75% 和 95% 保证率地表水的利用率分别超过 49.6%、70.7% 和 90%，枯水年和特枯水年挤占生态用水现象严重（费永法，2005）。自 1980 年以来，淮河干流及涡河、沙颍河、洪汝河等主要支流，沂沭河等骨干河道均出现多次断流，位居全国第 5、6 大淡水湖的洪泽湖和南四湖经常运行在死水位以下，并且由于水污染十分严重，流域生态危机越来越突出。特别是 2002 年南四湖上级湖全湖干涸、下级湖也接近干涸，对湖区生态系统造成了十分严重的危害。由于地表水不足、水体污染，许多地方超采地下水，导致地面沉降、海水入侵等严重的生态环境问题（费永法，2005；Hu, *et al.*，2008）。

第二节　气候变化对水资源的影响

水资源不仅是基础自然资源，更是战略性经济资源，是综合国力的有机组成部分。不考虑气候变化，在目前条件下我国的水资源供应已经出现不安全迹象。按 1997 年人口统计，我国人均水资源量为 2220 m^3，预测到 2030 年人口增至 16 亿人时，我国人均水资源量将降至 1760 m^3，届时将成为世界上用水紧张国家之一。全球和中国的气候经历着明显的变化。在气候变化的情形下，特别是在降水分布格局改变的条件下，有可能进一步增大区域水资源供需矛盾，加剧一些流域洪涝和干旱的风险，给我国日益严峻的水资源供应形势增加新的变数（林而达等，2006）。

一、气候变化对淮河干流径流量的影响

胡余忠（2009）采用趋势分析、Mann-Kendall 检验的方法分项分析淮河干流水文站水文要素的变化规律。成果表明，降水年际变化情势基本稳定；蒸发年际变化呈减少趋势；干流王家坝站降水径流关系相对稳定，鲁台子、蚌埠站降水径流关系呈现下降趋势，1991 年后按照多年平均降水计，鲁台子、蚌埠以上流域年平均径流量分别减少 20 亿 m^3、27 亿 m^3，减少幅度接近多年平均径流的 9.6%、10.5%。泥沙系列整体呈减少趋势，其中蚌埠站呈显著性减少。

正常情况下，若无人为影响，降水与径流双累关系表现为“0”截距的线性关系，笔者就皖南山区近 30 个流域成果分析表现此规律，从淮河分析成果看，王家坝以上流域基本满足这种特征，鲁台子、蚌埠小柳巷以上流域呈非线性关系，存在径流减少的趋势，双累曲线向着累计降水坐标轴渐曲，5—9 月尤为明显。为了进一步论证双累关系的分析成果，以 1991 年为界，分期作降水径流关系，并同步考虑全年、5—9 月以及非汛期的关系，1991 年后，鲁台子、蚌埠、小柳巷以上流域降水径流关系存在明显减少趋势。此外在不同系列中，汛期的关系相对良好，非汛期除了王家坝存在关系外，鲁台子、蚌埠、小柳巷的降水径流关系点数据散乱，表明非汛期人为影响相对剧烈。按照综合历年定线成果，以流域多年平均降水计，1991 年后鲁台子、蚌埠以上流域分别减少 20 亿和 27 亿 m^3，减少幅度接近多年平均径流的 9.6%和 10.5%。

图 2.6 为淮河干流蚌埠站 1950—2007 年径流量图，从图 2.6 可知，整体而言，淮河干流径流量有下降趋势，同时出现极端流量的频率有所增加，出现流域性的大洪水，如 2003 年淮河大水等情况。

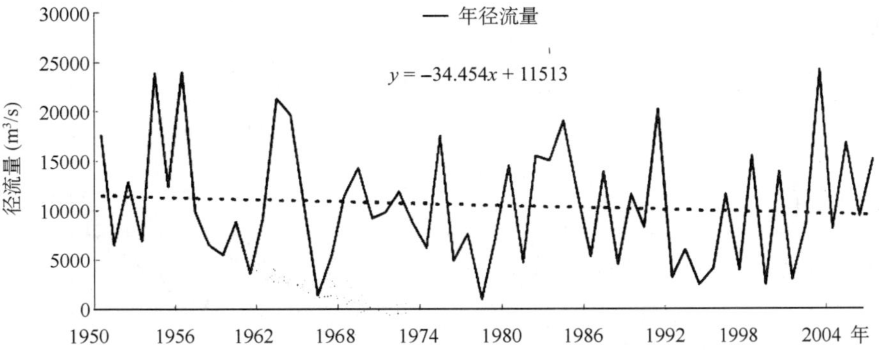

图 2.6　淮河干流蚌埠站年径流量(高超，2010)

二、淮河干流水文极端事件变化

气候变暖背景下，气候系统中水文循环过程加剧，引起水资源在时空上重新分配和水资源总量的改变(Milly，2005；刘春蓁，2007)。在过去的 40 a 中全球范围内干旱、洪水发生的频率呈上升趋势(Jiang，2007；王国庆，2008)。淮河流域在气候变化和人类活动共同作用下将使汛期发生洪涝以及枯水期发生干旱的频率可能加大，极端水文事件发生的频次和强度增加。

选择淮河干流重要控制站蚌埠水文站 1958—2007 年日径流资料，逐年提取 95%百分位数的径流量，取 1961—1990 年上述径流量平均值作为极端洪水阈值，获得逐年超越其阈值的天数及其占全年径流量比例形成两个序列，分析蚌埠水文站极端洪水特征等。

由图 2.7 可知，蚌埠水文站极端洪水在 1958—2007 年间总体没有明显变化趋势，但是从 1992 年开始其发生日数及其占全年径流量比例有所增加，且占全年径流量比例增加更快，极端洪水发生的流量增加迅速。

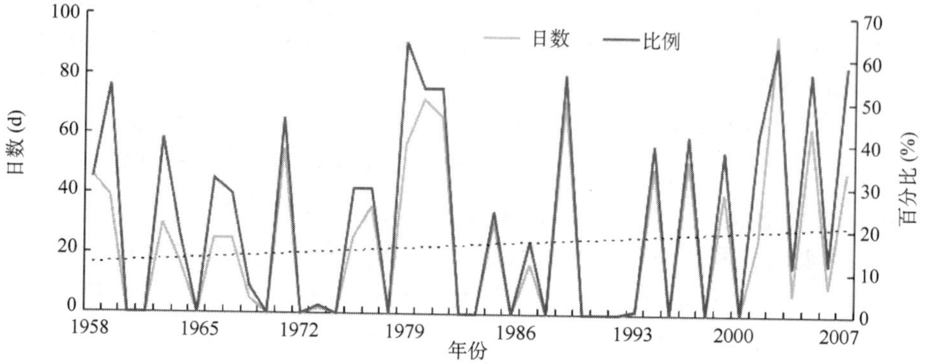

图 2.7　蚌埠水文站超越流量 95%百分位数的天数及其流量占全年比例

图 2.8 中虚线为 95%百分位数折线图，自 1958—2007 年整体上该折线无明显变化趋势，但在局部的 1992—2007 年，有一定的上升趋势，但是在 M-K 统计值中均没有达到 95%置信度的±1.96，蚌埠水文站超越流量 95%百分位数阈值无显著变化趋势，1992—2007 年有微弱的增加趋势。

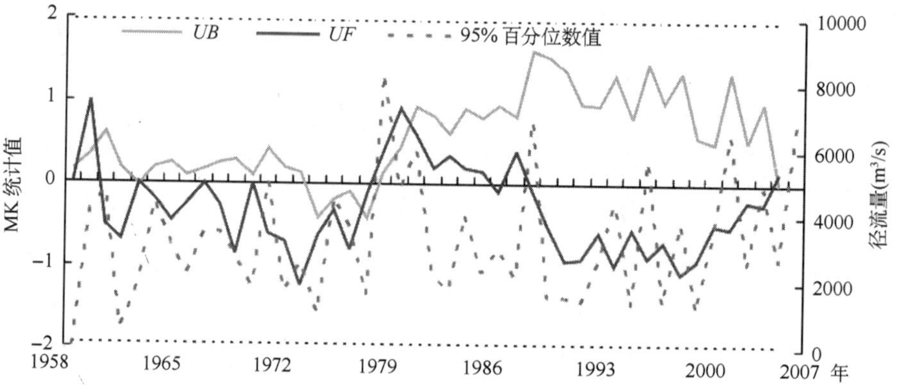

图 2.8　蚌埠水文站超越流量 95%百分位数阈值 M-K 统计值

与极端洪水阈值有明显不同的是，淮河流域极端枯水阈值出现较为显著的变化，由图 2.9 可知，1982—1999 年，蚌埠水文站流量低于 1961—1990 年平均极端枯水阈值的天数为 0，反映此时期径流量均在枯水阈值以上波动，结合图 2.7 中虚线显示 1982—1999 年超越 95%的极端洪水阈值处于一个相对下降时期，可知，此极端淮河流域径流量波动幅度甚小，多数处于极端洪水阈值与极端枯水阈值之间。

1999 年以后，蚌埠水文站极端枯水日数有所增加，甚至达到 300 d 左右，反映流量下降幅度很快，淮河干流径流量下降迅速直接导致流域水资源紧张，图 2.10 粗虚线反映极端枯水阈值存在一个很剧烈的波动，自 1974 年前后，极端枯水流量值有一个突变增加过程，一直到 1999 年前后，反映此极端流域径流量较为充足，处于一个高水平的波动期，而 1999 年之后流域极端枯水阈值猛然下跌至 50 m^3/s 左右，反映蚌埠水文站径流量呈现锐减趋势，之后一直延续下跌趋势，流域水资源出现紧张，淮河供水能力不足，极易导致流域性的大旱等。

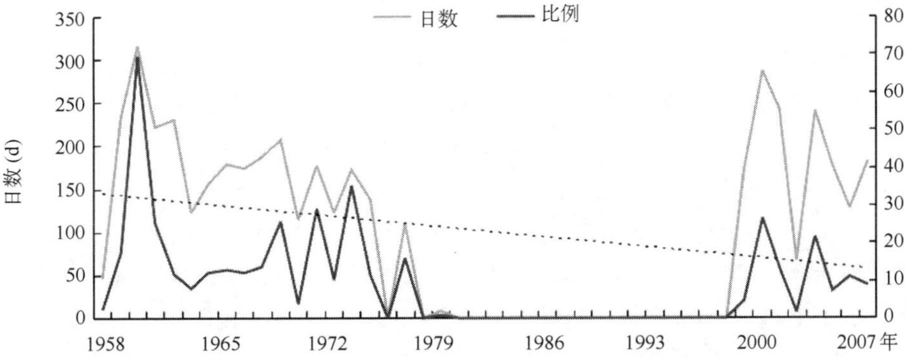

图 2.9　蚌埠水文站低于流量 5%百分位数的天数及其流量占全年比例

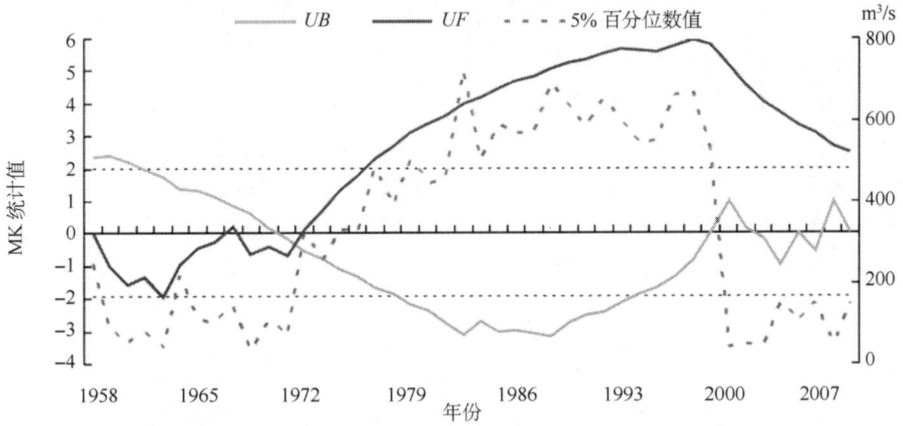

图 2.10　蚌埠水文站低于流量 5%百分位数阈值 M-K 统计值

专　栏

Mann-Kendall 秩次相关检验方法是一种非参数检验方法。非参数检验法的优点是不需要满足样本服从某一分布的假定，因而也称为无分布检验。该方法不易受到少数异常值的干扰，计算方法也较为简便，可以明确突变发生的时间，是一种常用的突变检测方法。对于有 n 个样本量的时间序列 x，构造一个秩序列

$$S_k = \sum_{i=1}^{k} r_i \quad (k = 2,3,4,\cdots,n)$$

其中

$$r_i = \begin{cases} +1 & \text{当 } x_i > x_j \\ 0 & \text{否则} \end{cases} \quad (j=1,2,\cdots,i)$$

可见，秩次序列是第 i 时刻数值大于 j 时刻数值个数的累计数。在时间序列随

机独立的假定下，定义统计量：

$$UF_k=[S_k-E(S_k)]/\sqrt{var(S_k)}\quad(k=1,2,3,\cdots,n)$$

其中，$UF_1=0$；$E(S_k)$和$var(S_k)$分别是累计数的均值和方差，在$x_1,x_2,\cdots$，相互独立，且具有相同的连续分布时，其计算公式为：

$$E(S_k)=n(n+1)/4\qquad var(S_k)=n(n-1)(2n+5)/72$$

UF_k是按照时间序列x顺序$x_1,x_2,\cdots$，计算出的统计量序列，为标准正态分布，在给定显著性水平下，查正态分布表，若$|UF_k|>U_a$，则表明序列存在显著的趋势变化特征。

将时间序列逆序排列，即对$x_n,x_{n-1},\cdots,x_1$，再重复上述过程，使$UB_k=-UF_k$，$k=n,n-1,\cdots,1$，$UB_1=0$。

给定显著性水平$\alpha=0.05$，查正态分布表，若$|UF_k|>U_\alpha=1.96$，则表明序列存在明显的趋势变化，即序列存在明显的增长或减少趋势。所有的UF_k将组成一条曲线UF，同样的方法引用到反序列中，得到另一条曲线UB，将统计量曲线UF、UB和±1.96两条直线均绘在同一张图上，如果UF的值大于0，则表明序列呈上升趋势，小于0则表明呈下降趋势。当它们超过临界直线时，表明上升或下降趋势显著。超过临界线的范围确定为出现突变的时间区域。如果UF和UB两条曲线出现交点，且交点在临界线之间，那么交点对应的时刻便是突变开始的时间(Su,Jiang, 2006)。

淮河流域1901—1948年的48 a中，全流域共发生42次水灾，新中国成立后的1950、1954、1957、1965、1968、1969、1974、1975、1991、2003、2007年均出现大水灾；在出现大水灾的同时，极端干旱频发，1949—1998年的50 a中淮河先后出现了12个大旱年（大旱出现的频次为4 a出现一次）。淮河旱灾呈逐年加剧之趋势，且旱灾重于水灾。据历史资料，淮河从16世纪至新中国成立的500 a中，共发生旱灾260多次，旱灾出现的频次为1.7 a发生一次。历史上淮河即为我国旱灾最频繁的地区之一。

三、气候变化背景下水资源的敏感性分析

水文要素对气候变化的敏感性是指流域的径流、蒸发及土壤水对假定的气候变化情景响应的程度。假定的气候变化情景由给定的降水变化(0、±10%、±20%)和气温升高(0、1、2、3℃)组合而成。在敏感性研究中，假定的气候变化情景不改变历史气候的时空分布。在相同的气候变化情景下，响应的程度愈大，水文要素愈敏感；反之则不敏感(Richard *et al.*，2003)。敏感性研究可提供气候变化影响的重要信息，对于揭示不同流域水文要素响应气候变化的机理和差异有一定的作用。然而，水文要素对假定的气候变化情景的响应程度并不是对未来气候变化条件下的预测。

王国庆等(2008)利用淮河上游息县以上的水文气象资料，建立了基于0.25°×0.25°网格的分布式VIC模型，采用假定的气候情景分析了淮河上游水资源系统对气候变化的敏感性(图2.11)。

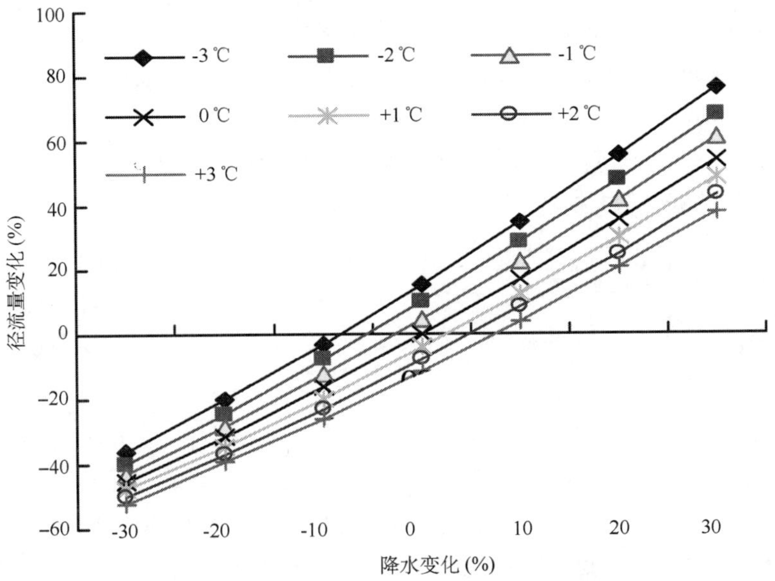

图 2.11　淮河上游河川径流量对气候变化的敏感性(王国庆等,2008)

河川径流对降水变化比较敏感,由图 2.11 可以看出,在温度不变的情况下,随降水增加,河川径流量约增加 16%,如果温度升高 1℃,径流量减少约 5%。

在未来气候变化的各种可能模式下,淮河流域水文水资源系统的响应结果表明:年径流深随着年降水量的增加而增加,随着年均气温的升高而减少,降水愈少,气温愈高,径流量则愈少,愈是丰水或枯水的年份,年径流深的响应愈明显,即增或减的绝对数值愈大;不同季节的径流深对气候变化都有响应,且存在明显的差异,这种差异体现了季风气候对径流的影响;不同流域对未来各种气候变化模式的响应存在着明显的差异,颍河流域和淮河上游年径流深对年降水和年均气温变化都比较敏感,颍河流域年径流深对年降水量最敏感,而沂河流域年径流深对降水的敏感程度远远大于其对气温的敏感程度;在温度不变的情况下,如果降水量增加 20%,颍河流域、淮河上游和沂河流域年径流深分别增加 47.5%、38.3%、66.0%;在降水不变的情况下,如果气温升高 3℃,颍河流域、淮河上游和沂河流域年径流深分别减少 53.9%、27.1%和 5.2%(谢强,2001)。

四、淮河流域水资源脆弱性

1. 水安全问题十分突出

水资源安全具有自然属性和社会属性的双重特征,干旱、洪涝、河流改道等自然条件引起的水安全,属自然范畴;而供水安全和水生态环境安全,如水量短缺、水质污染、水环境破坏、水生态系统功能丧失、水量分配不公、水资源浪费、水管理混乱等属社会范畴。水资源安全问题还可外延至由水资源安全引发的其他安全问题,如粮食安全、经济安全和社会政治稳定及国家安全等(沈宏,2005)。

淮河流域洪水灾害风险性评价结果表明，危险性等级高值区主要分布在淮河流域中西部地区及部分东部地区。由于该区域河网密集、地势相对平坦、坡度较缓，降雨量充沛，洪水灾害危险性高，社会经济脆弱性大，属于中高风险地区；而在北部及西北部地区，西部南高北低，降水量相对较少，水系均单独入海，地势不易形成洪涝灾害，社会经济脆弱性相对较小，相对风险较低，为中低风险性地区（刘家福等，2008）。

2. 水资源对气候变化的响应

专 栏

美国气象学会（AMS，1997）将干旱类型分为四类：气象干旱（或气候干旱）、农业干旱、水文干旱和社会经济干旱。水文干旱指数大多基于河流流量，指由降水和地表水或地下水收支不平衡造成河川径流低于其正常值的现象。对于水文干旱，目前研究较多的是水文干旱的概率，将水文干旱的发生看作一种随机事件，研究在给定时期内的最大干旱缺水量和最长干旱历时的变化情况。

洪水灾害，主要是指短期内大量降雨引起江河泛滥，淹没城镇、村庄或田地所形成的灾害；涝灾则是指长期大雨或暴雨后，在地表产生大量的积水和径流，排水速度有限，从而地势较低的地区受淹成灾。造成洪涝灾害的原因很多，如降雨量、降雨强度、降雨持续时间、地形、地貌、江河的宽窄及其淤积和弯曲程度、植被状况等。其中，降雨量过多和降水强度过大是导致洪涝灾害的根本原因（温克刚，2008）。

通常，以日观测资料超过某一强度或超过某一分位点或达到某一重现期数值为标准，定义水文极值事件。如，极大值事件的分布特征，可在年最大值序列（Annual Maximum，缩写 AM）或超门限峰值序列（Peak Over Threshold，缩写 POT）频率分析基础上获取。AM 极值均匀分布于每一年，而 POT 序列在丰水年份可能出现多个值，干旱年份则可能不出现极值。同样的，极小值事件的分布特征，可在年最小值序列（Annual Minimum）或低门限值（Low Extremes）序列的频率分析基础上获取。

水资源的脆弱性主要体现在水资源系统在气候变化、人类活动等的作用下，水资源供给、需求、管理的变化和旱涝等自然灾害的发生程度。淮河是我国水资源系统最脆弱的地区之一，其脆弱性主要是由于需水量大于供水量、径流量年际变化大以及地下水超采造成的。

过去 50 多年，气候变暖改变了中国降水分布格局，形成南涝北旱局面，导致北方地区水资源短缺加剧，我国降水带从 20 世纪 70 年代末发生了明显的年代际变化，夏季主要雨带由华北逐渐南移到长江流域和华南地区，暴雨集中地区也南移到江淮和长江以南地区。改变了中国降水分布的格局，呈现出“南涝北旱”的分布态势，特别是淮河流域

1991、2003 和 2005 年均发生了大范围严重洪涝灾害。

气候变暖及"南涝北旱"的降水分布格局，致使许多大河的径流量发生显著变化，对我国水资源安全产生巨大影响，尤其北方地区面临严重的水资源短缺，在一定程度上影响了社会经济可持续发展。1958—2007 年的蚌埠站模拟径流量距平百分率表明，径流量的演变与蚌埠上游的降雨量演变过程类似，分别在 20 世纪 50 年代中期、60 年代初、80 年代初属于径流量偏多时期；而在 50 年代末、60 年代后期、70 年代后期、80 年代末均属于径流量偏少时期。20 世纪 90 年代中期以后，淮河流域总体属于洪水偏多期，旱涝事件频繁出现。

第三节　未来气候变化对水资源的可能影响

一、淮河流域未来气候变化预估

田红等(2008)选用英国 Hadley 中心的 RCM－PRECIS 模式进行江淮流域气候变化的数值模拟。在验证了 PRECIS 在江淮流域模拟能力的基础上，对未来 CO_2 增加后江淮流域的气候变化响应进行了预估。结果表明：在 B2 情景下，整个江淮流域都将继续增暖，到 21 世纪末(2071—2100 年)区域年平均气温将增加 2.9℃，夏季将可能出现更多的高温事件，而冬季极端低温事件减少；降水量呈增加趋势，强降水(尤其是 120 mm 以上的降水)日数也将增多(图 2.12)。

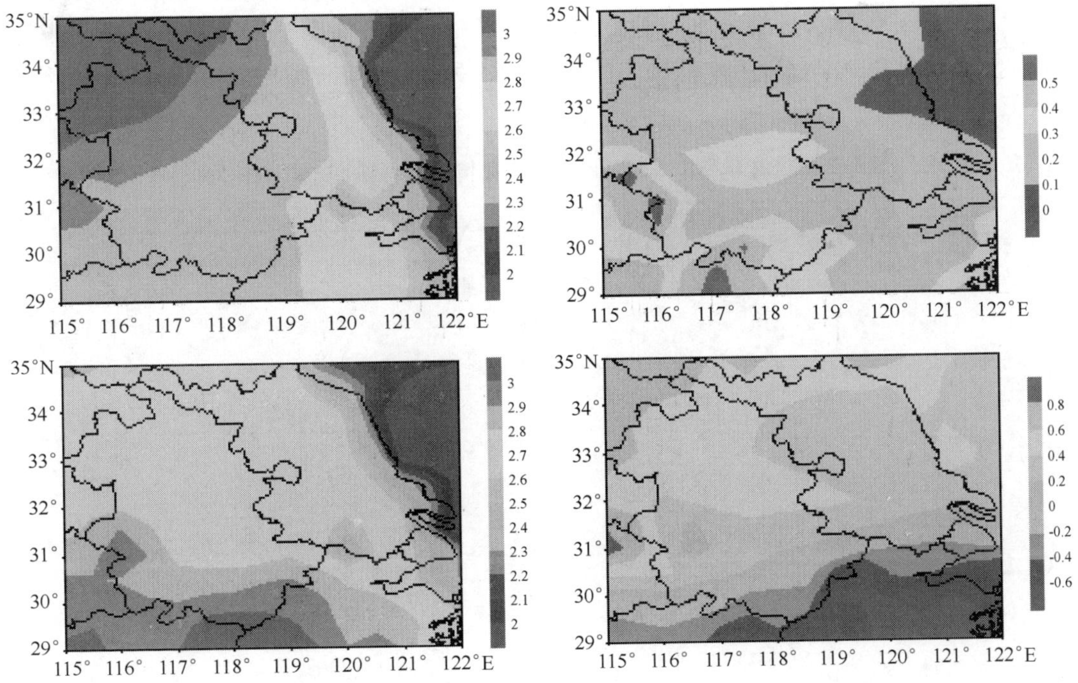

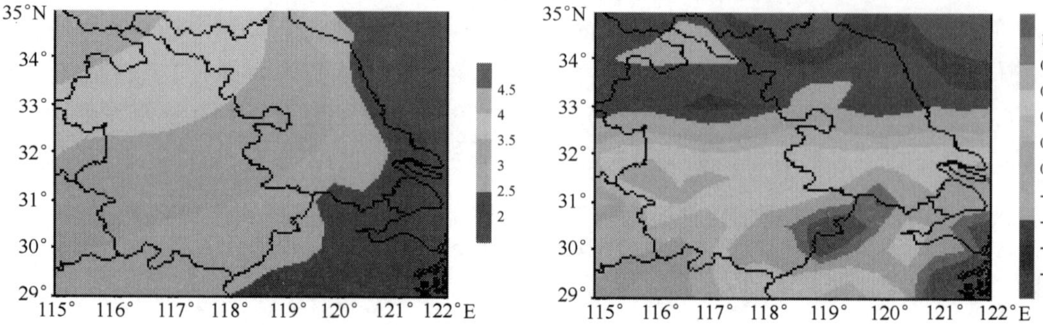

图 2.12 PRECIS 模型模拟的江淮流域未来气温(左,℃)和降水量(右,mm/d)在 B2 情景下的气候变化响应(上:年平均;中:冬季平均;下:夏季平均;田红等,2008)

二、淮河流域未来水资源预估

汪美华等(2003)运用多元回归方法，建立有关气候—径流深的数学模型，并用该模型预测在未来气候变化的 15 种可能情景下淮河三个代表子流域径流深的变化。结果表明：年径流深随年降水量的增加而增加，随年均气温的升高而减少；不同流域对各种气候变化的响应存在着明显的差异，反映出整个淮河流域不同自然地理条件的影响；不同季节的径流深对各种气候变化的响应也存在明显的差异，体现了季风气候对径流的影响。还特别关注了暖干天气组合下径流深的变化，提出这种极端气候情景对工农业生产和国民经济建设有着严重的负面影响。

表 2.2 是淮河三子流域年径流深对全球增暖的各种气候情景的响应，可以看出：年径流深随着年降水量的增加而增加，随着年均气温的升高而减少。降水愈少，气温愈高，则径流量愈少；愈是丰水或枯水的年份，年径流深的响应愈明显，即增或减的绝对数值愈大。

表 2.2 淮河三子流域年径流深对各种气候变化情景的响应(汪美华等,2003)

降水变化(%)	气温变化(℃)											
	淮河上游				颍河流域				沂河流域			
	+0℃	+1℃	+2℃	+3℃	+0℃	+1℃	+2℃	+3℃	+0℃	+1℃	+2℃	+3℃
-20%	-32.8%	-43.4%	-52.3%	-59.9%	-37.8%	-61.8%	-79.7%	91.7%	-46.2%	-48.1%	-49.8%	-51.4%
-10%	-17.1%	-27.7%	-36.6%	-44.2%	-20.1%	-44.1%	-61.4%	-74.0%	-25.4%	-27.3%	-29.0%	-30.6%
-0%	0.0%	-10.6%	-19.5%	-27.1%	0.0%	-24.0%	-41.3%	-53.9%	0.0%	-1.9%	-3.6%	-5.2%
-10%	18.5%	7.90%	-1%	-8.6%	22.5%	-1.5%	-18.8%	-31.4%	30.3%	28.4%	26.8%	25.1%
-20%	38.3%	27.7%	18.8%	11.2%	47.5%	23.5%	6.2%	-6.4%	66.0%	64.1%	62.4%	60.8%

高歌等(2008)采用新安江月分布式水文模型,结合1961—2000年历史月气候资料和4个CGCMs的3个SRES排放情景下(B1,A2,A1B)未来降水和气温情景模拟结果,对过去淮河流域的径流进行模拟检验并对2011—2040年的径流影响进行评估(图2.13)。结果表明:多数CGCMs不同排放情景下气候模拟2011—2040年,淮河流域气候将趋于暖湿,但年径流量将可能以减少趋势为主。这对淮河地区水资源的可持续发展以及东线调水工程水资源统一调配和管理提出了较大的挑战。淮河流域大部分区域2011—2040年月径流量减少将主要发生在1月和7—12月(表2.3),变化趋势较为确定;4—6月,径流量将以增加趋势为主,不确定性较大;2—3月,径流具有增加趋势的地区多分布在淮河以北地区,具有减少趋势的地区则多分布在淮河干流及以南地区和洪泽湖、平原区,这些地区增加或减少趋势的不确定性较大。

高超等(2010)基于人工神经网络模型,根据ECHAM5模式预估的气候变化计算了2010—2100年不同排放情景下蚌埠站流量变化,得出:淮河干流蚌埠段2010—2100年年平均流量变化:SRES-A2情景,相对于1961—1990年模拟值,2010—2100年淮河年平均流量年际变化幅度较大,SRES-A2情景下总共91 a有32 a变化率超过25%(图2.14a),其中流量增大25%以上的有17 a,减少量超过25%的有15 a,总体处于波动上升趋势。从2010—2100年年平均流量M-K统计量曲线(图2.14b)可知,淮河平均流量在2085年其M-K统计值达1.98,>95%置信水平临界值(1.96),即自*UF*与*UB*交点2051年流量发生突变上升。在2051—2085年的35 a中,流量增幅超过25%的有9 a,占全部增幅大于25%的年份的52.3%。

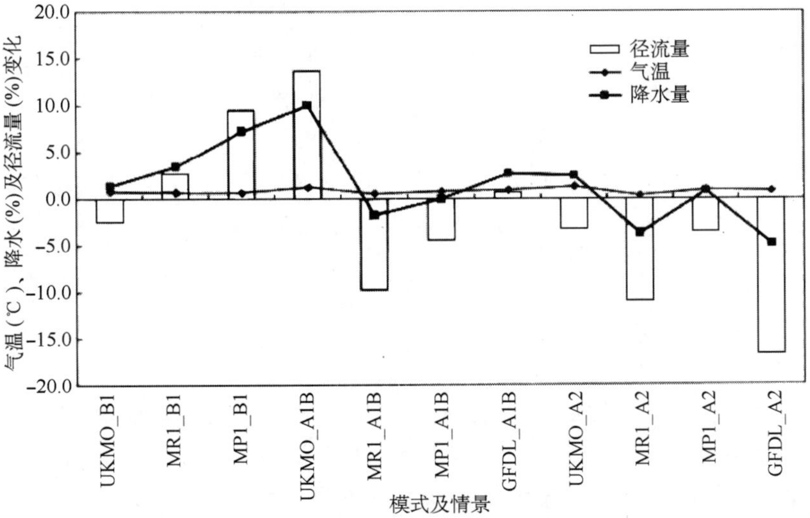

图2.13　2011—2040年降水和气温变化对淮河流域年径流变化的影响(高歌等,2008)

表 2.3　淮河流域不同区域 2011—2040 年各 CGCMs 模式和情景下各月径流量可能的主导变化趋势比率(单位:%)(高歌等,2008)

水文控制站以上流域地区及区域名称	1月	2月	3月	4月	5月	6月	7月	8月	9月	10月	11月	12月
息县	-81	-72	54	-54	63	81	-72	-81	-54	-81	-100	-81
班台	-63	63	54	63	63	81	54	-81	-63	-81	-90	-81
漯河	-72	54	63	63	54	72	54	-63	-54	-81	-90	-81
周口	-72	72	63	63	54	72	54	-72	-63	-81	-90	-72
亳县	-72	72	90	81	63	90	54	-72	-54	-90	-81	-81
蒋家集	-81	-72	-54	54	63	54	-81	-81	-72	-81	-90	-81
横排头	-90	-81	-63	54	72	54	-72	-63	-72	-72	-90	-81
阜阳	-63	63	63	63	54	72	-54	-81	-63	-90	-90	-81
王家坝	-81	-54	-54	-54	63	81	-63	-81	-54	-81	-100	-81
鲁台子	-81	-54	-54	-54	63	81	-63	-72	-54	-81	-100	-81
蚌埠	-90	-54	-54	-54	63	81	-63	-72	-63	-81	-100	-81
明光	-72	-72	-54	54	63	81	-63	-63	-54	-72	-81	-72
固镇宿县	-63	63	72	81	72	90	-63	-81	-72	-100	-100	-72
临沂	-72	72	90	90	72	72	-63	-81	-90	-90	-90	-63
大官庄	-81	63	81	100	72	81	-63	-81	-81	-81	-100	-81
洪泽湖区	-72	54	-54	63	54	81	-63	-72	-72	-72	-81	-54
平原区	-72	-54	-54	72	54	81	-54	-72	-72	-72	-90	-54
全流域	-90	54	-54	63	54	72	-63	-72	-72	-90	-90	-81

注:负号表示减少趋势。

SRES-A1B 情景。SRES-A1B 情景下,2010—2100 年淮河径流量年际变化幅度相对 SRES-A2 则小得多(图 2.15a)。91 a 中,流量增大变幅超过 25%的仅有 9 a,下降变幅超过 25%的仅有 8 a,且变幅较大年份也相对分散。2010—2100 年淮河流域 M-K 统计曲线(图 2.15b)总体较为平缓,在 2037 年其 M-K 统计值达到 -2.03,达到 95%置信度,在 *UF* 与 *UB* 交点 2024 年流量发生突变下降,即 2024—2037 年流域年平均流量显著降低,但很快进入波动状态。

SRES-B1 情景。相对于前两种情景，SRES-B1 情景淮河年平均流量的变率最小，几乎没有变化，仅有 3 a 的距平百分率超过 25%，波动甚小，仅在 −26.3%～26.7%。其 M-K 统计曲线亦显示其在情景期没有发生突变。

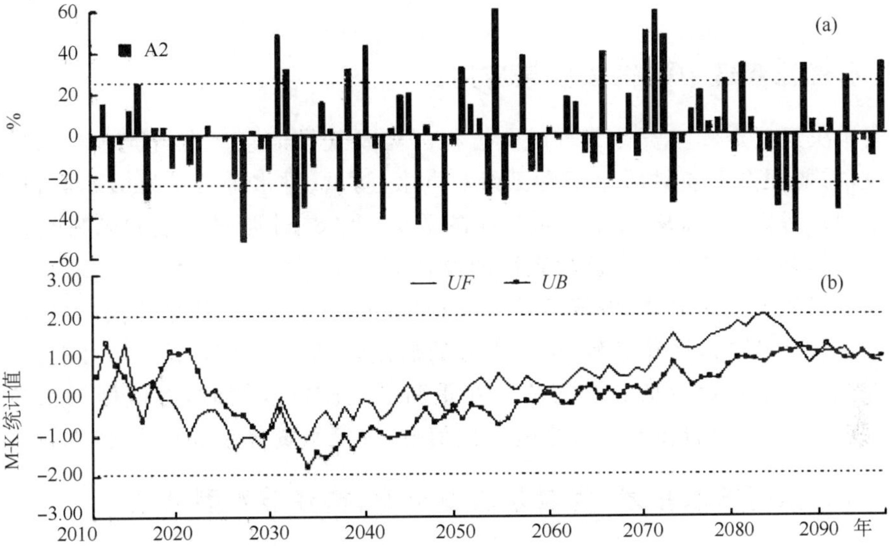

图 2.14　SRES-A2 情景下 2010—2100 年蚌埠站年平均流量距平百分率(a，虚线表示±25%百分率)及 M-K 统计曲线(b，虚线表示 95%置信度的 M-K 统计值)

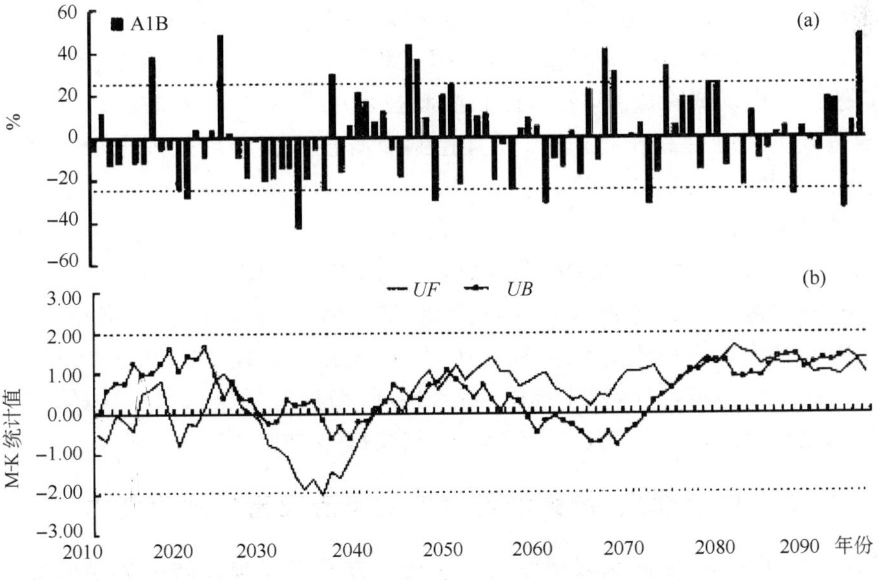

图 2.15　SRES-A1B 情景下 2010—2100 年蚌埠站年平均流量距平百分率(a，虚线为±25%百分率)及 M-K 统计曲线(b，虚线为 95%置信度的 M-K 统计值)

第四节　应对气候变化影响的水资源适应性对策

一、水资源管理中的气候信息应用

水资源决策制定和水资源管理的全过程都需要气候信息。淮河流域对未来气候状态的假设，需要在淮河流域的水资源系统（供水、防洪、排水等设施）的规划、设计、运行和改造中加以考虑，例如田红等（2008）和高歌等（2008）对淮河流域的未来气候预测和径流量的预估等。在传统的水资源系统的设计运行中，气候是稳态的，即未来气候与过去气候具有相似的波动模式，极端事件具有相同的概率。总体来看，目前大多数水资源管理者通常假定气候是平稳过程，利用稳态的假定评估未来水文事件的可能性，对这个假设需要检验和认真地评估。淮河流域在重新制定防洪规则时，将依据延长的洪水水文资料记录，利用当前的和不久将来的气候信息，决定水资源系统年度运行目标。

二、大力推行节水技术、尤其是农业节水，构建节水型社会

淮河流域人口密度居全国七大流域之首，人均水资源量仅略高于海河流域及西北内陆河流域，枯水、特枯水年水资源开发利用程度高，从保护环境和水资源可持续利用的角度，大力推广节水技术和污水再利用技术，完善节水制度、推行鼓励节水的水价政策，建立节水型农业、节水型工业和节水型社会是解决水资源短缺最直接而有效的措施。淮河流域耕地有2.25亿亩①，农业用水占总用水量的比重高达70%左右。因此，农业节水是重点。淮河流域农业节水一般有控制灌溉（非充分灌溉）技术、抗旱作物、抗旱剂等非工程措施和渠道衬砌、喷灌滴灌技术等工程措施。根据山东济宁、安徽利辛等地区水旱作物节水灌溉试验成果，采用控制灌溉技术可节水40%左右，只要控制灌溉得当，在一定程度上还可提高作物产量，并且控制灌溉技术在局部范围内得到推广，已取得较好的节水效果（王效瑞，2000）。

同时，淮河流域的工农业用水总量一般在450亿 m^3 左右。必须进一步开发利用流域内外水资源。开发水源的主要措施是：加强管理，充分发挥有各项蓄、引、提水源工程的供水能力；搞好灌区渠系防渗和建筑物配套，推广节水型灌溉技术；搞好工业废水的自净循环使用；加强现有机电井的恢复使用，增打部分机电井，进一步开发利用浅层地下水；增建一批大中小型水库，拦洪削峰，蓄水兴利，增加可供给水量。这样，既可防洪，又可灌溉，加固现有蓄水工程，提高拦蓄水量（符淙斌等，2005）。

三、提高防洪排涝能力，增强淮河流域对旱涝灾害的适应能力

在气候变化影响下，淮河流域平原洼地治理一方面需要提高防洪排涝的能力，另一

---

①　1亩 $=1/15\ hm^2$。

方面需要进一步考虑如何增强区域对水旱灾害的自适应能力(夏军等,2002;叶正伟,2007a)。具体可有如下措施:

(1)加强低洼农田改造、水库的基本建设。在骨干排水渠两侧开挖配套的排水沟网与蓄水塘、水库等,使得农田地面相对抬高,既增加雨洪调蓄水面和容积,提高排涝能力,降低"渍灾"的危害,又有利于将部分雨洪转变为水资源,减轻旱灾的影响。此项工作的难度在于如何统一做好合理的规划,引导已经分田包产到户的农民组织起来,使得规划能够逐步实施。

(2)分区排水、高水高排。根据淮河流域地形沿河道走向逐渐降低的趋势,沿等高线方向布置排水渠,并设置部分垂直于等高线方向的主渠,从而实现高水高排。过去平原洼地群众不愿意修建泵站的主要原因是泵站排除的是从上游广大平原上汇集的雨水,但是要占用下游自己的土地并承担排涝的成本。如果在总体规划上能够形成分区排水、高水高排的格局,则可以减少群众的顾虑,有利于从整体上增强适应水旱灾害的能力。

(3)加强灾害性天气监测、预报、预警、调度系统的建设。2007 年 19 项治淮骨干工程基本建成后,水利工程体系的合理调度运用将更加依赖于非工程体系的发展运用水平。新建大量平原洼地的排涝工程,要发挥预期作用,实现预期效益,也将面临科学调度的问题。因此,在未来淮河防汛抗旱指挥系统的规划设计中,应将排涝调度纳入考虑范围(程晓陶等,2008)。

同时,由于现有的气候模型仅能预测流域未来降水总量的变化趋势,无法给出极端降雨事件的定量值,但是极端降水等事件给淮河流域防洪除涝等工作带来巨大挑战,因而需要加强极端事件方面的研究,应对气候变化带来的影响(张金玲,2009)。

四、植树造林,治理水土流失

淮河流域具有"流程短、高差大、人口密度高、农业发达"等特点,人类的不合理活动容易造成流域性的水土流失,尤其在淮河源头桐柏山地区,另加上未来气候变化情景下,极端降水强度和概率等可能增加,导致水土流失加剧,不仅降低土壤肥力,且会淤塞下游河道,降低河水下泄能力,导致洪涝灾害加重,减少土壤厚度,降低土壤蓄水能力,加重干旱程度。因此,淮河流域水旱灾害的加重在一定程度上是植被覆盖率降低、水土流失加剧的结果。淮河流域植树造林、提高植被覆盖率是当务之急。在上游地区实施林草措施和工程措施。林草措施有:坚持乔木混交、乔灌草结合;积极发展林果林;加强用材林、薪炭林和饲料林建设;封山育林育草。工程措施有:建水平沟、鱼鳞沟、水平梯田、沟头防护、谷坊坝、淤地坝、拦沙坝等。在下游平原地区应进一步扩大农田防护林网和提高果林面积,山区应实行综合治理,修建水平梯田、坡式梯田、水平沟等,层层拦蓄,治理水土流失。对于 25°以上的坡耕地,应退耕还林,使之成为水源林、薪炭林、经济林集中区域,因地制宜地发展农、林、牧、副、渔各业,建立合理的土地利用空间结构(徐邦斌,2005;杨海蛟,2006)。

小 结

在全球气候变化的背景下，关注淮河流域气候变化对水资源的影响凸显重要，淮河流域水资源量严重不足，时空分布不均，水土污染严重，水资源调蓄能力差，导致流域生态危机突出。

(1)气候变暖背景下，观测期淮河流域在气候变化和人类活动共同作用下将使汛期发生洪涝以及枯水期发生干旱的频率可能加大，极端水文事件发生的频次和强度增加。如蚌埠水文站极端洪水在1958—2007年总体没有明显变化趋势，但是从1992年开始其发生日数及其占全年径流量比例有所增加，且占全年径流量比例增加更快，反映极端洪水发生的流量增加迅速。

(2)未来气候变化的各种可能模式下淮河流域水文水资源系统分析结果表明：年径流深随着年降水量的增加而增加，随着年均气温的升高而减少，降水愈少，温度愈高，径流量则愈少，愈是丰水或枯水的年份，年径流深的响应愈明显，即增或减的绝对数值愈大；不同季节的径流深对气候变化都有响应，且存在明显的差异，这种差异体现了季风气候对径流的影响。

(3)应对气候变化影响的水资源适应性对策：水资源管理中的气候信息应用；大力推行节水技术、尤其是农业节水，构建节水型社会；提高防洪排涝能力，增强淮河流域对旱涝灾害的适应能力；植树造林，治理水土流失。

参考文献

程晓陶，王静，夏军等. 2008. 气候变化对淮河防洪与排涝管理项目的影响及适应对策研究. 气候变化研究进展，**6**:324-329.

费永法，张炎斋. 2005. 淮河流域水资源问题及对策. 水利规划与设计，(1):23-25.

符淙斌，安芷生，郭维栋. 2005. 中国生存环境演变和北方干旱化趋势预测研究(I)：主要研究成果. 地球科学进展，**20**(11):1168-1175.

高超，曾小凡，苏布达等. 2010. 2010—2100年淮河流域水资源变化情景预估. 气候变化研究进展，**6**(1):15-21.

高歌，陈德亮，徐影. 2008. 未来气候变化对淮河流域径流的可能影响. 应用气象学报，**19**(6):741-748.

胡余忠. 2009. 淮河中游水文要素变化趋势分析. 江淮水利科技，(1):40-42.

林而达，许吟隆，蒋金荷等. 2006. 气候变化国家评估报告(II)：气候变化的影响与适应. 气候变化研究进展，**2**(2):168-176.

刘春蓁. 2007. 气候变化对江河流量变化趋势影响研究进展. 地球科学进展，**22**(8):777-783.

刘家福，李京，刘荆等. 2008. 基于GIS/AHP集成的洪水灾害综合风险评价——以淮河流域为例.

自然灾害学报，**17**(6)：110-115.

刘玉年. 2005. 依法保护淮河水资源促进流域经济社会可持续发展. 中国水利，(8)：40-42.

马晓群，张爱民，陈晓艺. 2002. 气候变化对安徽省淮河区域旱涝灾害的影响及适应对策. 中国农业气象，**23**(4).

梅莹. 2008. 安徽林业发展与和谐社会建设研究. 科技和产业，**8**(3)：15.

任国玉，姜彤，李维京. 2008. 气候变化对中国水资源情势影响综合分析. 水科学进展，**19**(6)：772-780.

沈宏. 2005. 淮河区水资源配置思路. 水利规划与设计，(1)：62.

田红，李春，张士洋. 2005. 近50年我国江淮流域气候变化. 中国海洋大学学报，**35**(4)：539-544.

田红，许吟隆，林而达等. 2008. 温室效应引起的江淮流域气候变化预估. 气候变化研究进展，**4**(6)：357-341.

汪美华，谢强，王红亚. 2003. 未来气候变化对淮河流域径流深的影响. 地理研究，**22**(1)：79-88.

王国庆，张建云，刘九夫等. 2008. 气候变化对水文水资源影响研究综述. 中国水利，**2**：47－51.

王慧，王谦谦. 2002. 近49年来淮河流域降水异常及其环流特征. 气象科学，**22**(2)：149-159.

王效瑞. 2000. 安徽农业与气候变暖适应性的最优决策. 气象科技，(4)：28-31.

温克刚. 2008. 中国气象灾害大典(综合卷). 北京：气象出版社.

夏军，谈戈. 2002. 全球变化与水文科学新的进展与挑战. 资源科学，**24**(3)：1-7.

谢强，2001. 气候变化对淮河流域水文水资源系统的影响研究. 北京：北京大学.

徐邦斌. 2005. 淮河流域水资源开发利用的现状、问题及对策. 中国水利，**22**：26-27.

杨海蛟. 2006. 河南林业发展现状与可持续发展战略研究. 河南农业大学学报，**40**(5)：498-502.

叶正伟. 2007a. 淮河流域洪水资源化的理论与实践探讨. 水文，**27**(4)：15-19.

叶正伟. 2007b. 淮河流域湿地的生态脆弱性特征研究. 水土保持研究，**14**(4)：24-29.

张金玲，王冀，甘庆辉. 2009. 1961—2006年江淮流域极端降水事件变化特征. 安徽农业科学，**37**(7)：3089-3091.

张屏，汪付华，吴忠连等. 2008. 淮北市旱涝急转型气候规律分析. 水利水电快报，**29**(增刊)：139-140.

Gao C, Gemmer M, Zeng X F, *et al*. Projected streamflow in the Huaihe River Basin (2010-2100) using artificial neural network (ANN). *Stochastic Environ. Res. Risk Assessment*, DOI 10. 1007/s00477-009-0355-6.

Hu W W, Wang G X, Wei D, *et al*. 2008. The influence of dams on ecohydrological conditions in the Huaihe River Basin, China. *Ecological Engineering*, **33**(3-4): 233-241.

Jiang T, Su B D, Hartmann H. 2006. Temporal and spatial trends of precipitation and river flow in the Yangtze River basin, 1961—2000. *Geomorphology*, doi: 10. 1016/j. geomorph. 03,015.

Jiang T, Su B D, Hartmann H. 2007. Temporal and spatial trends of precipitation and river flow in the Yangtze River Basin, 1961—2000. *Geomorphology*, **85**(3/4): 143-154.

Milly P C D, Dunne K A, Vecchia A V. 2005. Global Pttern of Trends in Streamflow and Water Availability in a Changing Climate. *Nature*, **438**: 347-350.

Richard S J, Grijp N, Olsthoorn A A, *et al*. 2003. Adapting to climate: A case study on riverine flood risks in the Netherlands. *Risk. Analysis*, **23** (3): 575-583.

Yang H, Li C Y. 2003. The relation between atmospheric intraseasonal oscillation and summer severe flood and drought in the Changjiang-Huaihe River Basin. *Adv. Atmos. Sci.*, **20**(4): 540-553.

第三章

气候变化与淮河流域旱涝灾害

徐敏，程智（安徽省气候中心）

引　言

淮河流域是我国旱涝灾害最为频繁的区域之一，这其中不仅有黄河南决夺淮等历史因素，也与淮河流域水系特殊的分布形态等地理因素有关。进入21世纪以来，随着气候变暖的加快，淮河流域旱涝灾害呈增多趋势，特别是2003和2007年发生的全流域大洪水造成严重灾害。淮河流域旱涝演变、成因以及未来趋势是社会各界普遍关注的重要课题。本章首先从旱涝灾害历史演变的角度分析了淮河流域旱涝灾害频繁发生的历史因素及其与长时间尺度气候因素之间的关系，然后着重分析了淮河流域现代旱涝灾害的年际、年代际演变特征及灾情时空分布特点，归纳旱涝灾害的成因，最后分析了气候模式对2050年以前淮河流域旱涝格局的预估结果，并且提出适应性对策。

第一节　旱涝灾害历史演变

据统计，公元前246—2000年，淮河流域共发生洪涝1005次，旱灾936次，几乎是年年有灾。2000多年里共发生流域性的水旱灾害336次（水灾266次，旱灾70次），平均6.7 a一次，其中水灾平均10 a一次。1194年黄河南决夺淮后，水灾更加频繁，13—19世纪发生流域水旱灾害165次，平均4.2 a一次。1856年，600多年的黄河夺淮历史结束，但是黄河夺淮造成淮河流域水系混乱、出海无路，入江不畅，流域水旱灾害仍然频繁。

从公元1—19世纪淮河流域旱涝灾害次数演变（图3.1）可以看出，淮河流域旱涝灾害发生次数均呈上升趋势，旱涝灾害演变具有同向性。公元 9—11 世纪和 13—19 世纪是旱涝灾害最为严重的两个时期。13 世纪以前，淮河流域旱、涝灾害发生次数基本相近，干旱发生次数略大于洪涝的次数。13 世纪以后，旱涝灾害次数发生变化，不但洪涝的次数明显大于干旱次数，而且大涝的次数也明显多于大旱，涝灾重于旱灾的特征趋于显著。需要注意的是，黄河于 1194 年的南决夺淮在时间点上与淮河流域第二个旱涝多发期一致，说明黄河夺淮是造成淮河流域旱涝灾害的重要原因之一。

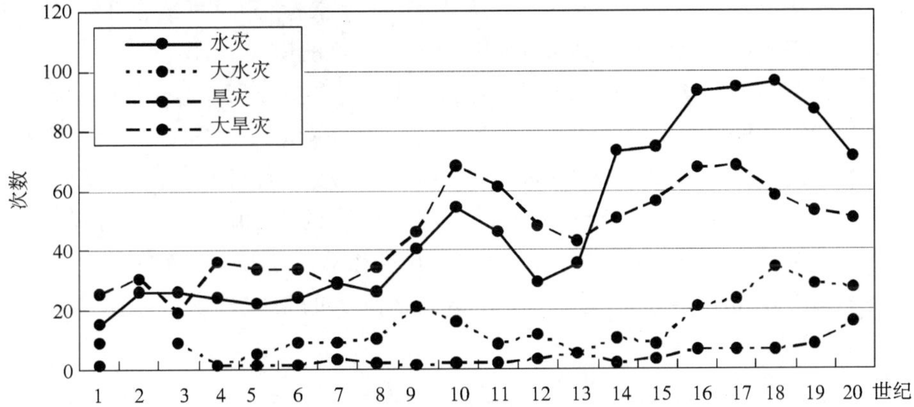

图 3.1　公元 1—19 世纪淮河流域旱涝次数变化（淮河水利委员会水文局，2008）

从历史统计资料看来，16—19 世纪是淮河流域旱涝灾害最为严重的时期，洪涝发生频率高于干旱，严重洪涝的次数也明显多于大旱的次数。这一时期与小冰期的时间段（1550—1850 年）基本一致。

第二节　现代旱涝灾害与成因

据淮河水利委员会统计，新中国成立后，淮河流域发生流域性大洪水的年份有 1950、1954、1956、1991、2003 和 2007 年，约 10 a 发生一次，区域性洪水也时有发生，如 1957 年沂沭泗流域、1968 年淮河干流上游、1969 年淮南史淠河、1975 年洪汝河、沙颍河洪水等。流域旱灾也依然严重，发生严重干旱的年份有 1959、1966、1978、1988、1992、1994、1999 和 2001 年等 8 年，其中由于旱灾成灾面积达 400 万 hm^2 的有 1992、1994 和 2001 年。

一、旱涝监测指标

淮河流域南部和北部气候差异明显，包括淮河干流和淮南山区的流域南部受梅雨带北缘影响，降水年际变化更大。流域主汛期 6—8 月平均降水量为 455 mm，占年降水量的 52%，南部降水量多于北部、山区多于平原、近海多于内陆。

不同的学科对于旱涝的定义以及判断标准存在差异。气象旱涝侧重分析降水量、蒸发量和气温等要素，对于洪涝，降水量是其中最主要的一个要素，但由于不同时间、不同地区降水量变化幅度很大，直接用降水量很难在不同时空尺度上相互比较，而且降水分布是一种偏态分布，所以在降水分析中，采用 Γ 分布概率来描述降水量的变化，然后再经正态标准化求得标准化降水指标(Standardized precipitation index，简称 SPI)，再根据阈值确定发生旱涝的年份和旱涝等级。

按照标准化降水指数(SPI)定义的气象旱涝分级指标(表 3.1)，自 1952 年以来，淮河流域主汛期达到中旱级别及其以上(SPI≤－1.0)的有 6 a(图 3.2)，分别为 1959、1966、1978、1988、1994 和 1999 年，达到中涝级别及其以上(SPI≥1.0)的有 12 a，分别为 1954、1956、1963、1965、1972、1989、1996、1998、2000、2003、2005 和 2007 年，达到特涝等级(SPI≥2.0)的有 1954、1956、2003 和 2007 年，与实际监测到的旱涝年份基本一致，说明用 SPI 指标监测淮河流域旱涝是有效的。需要说明的是，由于计算资料范围的差别，一些区域性洪水并未在 SPI 指数序列中反映，并且相对于干旱，洪涝的影响因素较多，不仅仅取决于总降水量的多寡，其他一些因素，包括降水的集中程度以及水利调度也起到一定的作用。

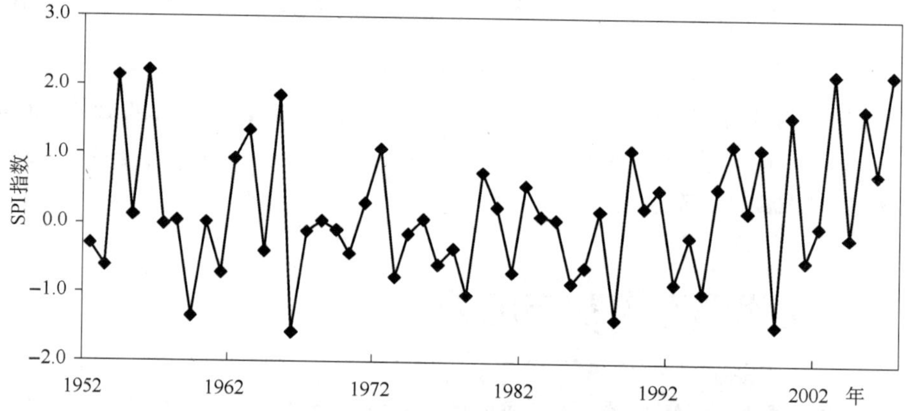

图 3.2　1952—2007 年淮河流域干流主汛期降水的 SPI 指数

对淮河流域南部主汛期 6—8 月降水进行周期分析，降水存在 2～3 a 和 10 a 两个显著周期，方差贡献分别为 31.5％和 16.3％。两个显著周期重建分量的合计值与实际雨量的演变规律基本一致，两个序列的相关系数为 0.80，达到了 99％信度。两个显著周期的振幅随时间的变化也不相同，10 a 周期变化相对平稳，而准 2 a 周期变化显著。在降水异常的年份中，两个显著周期的位相和降水实况完全一致，且所有涝年 2 a 周期振幅较大，说明准 2 a 周期对涝年起主要作用。

专栏

SPI 指数

目前气候业务中评价旱涝的指标主要有降水距平百分率、Z 指数、SPI 指数、降水百分位数和 CI 指数等，其中前四种指标只依赖于降水资料来确定旱涝等级或排位，而 CI 指数需利用日平均气温和降水资料来计算水分收支，从而综合评价降水异常和土壤水分的亏欠情况。对于基于长序列资料分析的气候变化研究，普遍使用 SPI 指数来反映降水的长期变化对旱涝的影响。

表 3.1　　标准化降水指数(SPI)旱涝等级划分

旱涝级别	SPI 值
特旱	$SPI \leqslant -2.0$
重旱	$-2.0 < SPI \leqslant -1.5$
中旱	$-1.5 < SPI \leqslant -1.0$
轻旱	$-1.0 < SPI \leqslant -0.5$
正常	$-0.5 < SPI < 0.5$
轻涝	$0.5 \leqslant SPI < 1.0$
中涝	$1.0 \leqslant SPI < 1.5$
重涝	$1.5 \leqslant SPI < 2.0$
特涝	$SPI \geqslant 2.0$

SPI 指数与 PDSI 指数比较

PDSI 指数是目前世界上应用最为广泛的干旱指数，该指数能反映干旱的成因、程度、持续时间，且具有明确的物理意义。综合考虑了前期降水、水分供给、水分需求、实际蒸散量、潜在蒸散量等要素，是以水分平衡为基础的气象干旱指数。

相比 PDSI 指数，SPI 指数的计算过程与降水的空间差异无关，适用于不同空间的降水及旱涝对比，而长江流域的水资源量（径流量）与降水分布比较一致，因此选用 SPI 指数分析长江流域的旱涝格局更为合适（杨桂山等，2009）。

二、现代旱涝的年代际变化特征

淮河流域旱涝灾害时空分布不均，且组合复杂，常常是年内交替出现，流域面上共存。根据1470—2000年的资料统计，较大的旱涝年内交替出现和流域内旱涝并存的年份有124 a，占统计年份的23.4%，平均约4 a就发生1次，局部旱涝不到2 a就有1次。夏涝秋旱和流域东北部旱、西南洪涝为最常见的组合形式，淮北的中、东部多涝，涝和偏涝年占65%左右；淮北的西部和淮南丘陵区多旱，旱和偏旱年占55%以上。其中夏秋多洪涝，夏秋两季洪涝占88%，夏略多于秋；春夏多干旱，春夏两季干旱占56%。流域南部和下游地区多伏旱。淮北平原多春旱，且是流域内水旱灾害频发地区，平均10 a发生9次春旱、7次夏旱和5次冬秋旱（淮河水利委员会水文局，2008）。

旱涝急转是淮河流域旱涝的另一重要特征。旱涝急转是指前期因降水持续偏少，旱情发生、发展，其后由于出现多次强降水造成洪涝，这种降水在短时期内的剧烈转变即为旱涝急转。淮河流域旱涝急转约为4 a一遇，并且2000年以来发生频次明显增多（王胜等，2009）；旱涝急转出现时间多集中在6月中旬—8月下旬，其中又以6月下旬—7月下旬最为多见（张屏等，2008）。但是由于没有统一的衡量旱涝急转的指标，旱涝急转发生年份、强度等统计也存在较大差异。

1. 现代洪涝的年代际变化特征

近60 a来（1949—2008年），淮河流域旱涝有明显的年代际变化。20世纪50年代与21世纪前几年是淮河流域洪涝的高发期。

20世纪50年代淮河流域发生了三次流域性的洪涝，分别是1950、1954和1956年，其中1954年的大洪水为百年不遇。1954年7月，连云港、徐州、许昌一线以南雨量超过300 mm，主要集中在淮河正阳关以上流域，淮河水系平均降雨量516 mm，淮南山区及洪汝河、沙颍河中下游雨量最大。长时间大范围的强降水致使淮河流域发生了类似1931年全流域性的特大洪水。淮河干流正阳关在中度以上30 d洪量分别为406亿 m^3和639亿 m^3，小于1931年，其重现期约为45 a一遇。全流域成灾面积408.2×10^4 hm^2，安徽省灾情最重，成灾面积174.7×10^4 hm^2，河南、江苏成灾面积均为102.7×10^4 hm^2。1956年淮河流域雨季来得早，6月初即出现暴雨，全流域有4次较大降雨过程，200 mm以上降水面积达11.5×10^4 km^2。6月18日—7月1日淮河上中游出现大暴雨，洪水较常年提前约1个月，蚌埠站6月9日—9月13日水位均超过19 m，高水位持续时间长达95 d，超过1954年的63 d。

20世纪60年代是淮河流域降水偏多时期，多数年份降水偏多，虽未出现全流域性洪涝，但区域性的洪涝仍较为频繁，如1968年淮河干流上游洪涝、1969年淮南史淠河洪涝等。1968年暴雨集中在淮河上游干流及淮南山区，息县以上最大7 d降雨量超过500 mm的覆盖面积为707 km^2，暴雨中心信阳尚河日雨量377 mm，7 d累计雨量799 mm。这次降雨历时较长，使淮河上游涨水，15日息县洪峰流量1.5×10^4 m^3/s。16日淮滨站1.66×10^4 m^3/s，王家坝1.76×10^4 m^3/s（最高水位30.35 m），均相当于50 a一遇。洪水导致50.7×10^4 hm^2农田受淹，受灾人口365.23万，死亡480人，倒塌房76.07万间，冲垮堤防 845 km。

20 世纪 70—80 年代，淮河流域降水偏多、偏少年份基本相当，未出现流域性洪涝。1990 年代以后，淮河流域降水呈增多趋势，比较典型的是 1991 年洪水。1991 年洪涝发生异常地早，5 月淮河水系平均降雨量 176 mm，是常年的 2.1 倍，致使江河湖库底水充盈。6 月 28 日—7 月 11 日，淮河连降暴雨，300 mm 以上雨区在淮河干流两侧及其以南地区，大别山区及里下河地区雨量均在 500 mm 以上。淮河流域发生了两次较大洪水，60 d 洪水总量达 500 亿 m^3，相当于 20 a 一遇。淮河干流主要水文站出现仅次于 1954 年的最高水位。安徽省有 38 个城市一度进水，全流域受灾耕地 551.7×10^4 hm^2，成灾 401.6×10^4 hm^2，受灾人口 5423 万，死亡 572 人，倒塌房屋 196 万间。

进入 21 世纪，淮河流域降水明显增多。2000—2007 年的 8 a，除了 2001 年发生较为严重的干旱外，其他年份均有不同程度的洪涝发生，其中发生全流域大洪水的有 2003 和 2007 年。

2. 现代干旱的年代际变化特征

近 60 a 来(1949—2008 年)，淮河流域总共发生 8 次流域性大旱，其中 20 世纪 50、60、70 和 80 年代各有一次，90 年代以后有 4 次。

20 世纪 50 年代，淮河流域降水总体偏多，干旱年份较少，其中 1959 年的干旱最重。1959 年 7—10 月，流域降水量比常年偏少 4～7 成，阜南、临泉、颍上、凤台等地 7 月降雨量甚至只有常年的 1～3 成，加上持续晴热高温，蒸发量大，发生夏秋连旱，淮河干支流几乎全部断流，洪泽湖水位已接近死水位(谭徐明，2003)。

20 世纪 60 年代干旱最严重的是 1966 年。1966 年 6—8 月，淮河流域大部分地区降水量仅 150～250 mm，比常年显著偏少 5～8 成。9 月又基本无雨，持续少雨导致淮河流域 6—11 月出现连续 160 d 的大旱，流域内河道断流，到 1967 年冬，洪泽湖最低水位降至死水位以下。干旱造成土地干裂，塘堰干涸，农作物枯死，一些地区人畜吃水困难(杨登琴，1998)。

1978 年淮河流域发生自 1949 年以来持续时间最长、范围最广、程度最重的春夏秋三季连旱，旱情十分严重。流域年雨量较常年同期偏少 3～6 成，流域径流量出现 1949 年以来的最低值，淮河干流 6 月到第二年 4 月上旬连续 10 个月枯水期，蚌埠闸全年下泄水量不到 27 亿 m^3，不足多年平均值的 1/10。淠史杭五大水库 6 月下旬就已放空，中小水库、塘坝与河流基本干涸，多座大型水库亦均放至死水位以下。

1988 年前冬、春季淮河流域降水偏少。进入 6 月，流域南部出现空梅，继续少雨，伏旱特重，山东省 6—7 月干旱缺水期长达 40 多天，秋种季节连续 60 d 无雨，南四湖上级湖干涸，下级湖水位在死水位以下。江苏省淮北地区 5—9 月干旱成灾率高达 70%，部分地区的旱情甚至超过 1978 年。淮河干流长台关河段几次断流，淮滨河段大汛期的 7 月 21 日流量仅有 8 m^3/s，沙颍河周口段流量仅 1 m^3/s。

20 世纪 90 年代流域性大旱发生频繁，达 4 次之多，分别为 1991、1992、1994 和 1999 年，其中又以 1994 年最为严重。1994 年 6—8 月，流域大部分地区降水量在 250～450 mm，流域中南部雨量较常年偏少 4～8 成，梅雨、雨季持续时间短，雨量少，有些地方甚至出现“空梅”,6 月末即出现高温少雨天气。受前期降水偏少以及汛期持续晴热少雨影响,流域出现了春旱连伏旱,伏旱接秋旱的长期大旱,淮河干流断流时间超过 120 d。

进入 21 世纪,淮河流域降水明显增多,涝重于旱,仅 2001 年发生流域性干旱。2001 年 6—8 月,淮河流域上中游地区降水量 80～300 mm,其他大部分地区 300～500 mm。与常年同期相比,全流域降水均偏少,其中流域西南部偏少 5～8 成。3 月 1 日—7 月 21 日,流域南部降水量少于大旱的 1978 年同期,为新中国成立以来的最小值。洪泽湖水位长期处于死水位以下,7 月份淮河蚌埠闸以上水位出现自 1965 年以来同期最低值。

三、旱涝灾害损失的时空特征

1. 洪涝灾害损失分析

1949—2008 年,淮河流域分别于 1950、1954、1956、1963、1964、1965、1968、1969、1974、1975、1982、1984、1991、2003、2005 和 2007 年出现了 16 次流域性或区域性大洪水。

1949 年至今,淮河流域几乎每年都有不同程度的水涝灾害发生,据统计(图 3.3,李柏年,2005),1949—1991 年的 43 a 中,全流域水灾的成灾面积为 $74.05\times10^6\,hm^2$,其中成灾面积在 $2.0\times10^6\,hm^2$ 以上的洪涝灾害发生 13 次;造成的累计直接经济损失达 511 亿元;累计受灾 2.6 亿人次,死亡人数 3.8 万,累计倒塌房屋 1940 万间。流域内河南、安徽、江苏和山东四省累计洪涝灾害成灾分别占全流域的 29.37%、30.91%、22.72%和 16.99%,以安徽省的洪涝灾害成灾面积最大,灾害最为严重。1963 年洪涝灾害的成灾面积最大,达 $6.75\times10^6\,hm^2$,其次是 1991 年,为 $4.62\times10^6\,hm^2$,第三、四位分别是 1956 和 1954 年,成灾面积分别达到 4.15×10^6 和 $4.08\times10^6\,hm^2$。2003 年淮河流域洪涝成灾面积 $2.59\times10^6\,hm^2$,受灾人口 3728 万,因灾死亡 29 人,倒塌房屋 74 万间,直接经济损失 285 亿元。

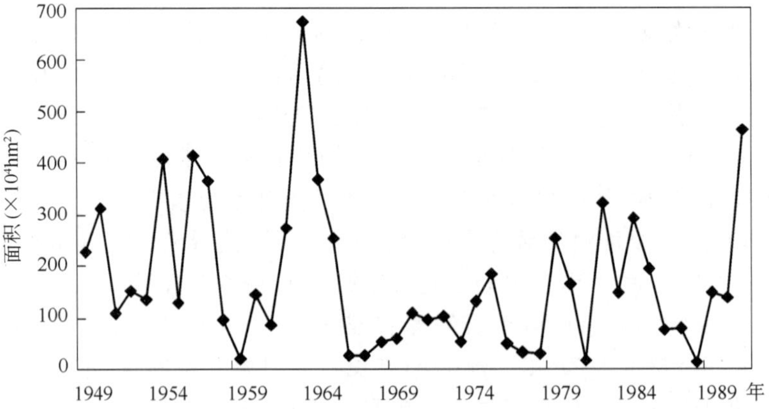

图 3.3 淮河流域洪涝成灾面积(李柏年,2005)

受区域自然条件、历史原因和承灾体的脆弱性等多方面的影响,淮河流域的洪涝灾情呈显著的地域性差异:

(1)淮河干流的洪灾和绝大部分涝灾主要发生在上中游，位于淮河干流中游的安徽省损失最为严重。

(2)各支流的灾情也有一定的差异，其中以沂沭泗水系的损失最为严重。1949—1991 年的 43 a 中，全流域水灾成灾面积为 74.1×10^4 km^2，其中沂沭泗水系成灾面积就达到了 21.6×10^4 km^2，这主要是由于地形和气候因素造成的(徐丰，牛继强，2004)。

对 1949—1991 年的淮河流域以及安徽省淮河流域洪涝灾害成灾面积按其大小统计，重现期等数据如表 3.2 所示。

表 3.2　淮河流域及安徽段洪涝成灾面积(单位:×10^4 hm^2)(李柏年，2005)

淮河流域			安徽省淮河流域		
涝灾面积	年数	重现期	涝灾面积	年数	重现期
>400	4	11 a	>160	3	14 a
>350	6	7 a	>90	7	6 a
>250	12	4 a	>70	12	4 a
>100	16	3 a	>50	15	3 a

2. 干旱灾害损失分析

新中国成立以来，淮河流域旱灾频繁，1959、1966、1978、1988、1992、1994、1999 和 2001 年等 8 a 发生了较严重的旱灾。1971—1990 年农作物年平均受灾率、成灾率和绝收率分别为 14.4%、6.6%和 0.5%，三项灾害指标均高于 1949—1990 年的年平均值，说明 1970—1980 年流域农作物受旱情况较 1950—1960 年严重；而 1981—1990 年累计旱灾成灾面积 1659.5×10^4 hm^2，平均每年成灾 184.4×10^4 hm^2(向茂森，1993)，农作物年平均受灾率、成灾率和绝收率分别达到 15.0%、7.9%和 0.8%，农作物受旱程度又较 20 世纪 70 年代严重。其中 1978 年受旱率最大，达 33.9%；而 1988 年成灾率最大，高达 22.8%(表 3.3)。1991—1998 年流域旱灾年均农作物成灾面积进一步增加，达到 206.5×10^4 hm^2，占全流域耕地面积的 16%。由此可见，淮河流域旱灾呈加重趋势。

表 3.3　淮河流域农作物因旱受灾率(单位:%)(《中国水旱灾害》委员会，1997)

1949—1990 年平均			1971—1990 年平均			1981—1990 年平均			受旱率		成灾率	
受灾	成灾	绝收	受灾	成灾	绝收	受灾	成灾	绝收	最大	年份	最大	年份
10.7	5.6	0.3	14.4	6.6	0.5	15.0	7.9	0.8	33.9	1978	22.8	1988

1990 年后旱情较为严重的包括 1991 年秋旱、1992 年河南和山东伏旱及 1994 年流域性大旱。1991 年淮河先涝后旱，自 7 月中旬起，连续 110 多天无雨，受旱面积 580×10^4 hm^2，造成当年秋种困难和 1992 年小麦减产。1992 年，淮河出现严重大旱，山区水库

蓄水位在死水位以下，淮河断流，洪泽湖、南四湖、骆马湖基本干涸，平原库塘水源枯竭，地下水位大幅下降，受旱农田 $380\times10^4\ hm^2$。1994 年，淮河汛期无汛，发生春夏秋三季连旱，受旱农田超过 $666.7\times10^4\ hm^2$，成灾 $503.5\times10^4\ hm^2$，人畜饮水严重困难，直接经济损失超过 160 亿元。

对旱灾最为严重的安徽省淮河流域 1949—1994 年农作物受旱情况进行统计(安徽省水利厅，1998)，可以看出，20 世纪 50 年代末到 60 年代初的几年以及 90 年代以后是淮河流域干旱最为严重的时期(图 3.4)。

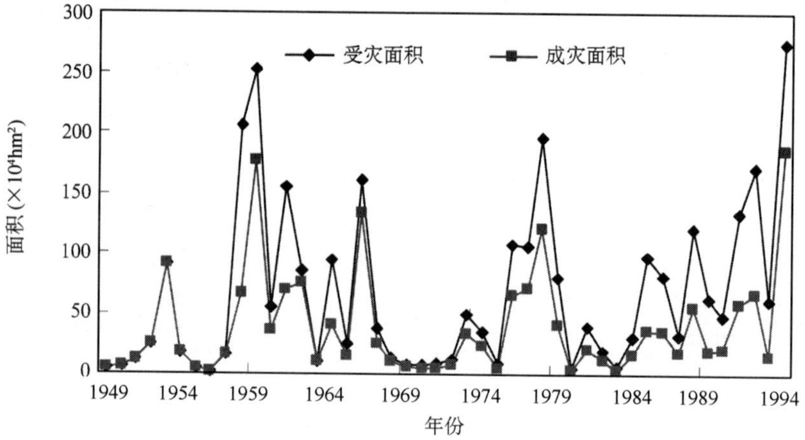

图 3.4　安徽省淮河流域干旱灾害面积(安徽省水利厅，1999)

根据安徽省 1949—1994 年的受旱、成灾面积，按其大小统计，重现期如表 3.4。

表 3.4　安徽省淮河流域受旱、成灾面积(安徽省水利厅，1998)

旱灾面积($\times10^4\ hm^2$)	受旱面积		成灾面积	
	年数	重现期	年数	重现期
>150	7	7 a	2	23 a
>100	11	4 a	4	12 a
>80	17	3 a	5	9 a
>50	20	2 a	13	4 a

3. 旱涝灾害的成因分析和未来旱涝变化预估

(1)旱涝灾害的成因分析

历史上造成淮河流域出现旱涝的原因多种多样，其中有黄河南泛恶化沟渠体系影响排水通畅的原因，也有解放以前历经长期战争，河道失修的因素。前面的分析表明，16—19 世纪是淮河流域旱涝灾害最为频繁的时期。为分析淮河流域旱涝灾害与历史气候变化之间的关系，根据安徽省近 500 a 水旱灾害资料（翟武全，2007）分别统计了小冰期第三个冷期（1840—1910 年）和 1911—2000 年暖期淮河流域洪涝的发生次数。在小冰期第三个冷期（1840—1910 年）的 71 a 里，淮河流域共发生 8 次较大洪涝（1848、1849、1866、1883、1898、1906、1909 和 1910 年），平均 1.1 次/10 a，最为严重的是 1848、1849、1898 和 1910 年。1911—2000 年暖期，淮河流域共发生较大洪水 13 次（1911、1921、1931、1954、1956、1968、1972、1975、1979、1984、1991、1998 和 2000 年），加上 2000 年后发生的 3 次洪水（2003 和 2007 年全流域大洪水和 2005 年区域性洪水），平均 1.7 次/10 a，大洪涝发生频率高于小冰期第三个冷期。因此，20 世纪暖期以后，淮河流域大涝的发生频率呈增加趋势，特别是进入 21 世纪，随着气候变暖趋势的加快，涝年发生频率的上升趋势更加明显。这与"19 世纪冷期与 20 世纪暖期相比，暖期大洪水出现频率高于冷期"（施雅风等，2004）的研究结论一致。不仅如此，1911—2000 年暖期的大旱次数也高于小冰期的第三个冷期。

除了气候因素以外，淮河流域水系的特殊分布形态也是引起洪涝的重要因素。淮河流域上游为山丘地形，支流流程较短，中上游水系呈不对称扇形分布。当山区发生强降水时，由于山高坡陡，产流和汇流速度快，众多支流将洪水向干流汇集，短时间内很容易集中造成洪峰，其中发源于大别山区的南岸支流是形成上述洪峰的主要制造者，北岸支流洪水多受淮河主干道洪水的顶托，流速缓慢，甚至倒排，是形成内涝的主要成因。上中游许多河段，河道弯曲狭窄，在支流洪水迅猛汇集后，极易形成洪水，堵塞河道排泄不畅，尤其是中游更是容易受到洪峰威胁的地区。

淮河中游下段河床倒比降导致河道排泄能力不足，是进而引发洪涝的重要因素。淮河流域干流河道全长约 1000 km，总落差约 200 m。河源段至洪汝河口的上游河道长约 364 km，落差 178 m，占总落差的 89%，洪汝河口到三河闸的中游长约 490 km（其中安徽段 430 km），落差 16 m，占总落差的 8%，长约 150 km 的下游段落差 6 m，占总落差的 3%，可见上游河道陡，中下游平坦，上游段河道比降为 0.005%，中游 0.0003%，下游 0.0004%，比降比例为 17∶1∶1.3。换言之，上游比降是中游的 17 倍，下游又是中游的 1.3 倍，为倒比降的分布，即从河道地形来讲，属于"两头翘"。上游翘使洪水流速大，历时短；下游翘使水位抬高，下泄慢，并顶托中游洪水，中游河道长而平坦，造成了中游河道下泄不畅，流速小，历时长，水位高而久，并使得中游支流洪水很难自排，易形成内涝（姚辉和陆景涛，2005）。淮河中游河床倒比降的形成是淮河入洪泽湖河口地貌发育与洪泽湖淤积的必然结果，由于中游河床不断侵蚀和洪泽湖底的淤积，湖底海拔 10～11 m，位于湖口的老子山处河床海拔 9～10 m，高出浮山处河床 4～5 m，呈明显的倒比降，使得中游地区通洪压力增大（王庆等，2000）。

此外，随着社会经济发展和人类活动强度增大，沿淮行蓄洪区人口急剧增加，人水争地矛盾突出，安全建设滞后，避水楼台、保庄圩等避洪设施建设标准低，撤退道路、预警通讯等设施尚不完善，行蓄洪区启用困难加大，使用代价也逐年增大，也是流域防灾减灾的隐患。

(2)未来旱涝变化预估

利用多个气候模式(A1BP、B1P 为 17 个模式,A2P 为 16 个模式)集成的方法,对 20 世纪后 40 a 和 21 世纪前 50 a 的淮河流域降水进行了模拟和预估,结果表明:21 世纪前 50 a 淮河流域降水呈明显的增加趋势,其中 A2 情景下降水 SPI 变化趋势为 0.18/10 a,B1 情景下 SPI 变化趋势为 0.26/10 a,A1B 情景下 SPI 变化趋势为 0.20/10 a(图 3.5)。

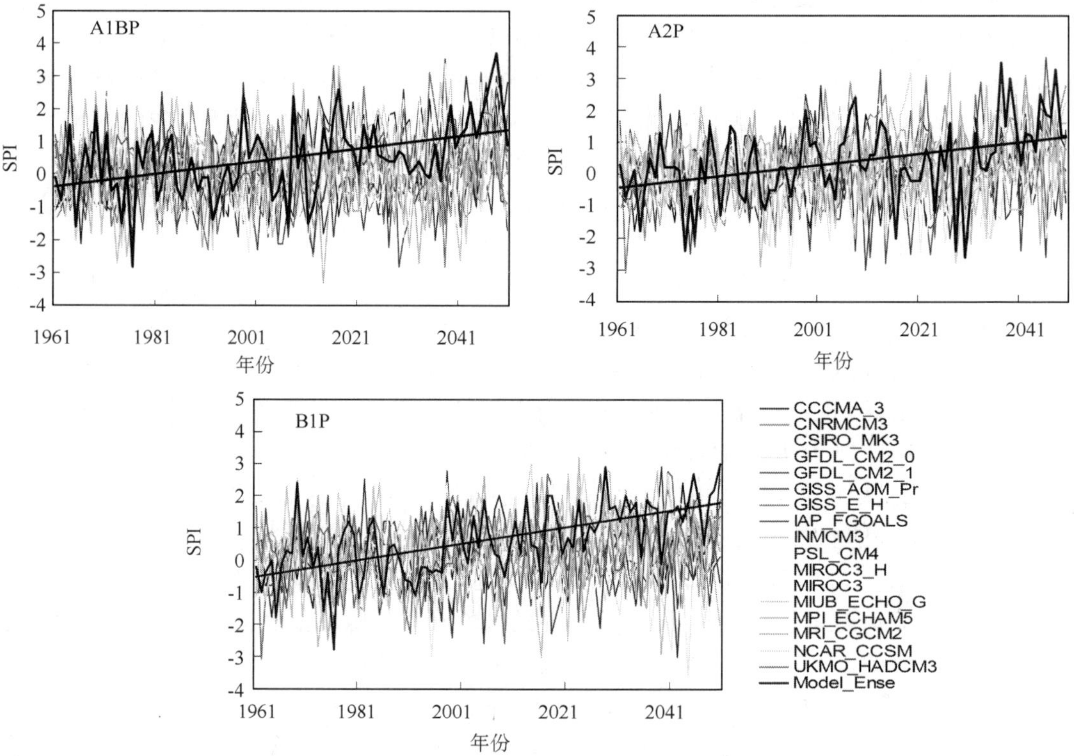

图 3.5 多模式集成结果显示的淮河流域逐年降水 SPI 值变化(曾燕,2010)

但也有学者选择不同的气候模式得出差异性的预估结果,如翟建青等(2009)利用 ECHAM5/MPI-OM 气候模式在不同的二氧化碳排放情景下的输出场预估了中国 2050 年以前的旱涝格局,对于淮河流域,A2、A1B、B1 情景等 3 种情景下旱涝趋势空间分布不同,其中在 A2 情景下淮河流域 2001—2050 年除下游部分地区外,基本为转旱的趋势,而在 A1B、B1 情景下则为转涝的趋势。

第三节 减轻旱涝灾害的适应性对策

淮河流域横跨 5 省,地势复杂、支流众多、气候多变、旱涝灾害频发,是近代中国最难治理的河流之一。新中国成立前,由于历经战乱和工程年久失修,流域防灾能力十分脆弱,旱涝灾害严重,当地流传着“大水大灾,小水小灾,无水旱灾”的民谣。新中国成立后，国家十分重视淮河治理：1950 年，中央做出了“关于治理淮河的决定”，确定了“蓄泄兼筹”的治淮方针；1951 年，毛泽东同志发出了“一定要把淮河修好”的伟大号召，掀起了新中国第一次治淮高潮；1954 年淮河流域发生特大洪水后，中央政府决定进一步治理淮河，编制了《淮河流域规划报告》和《沂沭泗流域规划报告》；20 世纪 60 年代末至 80 年代，国务院多次召开治淮工作会议，研究治淮方略，完善治淮规划，开始修建茨淮新河、怀洪新河等一批大型骨干工程，开展了大规模的农田水利建设；1991 年江淮大水后，国务院先后召开了四次治淮治太(湖)会议，做出一系列重大决策，有力地推动了淮河流域治理的进程，取得了明显成效，国务院做出的《关于进一步治理淮河和太湖的决定》，明确了淮河治理的目标，系统地提出了以防洪除涝为主要内容的 19 项治淮骨干工程，掀起了第二次治淮高潮；2002 年，国务院办公厅转发了水利部《关于加强淮河流域 2001—2010 年防洪建设若干意见》，进一步提出用 10 a 时间全面完成国务院确定的 19 项治淮骨干工程，通过堤防建设和河道整治、兴建骨干水库、行蓄洪区建设、城市防洪建设、水土保持和防洪非工程措施建设，实现淮河治理的主要目标。

经过多年治理，淮河流域防洪减灾体系建设初见成效，已建成的治淮工程在抗御洪水中发挥了重要作用。通过一系列重点工程的建设，提高了淮河中下游分泄洪水能力，缩短了高水位持续时间，减轻了重要堤防的防洪压力，配合一系列水库、河道堤防和行蓄洪区使得淮河中游正阳关以下主要防洪保护区的防洪能力得到了进一步提高，对保障淮北大堤和沿淮重要工矿、城市的防洪安全起到了重要作用(陈雷，2003)。

在气候变暖的背景下，淮河流域的旱涝灾害有增无减，开展应对气候变化的适应性对策研究是一项长期的战略性课题。鉴于气候系统本身及其与生态、社会经济系统之间相互作用的复杂性，不仅需要加强对淮河流域过渡带气候、气候变化事实等规律认识，还需将气候变化与生态系统和社会经济系统紧密耦合，制定一系列应对气候变化的适应性对策，主要包括以下几方面：

一、提高防洪标准，坚持“蓄泄兼筹”

气候变暖往往伴随着较高频率的旱涝灾害，尤其是大洪水的发生。进入 21 世纪，淮河流域洪涝呈频发、重发趋势，因此提高防洪标准，保障防汛安全仍是治理淮河水患的首要任务之一。经过多年治理，淮河流域主要干、支流的防洪标准已大大提高，但部分地区仍存在堤防标准较低或老化失修等问题，因此须加大对淮河沿岸堤防和重要河道整治工作的力度，进一步提高防洪能力。加快“南水北调”工程的建设，充分利用洪泽湖的调蓄作用。通过工程措施，调整河湖蓄泄关系，发挥蓄洪和泄洪工程的最大防洪功能，实现淮河蓄泄兼筹的目标。加强对行蓄(滞)洪区的治理，按照有退有保、有平有留的原则，对行蓄(滞)洪区分类进行筛选和治理；加大行蓄洪区的安全建设的力度，切实维护好行蓄洪能力；在行蓄洪区调整改造和安全建设中，要统筹规划，分步实施，做到安全建设与人口外迁结合，防洪保安与经济发展并重，实现人与洪水的和谐共处(段红东，2001)。

二、加强水资源综合管理

气候变暖不仅造成旱涝发生频率增加，而且由于水分循环加快，淮河流域降水的时空分布愈加不均衡，旱涝前后交织、面上共存的灾害格局将进一步加剧，流域水资源短缺的局面也将持续。加强流域水资源综合管理是实现从控制洪水向综合利用水资源转变的重要途径，这就要求合理统筹协调不同地区、部门和个体间的用水需求，推行节水措施；加强农田水利建设，发展高效节水农业；合理开发利用空中云水资源，应对气候变暖条件下水资源结构变化和供需矛盾。

三、建立政府主导、部门联动的灾害防御体系

淮河流域面积广大，应加强省级之间、省级和部门之间的联合，建立和完善多部门预警防御体系，做好灾害的实时监测，完善预警的发布流程，充分利用各种信息传播手段扩大预警信息的覆盖面，提高预警信息的时效性，增强对各行业和领域的气象灾害预警服务能力，最大限度地减少旱涝灾害损失。

小　结

淮河流域旱涝灾害时空分布不均，且组合复杂，常常是年内交替出现，流域面上共存。在2000多年的历史里，共发生流域性的水旱灾害336次，平均6.7 a一次，水灾平均10 a一次。1194年黄河南决夺淮后，水灾更加频繁。16—19世纪是淮河流域旱涝灾害最为频繁的时期。新中国成立后，淮河流域发生流域性洪涝灾害有6次，约10 a发生一次，同时发生流域性旱灾有8次，约7～8 a一遇。淮河流域旱涝灾害的另一个特点是春末夏初易出现旱涝急转。受自然条件、历史原因和承灾体的脆弱性等多方面的影响，洪涝灾情呈显著的地域性差异，淮河干流的洪灾和绝大部分涝灾主要发生在上中游，位于淮河干流中游的安徽省损失最为严重。

20世纪暖期以后，较大洪水的发生几率明显上升，旱灾也总体呈加重趋势。特别是进入21世纪淮河流域洪涝更加频繁。除气候因素以外，淮河流域水系的特殊分布形态也是引起洪涝的重要因素。淮河流域上游为山丘地形，直流流程短，山高坡陡，产流和汇流速度快，中游下段河床倒比降，河道排泄能力不足，进而引发洪涝。多个气候模式预估21世纪前50 a淮河流域降水呈明显的增加趋势，其中A2情景下降水SPI变化趋势为0.18次/10 a，B1情景下SPI变化趋势为0.26次/10 a，A1B情景下SPI变化趋势为0.20次/10 a。

参考文献

安徽省水利厅. 1998. 安徽水旱灾害. 北京:中国水利水电出版社.

陈雷. 2003. 加快治淮进程 造福沿淮人民——在国务院治淮会议上的汇报发言. http://www.mwr.gov.cn/slzx/slyw/200310/t20031030_141808.html.

陈雷. 2004. 加快淮河治理步伐 早日实现淮河安澜——在水利部科学技术委员会上的讲话. http://kjw.chinawater.net.cn/quanti/show1.asp? s=1211.

段红东. 2001. 21世纪淮河治理规划应重点思考的几个问题. 水利规划设计,(2):24-27.

淮河水利委员会. 1978年干旱. http://60.170.24.124/ArealistShow.aspx? ID=2322.

淮河水利委员会水文局. 2008. 淮河流域洪涝灾害气候特征研究项目报告.

李柏年. 2005. 淮河流域洪涝灾害分析模型研究. 灾害学,**20**(2):18-21.

施雅风,姜彤,苏布达等. 2004. 1840年以来长江大洪水演变与气候变化关系初探. 湖泊科学,**16**(4):289-297.

孙继昌. 2002. 2001年水情年报. 北京:中国水利水电出版社.

谭徐明. 2003. 近500年我国特大旱灾的研究. 防灾减灾工程学报,**23**(2):77-83.

王绍武. 2001. 现代气候学研究进展. 北京:气象出版社.

王庆,李军,李道季等. 2000. 淮河中游河床倒比降的形成、演变与治理. 泥沙研究,(1):50-55.

王胜,田红,丁小俊等. 2009. 淮河流域主汛期降水气候特征及"旱涝急转"现象. 中国农业气象,**30**(1):31-34.

向茂森. 1993. 关于淮河水资源及治旱问题. 治淮,(9):14-15.

徐丰,牛继强. 2004. 淮河流域的洪涝灾害与治理对策. 许昌学院学报,**23**(5):105-108.

杨登琴. 1998. 淮河流域防旱减灾需引外水补源. 治淮,(11):14-16.

杨桂山,马超德,常思勇. 2009. 长江保护与发展报告. 武汉:长江出版社.

姚辉,陆景涛. 2005. 淮河流域安徽段洪涝灾害多发的成因分析. 安徽水利水电职业技术学院学报,**5**(4):54-55.

翟建青,曾小凡,苏布达等. 2009. 基于ECHAM5模式预估2050年前中国旱涝格局趋势. 气候变化研究进展,**5**(4):220-225.

翟武全. 2007. 中国气象灾害大典(安徽卷). 北京:气象出版社.

张屏,汪付华,吴忠连等. 2008. 淮北市旱涝急转型气候规律分析. 水利水电快报,**29**(增刊):139-140.

《中国水旱灾害》委员会. 1997. 中国水旱灾害. 北京:中国水利水电出版社.

中国灾害查询系统网站. http://zzys.agri.gov.cn/zaihai/chaxun.asp.

第四章

气候变化对淮河流域农业的影响和适应性

马晓群，江春（安徽省气象科学研究所）

引　言

气候与农业关系密切，特别是在淮河流域这样的生态脆弱、农业基础设施相对薄弱，抗御自然灾害能力较差的地区，农业生产对气候的依赖关系更为明显。气候变化对该区的农业生产已经产生、还将可能产生哪些影响？怎样才能最大限度地减少气候变化对淮河流域农业的不利影响，提高农业生产应对气候变化的适应能力？这些都值得关注。本章在概述淮河流域农业生产特征的基础上，从农业气候资源、农业气象灾害、病虫害、农业种植制度、农作物产量和品质等方面综述了淮河流域已观测到的气候变化影响和未来气候变化的可能影响，并提出了淮河流域适应与减缓气候变化对农业影响的应对措施。

第一节　农业生产概述

淮河流域是我国的粮食主产区和重要的农产品基地之一，自古以来就有“江淮熟，天下足”的美誉，在我国农业和经济发展中占有十分重要的地位。淮河流域现有耕地面积 1333 万 hm^2，主要农作物有冬小麦、水稻、玉米、薯类、大豆、棉花、花生、油菜等。淮河流域丰富的农业气候资源，形成了多样的种植制度，既有以水稻为主的一年两熟或二年三熟，也有以旱作为主的一年两熟或二年三熟，复种指数平均为 150%，愈北愈接近

100%，愈南愈接近200%（王又丰等，2001）。2004年淮河流域粮食总产为8011万t，占全国粮食总产量的17%。

但过渡性的气候也使得流域内天气系统复杂多变，加上特定的下垫面条件，属典型的易孕灾环境地带，水旱灾害交替发生，低温冷害、高温热害、冰雹、台风等气象灾害发生频繁。气候变化也使气象灾害呈现加重趋势，淮河流域实际上已经成为以洪涝灾害为主，其他灾害并发的生态环境脆弱带（陈远生，1995）。全区几乎每年各地非旱即涝，或是既旱又涝，再加上经济发展水平不高，制约了灾害管理能力的发展，因此淮河流域粮食生产受到严峻挑战。

第二节　气候变化对淮河流域农业生产的影响

一、对农业气候资源的影响

1. 光能资源及其变化

太阳辐射是重要的农业气候资源，与农业生产关系密切。在光的作用下，绿色植物吸收空气中的二氧化碳和土壤中的水分，通过光合作用合成碳水化合物，制造干物质，从而正常地生长发育。太阳辐射对作物的影响表现在光量、光质和光时三个方面。

淮河流域全年太阳辐射总量为4600～5400 MJ/m^2，由南而北增加，山地少于平原。年内分布为夏季最多，占全年总辐射量的33%～34%，冬季总辐射量最小，占年总辐射的16.0%～16.5%；春秋两季介于夏冬季之间。年日照时数多年平均为2000～2650 h，其分布特点与太阳总辐射类似，也是北多南少，平原多山区少。年内分布特征为夏季最多，春、秋季次之，冬季最少（王又丰等，2001）。

淮河流域各地太阳总辐射和年日照时数均有随年代下降趋势。据陈晓艺等（2009b）分析，20世纪70年代以来，安徽省淮河流域全年和各生长季太阳总辐射均随年代递减，以冬半年（10月—次年5月）最为显著。日照时数空间分布和随年代的变化规律与总辐射基本相同；但20世纪90年代以后下降速度比总辐射慢。朱萍等（2004）分析表明，徐州地区日照时数虽有随年代下降趋势，但是年际波动较小。

2. 热量资源及其变化

热量资源是农作物生长必需的环境条件之一。热量资源的主要指标是温度。一个地方作物种类、品种类型、种植方式、栽插日期及产量的高低、品质的优劣在很大程度上受制于生育期间温度高低、积累数量和分布特征等。

（1）农业界限温度

根据淮河流域170个气象台站1961—2007年气温观测数据的计算结果，稳定通过0、10、15和20℃界限温度的平均状况为：随着界限温度的升高，稳定通过的初日推迟，终日提前，持续日数缩短，累积温度减少（表4.1）。区域分布为，稳定通过各界限温度的初日自南向北推迟，以 0℃规律性最强，南部出现在 1 月底 2 月初，北部为 2 月中下旬；10、15 和 20℃南北规律减弱，杞县、涡阳、固镇一线以西地区几乎没有什么差异，东部受海洋影响，呈经向分布，愈往东愈迟。稳定通过界限温度的终日，也以 0℃规律性最强，以北偏东最早，愈往南偏西愈迟，南北差异超过 20 d，10、15 和 20℃南北分布规律减弱，南北差异大体为 10 d 左右。受初终日数分布影响，界限温度持续日数分布为：0℃南北差异有 20 d，10、15 和 20℃南北仅差 10 d 左右。说明淮河流域春季升温快，对春播作物出苗与苗期生长极为有利；而秋季降温速度也快，在农业上应注意秋季降温和初霜对粮食作物生产的影响。稳定通过 0℃的累积温度为 4640.1～5780.8 ℃ · d，稳定通过 10℃的积温为 4162.0～5085.2 ℃ · d，自北往南增加（图 4.1）。稳定通过 15 和 20℃积温数值减小，趋势相同。

专栏

农业气候资源是指一个地区的气候条件对农业生产发展的潜在能力。从农业观点看，气候是重要的资源之一，故称“农业气候资源”。其内容主要包括太阳辐射、热量、水分和风等气候资源。具体是指生长期的长短、热量和降水量及其季节分配、辐射强度、日照时数、光质成分以及 CO_2 含量等。其数量多少、分配特点及其彼此配合情况，在一定程度上决定着农业生产类型的构成、产量的高低和品种的优劣等。农业气候资源在地理分布上，具有其不平衡性，而对一定地区来说又具有其相对稳定性和有限性；在时间上具有季节性和年际变异性。农业气候资源不仅可以被认识和利用，还可以进行改造和培育，例如兴修水利和植树种草，既可改善水分状况，又可为利用光、热资源创造条件。

农业界限温度

具有普遍意义的、标志某些重要物候现象或农事活动之开始、终止或转折的温度，叫做农业气象界限温度，简称界限温度。农业上常用的界限温度有 0、5、10、15 和 20℃，以日平均气温稳定通过计。各界限温度的初日、终日和持续日数在农业生产上具有普遍的指导意义。0℃初、终日表示土壤解冻和冻结、农事活动开始或停止、冬小麦春季开始生长或秋季停止生长的普遍日期，0℃以上持续日数为农耕期。5℃初日为早春作物播种、喜凉作物开始生长，多数乔木开始生长的日期，5℃以上持续日数为温带作物生长期或生长季。10℃初日标志着喜温作物开始播种与生长，10℃以上持续日数为喜温作物生长期。15℃是水稻、棉花、花生开始生长，水稻停止灌浆，热带作物停止生长的临界温度。20℃是水稻插秧、一些热带作物开始生长、水稻安全抽穗的温度。界限温度的多寡反映了一地热量资源的优劣。

积温是指作物生长发育阶段内逐日平均气温的总和。衡量作物生长发育过程热量条件的一种标尺，也是表征地区热量条件的一种标尺。以（℃ · d）为单位。

积温的分类

通常使用的有活动积温和有效积温两种 。①活动积温(一般简称积温)为大于某一临界温度值的日平均气温的总和,如日平均气温≥0℃的活动积温和日平均气温≥10℃的活动积温等。某种作物完成某一生长发育阶段或完成全部生长发育过程,所需的积温为一相对固定值。②有效积温。扣除生物学下限温度(有时同时扣除生物学上限温度),对作物生长发育有效的那部分温度的总和。即扣除对作物有热害和冷害的部分,使热量条件与作物生长发育更趋一致。此外,还有计算日平均气温 <0℃的日平均气温总和 ——负积温,以研究作物越冬的抗寒能力和作物(如冬小麦)经受寒冷锻炼的程度(于沪宁等,1985)。

表 4.1　淮河流域界限温度起止日期、持续日数和积温平均值(1961—2007 年)

界限温度	初日	终日	持续日数(d)	积温(℃·d)
0℃	2 月 7 日	12 月 21 日	317	5312
10℃	3 月 31 日	11 月 5 日	219	4720
15℃	4 月 25 日	10 月 13 日	171	4035
20℃	5 月 20 日	9 月 16 日	119	3053

从时间变化趋势看,趋势系数计算结果表明,界限温度有初日提前、终日推迟、持续日数和累积温度增加的变化趋势,但变化程度有差异。起止日期初日提前趋势较终日推迟趋势明显。0 和 10℃初日各站均呈提前趋势,分别有 101 和 146 站通过 95%信度检验,其中分别有 55 和 103 站达 99%信度检验;15 和 20℃初日,通过 95%信度检验的均为 20 站,超过 80%的台站未通过检验,其中分别有 3 和 44 站为推迟趋势。各界限温度终日均有推迟和提前两种变化趋势,虽然各界限温度 90%以上的台站为推迟趋势,但是通过 95%信度检验的台站比例较小,0 和 15℃为 20.0%左右,10 和 20℃仅分别为 9.5%和 2.4%。提前趋势台站数 0 和 10℃在 5%以下,20℃最多,达 31.5%。各界限温度持续日数变化趋势受起止日期变化趋势的影响,0 和 10℃各站均呈延长趋势,分别有 86 和 146 站通过 95%信度检验,其中分别有 50 和 110 站达 99%信度显著。15 和 20℃延长趋势通过 0.05 显著性水平检验的分别为 69 和 22 站,大部分台站变化趋势不显著,其中分别有 5 和 44 站为缩短趋势。各界限温度累积温度时间变化趋势如表 4.2 所示,通过信度检验的绝大多数为正相关,仅 20℃积温中有一个站为负相关,未通过显著性检验的有正负两种趋势,以正趋势样本居多。

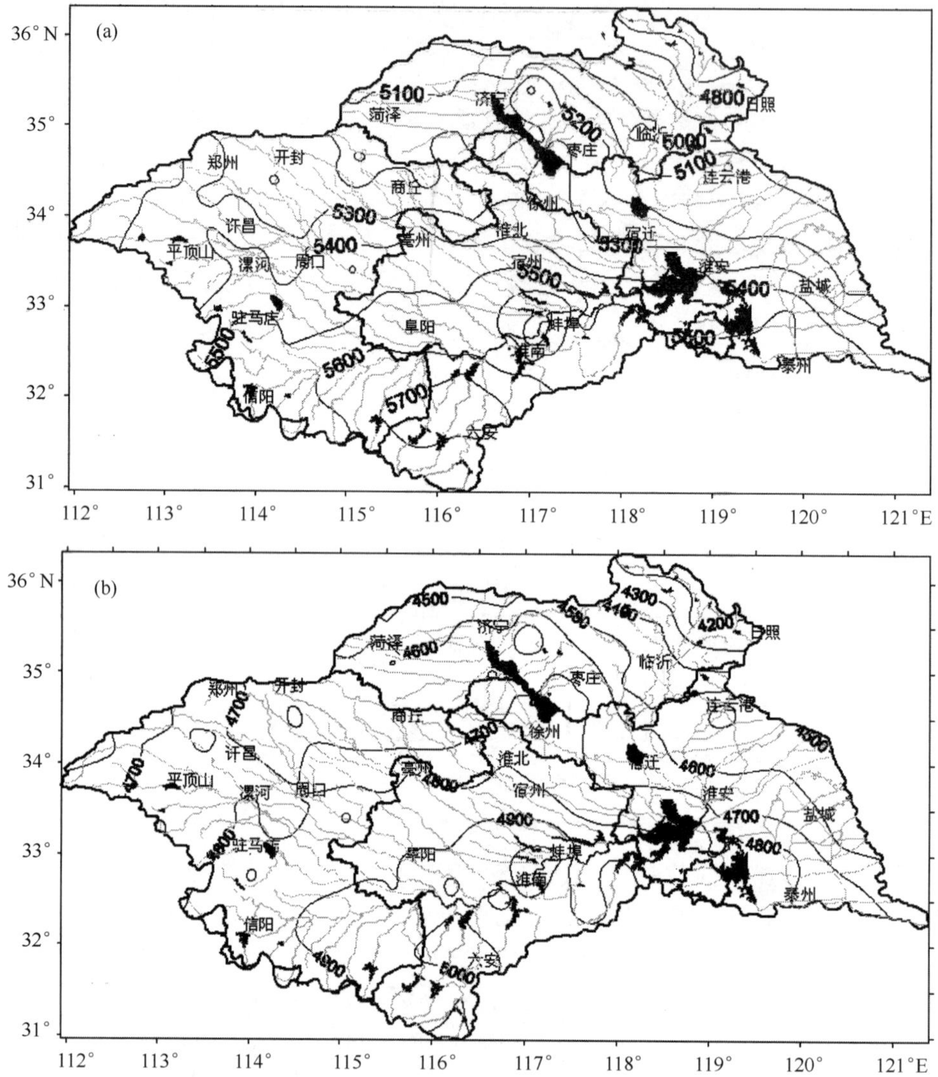

图 4.1 淮河流域稳定通过 0℃(a)和 10℃(b)积温分布(1961—2007 年)(单位:℃·d)

表 4.2 淮河流域各界限温度的累积温度时间变化趋势特征值

界限温度		0℃	10℃	15℃	20℃
通过 99%信度以上台站数(个)		120	106	51	7
通过 95%信度台站数(个)		13	30	24	19(其中一个负相关)
不显著台站数(个)总数		35	32	93	142
其中:	正相关	35	30	85	84
	负相关	0	2	8	58

从趋势系数变化趋势的区域分布看，初日提前趋势0℃东部强于西部，北部强于南部，随着界限温度的提高，区域分布概念模糊，20℃初日提前趋势仅少数台站显著，分布地域分散，呈推迟趋势的大都集中在西北部；终日推迟变化趋势显著台站大都在东部，呈提前变化的也处于西北部地区；受其影响，持续日数显著延长的区域为东北部，缩短的区域在西北部；累积温度的变化趋势除了受起止日期和持续日数的影响外，还受起止日期内温度变化的影响，因此具有不同的分布规律，增加趋势最显著的地区除了东部外，还有西部、北部和南部的部分地区，中部地区较弱（图4.2）；20℃积温减少趋势大部分仍位于西北地区。

综合以上分析，淮河流域热量资源的时间变化以增温趋势为主，各界限温度初日提前，终日推迟，持续日数和累积温度增加，以0℃变化最显著，其次是10和15℃，20℃变化最不显著。从区域分布看增温趋势东部强于西部地区。

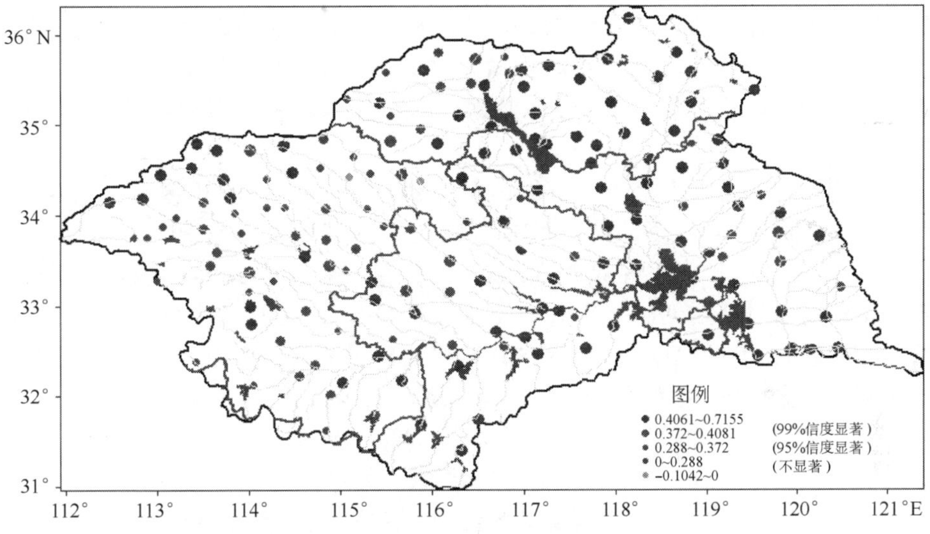

图4.2 淮河流域稳定通过10℃积温趋势系数分布图(1961—2007年)

(2)无霜期

无霜期的长短反映了作物生长季的长短。淮河流域平均初霜出现在10月下旬到11月下旬，有南迟北早、山地早于平原的特点。最早初霜出现时间比平均初霜日提前约20 d。平均终霜日在3月中旬到4月中旬，有南早北迟、平原早于山地的特点，最晚终霜日较平均终霜日推迟15～25 d。全流域无霜期为200～250 d，南长北短，南部为220～250 d，中部为220～240 d，北部在200 d左右，无霜期的年际变化较大，其变率为40～60 d(王又丰等，2001)。

随着平均气温升高，多数地区无霜期呈增加趋势。鲁南地区20世纪90年代以来比前30 a增加14～16 d，安徽省淮河流域20世纪90年代以后增加明显(张美玲等，2007；陈晓艺等，2009)，但是由于春秋两季气温不稳，也有例外情况，据朱萍等(2004)分析，徐州地区的无霜期有随年代下降趋势(表4.3)。

表 4.3　　徐州地区各年代热量要素统计表(1961—2000 年;朱萍等,2004)

年代	1961—1970 年	1971—1980 年	1981—1990 年	1991—2000 年
年平均最低气温(℃)	9.5	9.7	10.0	10.5
年平均最高气温(℃)	19.9	19.6	19.5	20.0
≥35℃日数(d)	17	10	8	9
无霜期(d)	220	218	215	206
12～20℃间隔日数(d)	160	165	171	171
12～20℃活动积温(℃·d)	3781	3796	3984	4010

3. 农业水分资源及其变化

在光能和热量资源满足的条件下,水分资源往往是农业丰歉的决定因素。水分资源包括大气降水、河流、湖泊、水库、冰川雪水和地下水等,大气降水是最基本的水分来源,河流、湖泊、水库、冰川雪水和地下水均源于大气降水。一地的水分条件主要通过降水和蒸散来表征。

淮河流域多年平均降水量为 850 mm,具有明显的南多北少,山区多平原少的特征。同时由于夏季降水比例大,夏季降水的多寡决定了区域的旱涝状况。如地处流域北部的山东省 1961—2000 年降水有减少的趋势,变干主要是由于夏季降水减少所致。流域中南部的安徽境内降水则无显著的随年代变化趋势,但年际波动大(廉丽姝,2005;马晓群等,2008)。进入 21 世纪以来,安徽省沿淮淮北年平均降水量比前 20 a 有所增长,尤以夏季雨量增加显著(马晓群等,2009)。各地降水的年内分配差异也非常大,从 1971—2000 年平均值看,夏季(6—8 月)集中了年降水量的 50%～60%,多雨年与少雨年的年降水量比值大多在 2～4 倍(表 4.4),由于降水总量南部多于北部,因此降水的年际波动由北向南递增。该区除了夏季水旱交替发生外,春旱、秋旱以及秋冬连旱也均很严重,越往北随着降水总量的减少,干旱危害越突出。

表 4.4　　淮河流域代表站降水特征(1971—2000 年平均值;马晓群等,2009)

站名	年雨量(mm)	6—8 月雨量(mm)	6—8 月雨量占年雨量比例(%)	最多月雨量(mm)	最少月雨量(mm)	最多月雨量/最少月雨量	多雨年雨量/少雨年雨量
郑州	632.7	330.9	52.3	155.6	8.8	17.7	2.60
汝州	634.8	323.4	50.9	135.4	10.2	13.3	2.64
曹县	661.2	367.0	55.5	149.4	9.2	16.3	2.22
宿州	842.2	449.4	53.4	218.2	14.0	15.5	2.55
蒙城	845.6	429.0	50.7	217.7	15.1	14.4	2.36
驻马店	979.5	504.9	51.5	194.4	16.4	11.9	3.76
大丰	1016.1	534.8	52.6	213.4	21.3	10.0	3.38
盱眙	1042.7	532.1	51.0	216.2	21.1	10.2	3.56

潜在蒸散量(或称参考作物蒸散量)指充分湿润草地的最大可能蒸发量,是反映一个地区大气干燥程度的重要物理量。利用淮河流域台站 1971—2000 年气象观测数据,采用 FAO Penman-Monteith 模型计算潜在蒸散量。结果表明,区域年潜在蒸散量 30 a 平均值自北向南减少,大致分布为北部 900～1000 mm,中部 850～950 mm,南部 800～900 mm。逐年值有随年代减少趋势。康燕霞等(2009)利用 1951—2008 年 12 个代表站资料采用同样的方法计算作物潜在蒸散量的结论与此较为一致,并明确年潜在蒸散量的减小主要始于 20 世纪 70 年代以后,认为影响蒸散量的主要因子是风速,其次是日照时数。

淮河流域年内降水量和潜在蒸散量平衡南北具有不同特点,淮河流域代表站(图 4.3)30 a 平均值分析结果表明,处于淮河流域西北部的汝州、郑州和曹县降水量少,蒸散强烈,全年降水蒸散差为负值(－20～－28 mm),逐月降水蒸散差除雨季 7—9 月为正值外,其余 9 个月份均为负值;中部的宿州和蒙城,由于降水量多于北部,年降水蒸散差基本持平(－5.1 mm),降水和蒸散的年内变化趋势与北部基本相同,水分亏缺程度相对较弱;地处大别山麓的驻马店和东南部的盱眙和大丰,降水总量较丰,且蒸散量小于中、北部地区,全年降水蒸散差为正值(9～19 mm),但春季仍有水分亏缺(图 4.4)。

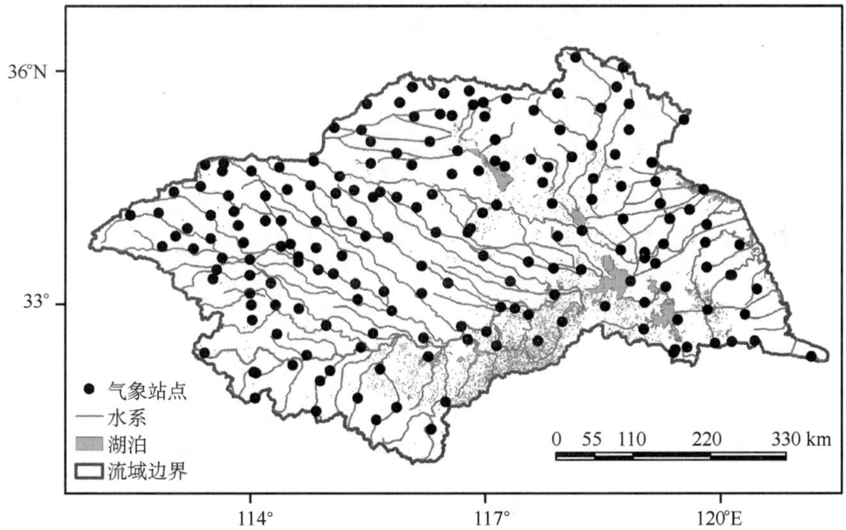

图 4.3 淮河流域代表站点分布

作物需水量的多少受其生长状况和环境条件尤其是气象因素等的综合影响。从多年平均气候条件看,当冬小麦产量水平在 6000 kg/hm² 时,需水量在 320～550 mm,玉米产量水平为 5250～7500 kg/hm² 时,需水量为 330～430 mm(陈玉民等,1995)。因此,淮河流域常年冬小麦生长季除南部地区自然降水可以满足其正常生长需求外,大部分地区均出现水分亏缺,或多或少需要灌溉。鲁西北平原和豫东平原的高产区是冬小麦灌溉耗水最多的地区,灌溉量在 200～260 mm(莫兴国等,2006)。而夏玉米除流域北部地区外,大部分地区降水基本满足生产的需要,但是由于降水变率大,干旱仍时常发生,在作物生长关键期缺水仍需补充灌溉。

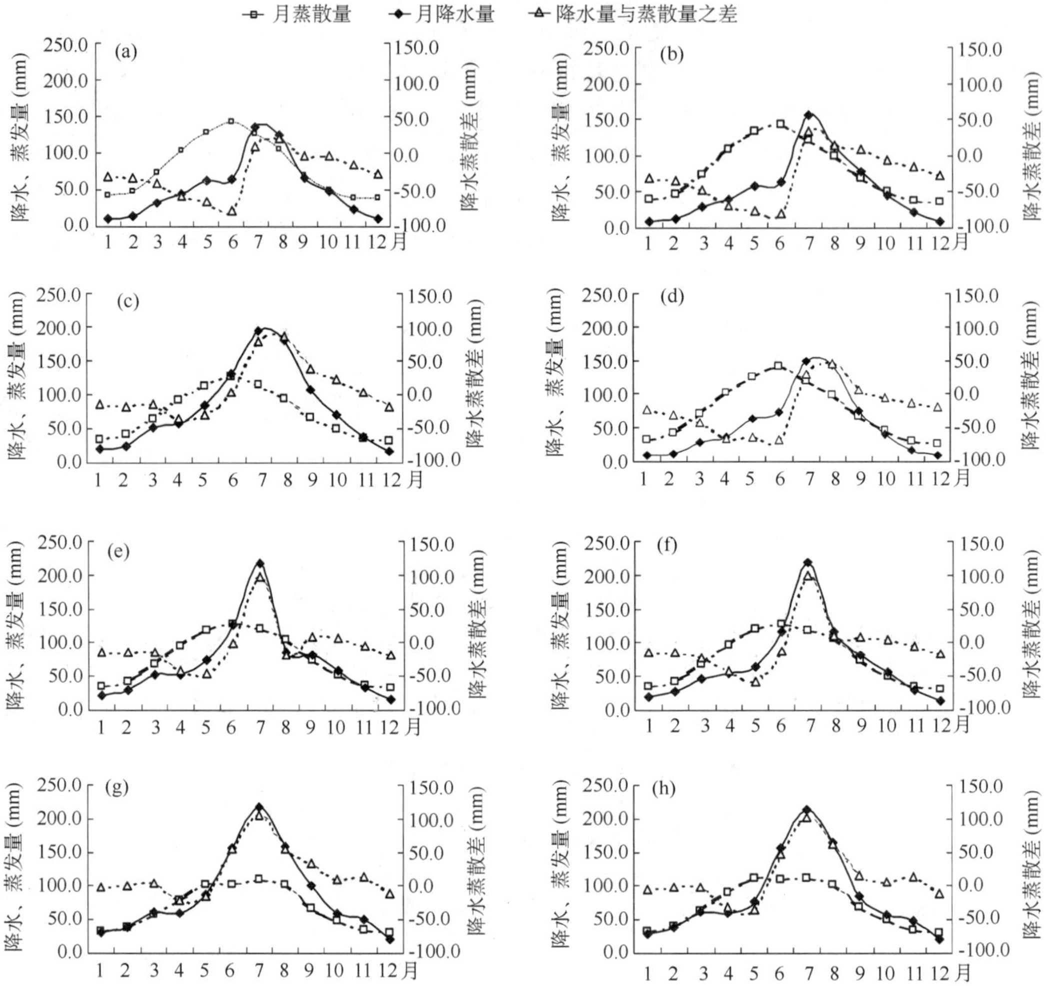

图 4.4　淮河流域代表站点降水量、潜在蒸散量和降水蒸散差的年内变化(马晓群,2009)

(a. 汝州,b. 郑州,c. 驻马店,d. 曹县,e. 蒙城,f. 宿州,g. 盱眙,h. 大丰)

土壤水分是水分资源的重要组成部分。据方文松等(2007)研究,土壤湿度与平均气温呈极显著负相关,与降水量呈极显著正相关。处于淮河流域的河南省近 25 a 来在气温显著升高,降水变化趋势不明显的条件下,土壤水分呈明显下降趋势,土壤含水率年平均下降约 0.08%,其中春季土壤水分下降趋势最明显。但是马晓群等(2008)用农业干旱指标进行长序列的土壤湿润程度分析的结果表明,安徽省淮河流域自 21 世纪以来由于夏季梅雨有北多南少的变化趋势,沿淮淮北地区夏季农田湿润程度明显上升,导致土壤湿润程度呈增加趋势。以上研究结果表明,受降水和生态环境影响,淮河流域不同区域土壤湿度变化规律有较大差异。

综上所述,淮河流域降水量南多北少,山区多平原少,年际变率大,夏季比例大。降水的时间变化有北减南增趋势。降水分布特征导致该区夏季水旱交替,其余季节干旱严重,越往北干旱越突出;潜在蒸散量北多南少,有随年代微弱减少趋势。降水蒸散差北部全年为负，除夏季外，有9个月水分亏缺；中部持平，亏缺程度弱于北部；南部全年为正，但春季仍有水分亏缺。冬小麦除南部降水可以满足外，大部分地区需要灌溉，而夏玉米除北部外，大部分地区降水可以满足需要，但是干旱年关键期仍需灌溉。土壤水分变化趋势同降水量。水分资源变化趋势将导致该区北旱南涝程度加重。

专栏

气候生产潜力评价方法

气候生产潜力是指充分和合理利用当地的光、热、水气候资源，而其他条件（如土壤、养分、二氧化碳等）处于最适状况时单位面积土地上可能获得的最高生物学产量或农业经济产量。一般以干重表示，单位为 $t/hm^2 \cdot a$。

估算方法为：

（1）光生理学—统计学方法。

单因素经验统计模型：利用实测的植物生产量数据，建立植物生产量和环境因子之间的相关统计模型，如迈阿密模型和 Thornthwaite 纪念模型。

从能量转换的角度出发，半理论、半经验性的模型。根据太阳辐射、量子效率等计算以及温度和水分逐级订正的光合生产潜力、光温生产潜力和气候生产潜力模型。

（2）作物生长数学模拟方法。从作物生态系统中物质平衡和能量守恒原理以及物质能量相互转化原理出发，借助于数学方法和计算机技术建立描述作物生长发育、光合作用、干物质积累等生理生态过程及其与环境（以气象、土壤为主）之间关系的数学模型。反映作物在时间上的动态变化和空间分布。作物生长模式通常包括光合作用、呼吸作用、蒸腾作用、叶面积增长、发育期、干物质分配等若干子模式。

气候生产潜力随植物种类而异，故一般需要分别对不同植物进行估算。但为了概括说明气候资源条件对植物生产力的影响，也可进行综合的、概括的估算。其结果为土地人口承载力估算、制定国家或地区农业发展规划，以及确定投资方向提供科学依据。

4. 农业气候生产潜力

气候生产潜力的估算客观分析、定量表达了在一定的气候、土壤及农业技术水平下农业生产或具体作物可能达到的生产能力，反映了一个地区在一定时期内气候资源总量和配置状况对农业生产的优劣。全球气候变暖导致淮河流域气候要素和农业气候资源特征发生变化，作物农业气候生产潜力亦随之发生变化。

谢云等(2003)采用气温、水分逐级订正方法估算了我国东部地区夏秋粮农业气候生产潜力(农业经济产量)。结果表明,从平均情况看,夏粮由于生长季短于秋粮,因此生产潜力低于秋粮;从时间变化趋势看,气候变暖对我国东部地区夏粮影响不大,农业气候生产潜力没有明显的空间差异和时间变化,但是秋粮的农业气候生产潜力整个东部地区都有随年代减小趋势。而且夏秋粮农业气候生产潜力年际波动均很大,优劣年景夏秋粮作物气候生产潜力相差可达2.8～7.4倍。马晓群等(2008)[①]用同样的方法分析安徽省淮河流域农业气候生产潜力得到了相似的结论,安徽省淮河流域光能资源丰富,光合生产潜力较高;但由于降水变率大,在很大程度上限制了光温生产潜力的发挥(表4.5)。1971—2005年全区平均年粮食气候生产潜力达17610 kg/hm^2,其中夏粮平均农业气候生产潜力为8240 kg/hm^2,秋粮为9370 kg/hm^2。由于气温和降水的地域差异,农业气候生产潜力基本呈纬向分布,南部高于北部(图4.5);夏粮没有明显的时间变化趋势,而秋粮农业气候生产潜力则随年代微弱降低。受降水变率大的影响,淮河流域农业气候生产潜力波动较大,变异系数夏粮为25%,丰产年景是减产年景的3倍,秋粮为12%,丰产年景是减产年景的2倍。秋粮稳定性高于夏粮。

表4.5 淮河流域气候生产潜力分析(1971—2005年平均,单位:kg/hm^2;马晓群等,2008)

	光合生产潜力	光温生产潜力		气候生产潜力	
	平均值	平均值	占光合潜力比例(%)	平均值	占光温潜力比例(%)
夏粮	22542	15610	69	8240	53
秋粮	16231	14628	90	9370	64
一季稻	20529	19552	95	12733	65
玉米	13728	12196	89	8257	68
大豆	8893	8200	92	4744	58
甘薯	20556	17357	84	11037	64

李长军等(2004)对山东省1961—1998年冬小麦气候生产潜力的分析表明,气候变暖有利于冬小麦生产潜力的提高,气候生产潜力总体呈波动性上升趋势,但较光温生产潜力上升幅度小。由于山东省大部分地区自然降水仅能满足小麦全生育期需水量的40%～60%,水分条件是影响小麦高产的限制因子,气候生产潜力仅约为光合潜力的20%、光温潜力的40%,因此水分条件是限制该区气候生产潜力提升的主要气象因子。

二、对农业气象灾害的影响

1. 旱涝灾害

淮河流域水资源的年际分配很不均匀,旱涝灾害常常交替发生,对粮食生产构成严重的影响,由于地理位置和环境的差异,气候变化条件下,流域内各区域旱涝灾害发生

① 马晓群等. 2008. 安徽省淮河流域粮食生产气候资源承载力评估报告。

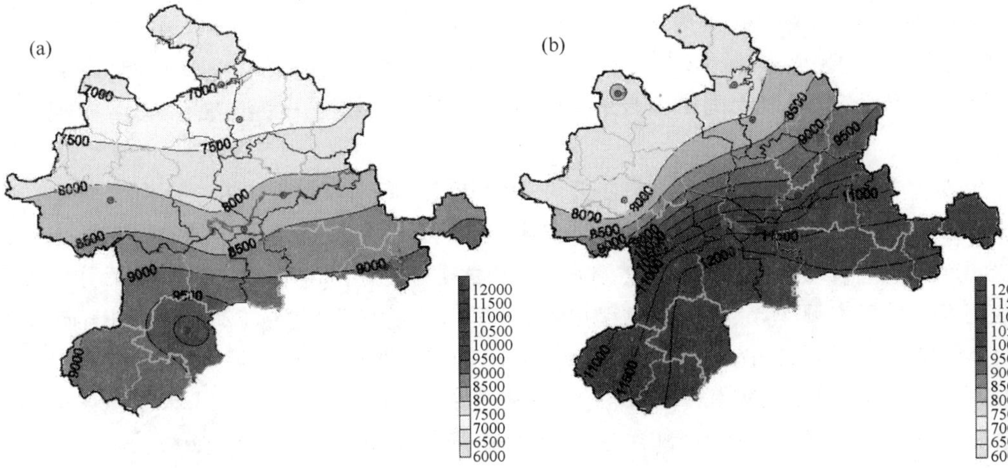

图 4.5　安徽省淮河流域夏粮(a)和秋粮(b)气候生产潜力分布(1971—2005 年,单位:kg/hm²)

规律具有不同的特征。马晓群等(2002)用旱涝受灾和成灾面积的时间序列资料分析了安徽省淮河流域旱涝变化趋势。结果表明,安徽省淮河流域 1953—1993 年旱涝受灾面积变化趋势成倒抛物线形曲线,20 世纪 70 年代中期到 80 年代初期为受灾低谷,80 年代中期后,随着气候变异率的增大,旱灾受灾面积和受灾总面积逐年增加(图 4.6)。近年来气候变暖导致我国夏季降水格局发生变化,主要多雨带向北推进,2001 年以来安徽省淮河流域夏季降水急剧增加。2003、2005 和 2007 年淮河流域相继出现连续极端强降水过程,尤其是 2007 年该流域再次发生全流域性洪水,给国民经济和农业生产带来重大危害。淮河流域洪灾发生形势较过去 50 a 更加严峻(马晓群等,2009)。而流域北部则有相反的情形,于旭东等(2002)用山东省菏泽市 1954—2000 年的气象资料的分析结果表明,菏泽市近 20 a 来(1981—2000 年)随着降水量减少,夏季旱灾发生的概率明显增大。

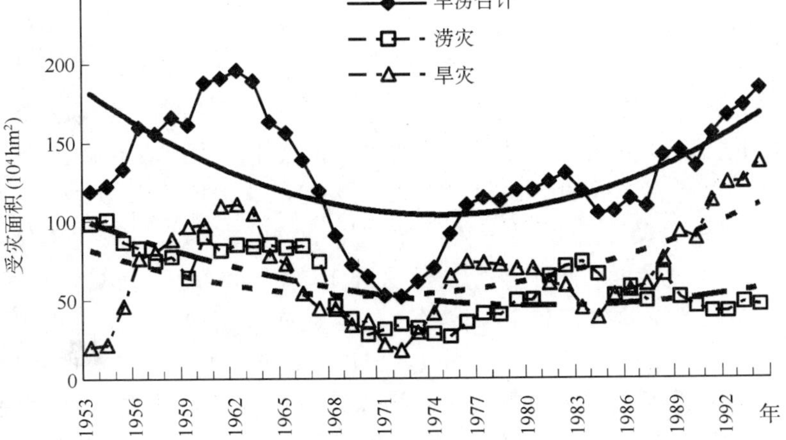

图 4.6　安徽省淮河流域旱涝受灾面积 8 a 滑动趋势(马晓群等,2002)

1980年以前春旱发生的概率为93%，夏旱为41%，秋旱为30%。1981年以后春、秋旱几率和以前基本接近，但夏旱却增大到75%。涝灾主要发生在夏季，1980年以前较为频繁，1981年以后，范围较大的涝灾仅有1984和1993年，平均10 a一遇。受涝的程度也较以前为轻。

旱涝灾害对粮食作物产量影响显著。中等以上旱灾即对冬小麦产量构成影响。据分析，按目前安徽淮北的生产水平，大涝年冬小麦产量损失率可占平均粮食产量的6%～12%，大旱年可以占到10%～20%（张爱民等，2002）。利用农业干旱指标分析安徽省冬小麦干旱发生频次，从时间变化趋势看，中旱以上的发生次数在20世纪70年代中后期至80年代初较多，之后处于相对低值期，90年代中前期和2000年后又明显增多；从发育期看，拔节—抽穗期随时间上升趋势最显著；从区域看，自南向北增大。干旱发生风险则以灌浆—成熟期最大，拔节—抽穗期次之，返青—分蘖期最小（陈晓艺等，2008）。

6—9月是淮河流域降水量和降水变率最大的季节，降雨量往往超过作物需水量，且分布不均，又正值秋收作物旺盛生长期，旱涝灾害对作物危害严重。沿淮一季稻常因降水过多而减产，减产率随着雨量的增加而增加（陈晓艺等，2005）；同时，干旱也是影响其生长发育的主要限制因子，沿淮特别是高岗地区农田集水保水能力差，水稻常因缺水而减产。玉米生育期间旱涝灾害也很频繁，1970年以来，安徽省淮北地区6月上中旬玉米苗期干旱出现的频率达32%；7月中旬至8月上旬拔节到抽雄期的"卡脖子旱"出现频率为20%（刘胡祥，2005）。在流域北部的山东枣庄地区，6月份玉米出苗至拔节阶段芽涝率在37%以上，干旱几率在41%以上（郑伟等，2007）。总体来说，淮河流域粮食产量受水资源限制明显（王馥棠，1996）。

2. 春霜冻害

淮河流域是我国冬小麦春霜冻害的主要发生区域。由于气候变暖，淮河流域冬小麦发育加快，拔节期提前，但早春冷空气活动仍很频繁，冬小麦春霜冻害发生较频繁。据张雪芬等（2009）的分析，河南省冬小麦晚霜冻害在豫西南、豫北发生频率较高（超过30%），豫中、豫南在20%左右，豫东在16%左右；其中20世纪70—90年代大部分地区呈上升趋势。安徽省沿淮淮北地区20世纪80年代以前造成淮北小麦减产歉收的温度异常灾害主要是越冬期冻害，20世纪80年代及以后则是春霜冻害和低温冷害。据李琦等（2003）分析，进入20世纪90年代后，安徽淮北市冬小麦生产有5 a减产歉收，大多是由春霜冻害和低温冷害造成的。1993年3月中下旬淮北地区遭遇多年罕见连续低温天气，麦田中能成穗的分蘖冻死20%～30%，严重的达40%～50%，致使单位面积穗数大幅度减少。2005年黄淮地区冬小麦分别遭受到12月下旬，越冬期间（1—2月），3月中旬和4月上旬多次严重的冻害和霜冻，据统计，累计冻害面积达到171万 hm^2/次，其中三级冻害15万 hm^2，四级冻害2.2万 hm^2，是近10 a来冻害较为严重的年份之一（邢君等，2005）。2010年淮河流域大部分地区终霜冻出现在4月中旬，比历年偏晚，虽因冬小麦发育期偏晚危害程度较轻，但导致发育期进一步推迟。春霜冻害对冬小麦影响的程度除了霜冻强度外，还与小麦苗情和品种有关，早播旺长田块和春性品种遭受霜冻危害情况更严重。卫星遥感灾情监测与实地调查都证实，遭受春霜冻害较重的地区不在降温强度大的淮北地区而在江淮地区北部。这可能与淮河流域南缘种植的小麦品种多为春性品种，抗寒性较差有关。

3. 高温热害

当气温超过了作物所能忍受的温度上限就会使作物遭受高温胁迫危害，作物正常发育进程受到抑制，产量降低。水稻在孕穗、抽穗时期对温度极为敏感，日最高气温≥35℃的天数超过 3 d 水稻就会受到影响，高温天数越多，结实率和千粒重下降也越严重。气候变暖条件下，极端高温事件增加。根据日最高气温≥35℃的天数 3～5 d 为轻度，5～8 d 为中度，8 d 以上为重度的水稻高温热害指标，安徽省沿淮稻区高温热害出现频次，轻度平均约 2 a 一遇，中度和重度约 15 a 一遇，高温热害减产频率 10～15 a 一遇，虽然中度和重度频率不高，但是有随年代显著增加趋势，高温热害减产年占高温年比例也有随年代上升的趋势。加之高温热害一旦发生，分布范围很广，对水稻生产危害严重(高素华，2009)。近年来，高温热害发生频繁，沿淮地区 2003 年 7 月下旬到 8 月上旬出现异常持续高温天气，使处于花期一季稻严重受害，结实率降到 10%～60%。2006 年沿淮稻区寿县等地发生高温热害，致使麦茬稻遭受不同程度危害。安徽省 2010 年再度出现夏季高温，7 月 29 日至 8 月 22 日出现日最高气温持续≥35℃天气，对抽穗扬花的水稻造成轻至中度热害。

4. 连阴雨

连阴雨是淮河流域春、秋两季常见的主要气象灾害。春季连阴雨持续时间长，发生面积广，又常常发生在夏收作物生长的关键期，常导致涝渍灾害和病虫灾害流行，对作物产量影响很大。据吴洪颜等(2003)分析，江苏省近 40 a(1960—1999 年)春季连阴雨北部少于南部，持续 7 d 以上的连阴雨淮北地区 2 a 一遇。发生总趋势南北一致，呈平稳序列，各年代发生次数基本持平。就月份而言，3 月份连阴雨次数最多，5 月份连阴雨次数最少，4 月份居中。秋季连阴雨造成已成熟的玉米、棉花等秋收作物发生霉烂、品质下降，导致减产，也影响秋播秋种的适时开展。河南省 1951—1998 年持续 5 d 以上秋季连阴雨出现的频率通常一年 1～2 次，南部可达 3 次(王记芳等，2000)。安徽 1966—2005 年沿淮淮北地区秋季≥7 d 的长连阴雨发生频次约为三年两遇，2000 年以后呈增大趋势(陈晓艺等，2009)。地处流域东北部的山东莒县的低温连阴雨灾害多出现在 20 世纪 70 年代以前，平均 2～3 a 一遇，1970 年代后，进入干暖气候，此灾害则很少发生(成兆金等，2007)。

5. 干热风

干热风亦称“干旱风”、“焚风”，是指小麦生育后期(灌浆成熟阶段)出现的一种高温、低湿并伴有一定强度风力的农业气象灾害。干热风发生时，往往使小麦植株体内水分供需失调，籽粒中养分的积累减慢甚至停止，迫使小麦提前枯熟，从而造成小麦减产。一般年份可造成小麦减产 1～2 成，偏重年份可减产 3 成以上。陈怀亮等(2001)的分析结果表明，河南省冬小麦干热风发生呈南少北多型空间分布；随年代推移全省干热风发生日数呈减少趋势，具有准 6 a 和准 3 a 周期。位于流域北部的山东省菏泽市干热风发生日数年均 2.8 d，20 世纪 60 年代干热风灾害较为严重，近 20 a 有减轻趋势(张翠英，2004)。据丁霞等(2005)分析,安徽省沿淮淮北地区干热风空间分布为自北向南减轻,时间变化以20世纪60年代年平均天数最多,轻度年平均为6.4～8.3 d,20世纪70年代减少,80和90年代为2～4 d;重度年60年代平均为2.5～2.9 d,80和90年代分别为0.1～0.9 d。

以上分析表明,在气候变暖条件下,淮河流域农业气象灾害总体有加重趋势。北旱南涝更加突出;春霜冻害有所增加;高温热害发生频繁;连阴雨危害南增北减;干热风危害总体减轻。

三、对种植制度的影响

影响种植制度的主导气候因素是热量条件。通常以稳定通过0℃的积温为指标。1961—2007年淮河流域≥0℃的积温平均值为5312 ℃·d,2001—2007年比20世纪60—70年代平均多270～320 ℃·d(表4.6),其中南部多于北部。按照作物熟制对热量条件的要求(表4.7;王馥棠,2003),全区均满足两熟制所需的热量条件,南部有余。积温的增多有利于两熟制的多样化组合,从而有利于提高复种指数和增加产量。20世纪70年代以来山东省和安徽省的复种指数随日平均气温稳定通过10℃期有效积温增加而显著增加(李军等,2008)。山东省玉米由二年三熟制,演变为一年两熟制,棉花种植制度出现了间作、套种、复种、轮作等多种形式,复种指数有了明显提高。1987—2004年比1961—1986年平均高出12%(王建源等,2006)。安徽省淮北地区玉米生产也由夏玉米一年两熟逐步取代了春玉米一年一熟(刘胡祥等,2005)。

表4.6　　淮河流域≥0℃积温年代际变化(单位:℃·d)

要素	47 a平均	1960年代	1970年代	1980年代	1990年代	2001—2007年
T_{ave}	5312.1	5274.9	5226.2	5182.4	5402.5	5546.0
T_{max}	5780.8	5724.3	5660.1	5614.5	5924	6139.9
T_{min}	4640.1	4558.1	4553	4574.6	4683.5	4846.4

表4.7　中国不同作物的种植制度与气候热量——≥0℃活动积温(单位:℃·d;王馥棠等,2003)

种植类型	北界	南界
一熟制区		4000
春麦、玉米、高粱、大豆等		
两熟制区		
小麦—玉米	4000	5800
小麦—棉花,小麦—水稻	4000	4800
油菜—水稻,水稻—玉米,水稻—水稻	5500	5800
三熟制区		
麦—稻—玉米	5800	6100
稻—稻—麦、稻—稻—油、稻—稻—肥	6100	7000

四、对病虫害的影响

温度直接影响着昆虫的生长、发育速度、生殖力、死亡率以及取食、迁移等活动，其中对发育速度的影响最为显著。因此，环境温度的高低直接影响害虫发生的早晚，甚至每年发生的世代数以及地理分布区域。暖冬有利于菌丝体和虫卵越冬，加重来年的病虫害。山东省 1987—1998 年连续 12 a 出现暖冬，病虫越冬基数持续偏大。1998 年病虫害发生面积 110 万 hm^2，占耕地面积的 20%左右。1998 年 6—7 月上旬由于天气干旱，气温持续偏高，土蝗繁殖较快，致使夏津、庆云 30 个乡镇蝗灾大面积发生，农作物受灾面积 18.67 万 hm^2，直接经济损失 8800 万元。1999 年发生了 20 世纪 80 年代以来最大的一次蝗灾，尤以东营、滨州为重，灾情面积 20.4 万 hm^2。华北大部分地区东亚飞蝗在 20 世纪 90 年代的发生期普遍提早 3～5 d，多者 7～10 d，河南至淮河流域蝗区的安徽淮南和河南驻马店在 1994、1995 年均发生了 3 代（孔海江，2003）。据张翠英等（2008）研究，气候变化导致鲁西南地区气温升高，降水和空气相对湿度增加，日照时数减少，导致棉铃虫发生期提前，尤其是 1、2 代棉铃虫的发生期明显提前、虫卵量增加、危害程度加重。山东省病害面积由 20 世纪 80 年代前期的不足 10 万 hm^2 上升到 80 年代以后的几十万公顷，虫害面积由 20 世纪 80 年代前期的不足 10 万 hm^2 上升到 80 年代以后的几十万甚至上百万公顷，1998 年病害、虫害面积分别为 54.9 万和 52.3 万 $hm^2$①。

专栏

气候变化对农业影响的评估方法

气候变化对农业的影响可分为直接影响和间接影响。前者指大气温室气体浓度增大导致的农作物光合、蒸腾作用的变化，从而产生对生长发育、生物量以及品质的影响。后者指温室气体增加后引起的气候变化对农作物的影响。大气温室气体年度增加对农作物的影响评估主要是采用改变温室气体（CO_2）浓度观测生长变化的田间观测手段。气候变化对农业影响评估分为当前气候变化和未来气候变化对农业的可能影响。主要有数理统计和作物生长模拟等方法。

在农业生产中，农业基础设施改善、新品种选育和种植结构调整等与气候因素以非常复杂的方式相互作用，很难区分这些因素对作物生产力的相对作用（《气候变化国家评估报告》编写委员会，2007），因此在评估当前气候变化对农业影响时，通常通过数学方法对农作物产量进行分解，提取作物产量中气候影响部分，根据农

---

① 山东省气象局服务材料。

业气候指标、反映农业与气候关系的农业气象模型进行统计分析评估。近年来随着作物生长模拟模型的本地化和区域尺度应用技术研究等关键问题的解决和逐步业务应用，可实现基于作物模型或作物模型与统计模型相结合的方法进行区域气候变化影响评估（王石立等，2008）。

农业是对气候变化最脆弱的领域之一，中国对气候变化农业影响的研究起步较早，方法也较成熟。20 世纪 90 年代，逐渐开始用全球气候模式（GCM）大气环流模型预估的气象要素月平均值，通过插值和天气发生器转换，产生逐日气象要素作为作物模型的输入进行站点上影响评估。21 世纪初，利用 PRECRS 进行降尺度分析，构建高分辨率（50 km×50 km）气候变化情景，与空间 CERES 作物模型嵌套，评估空间网格点上不同时段的气候变化情景下主要农作物种植区域和产量的变化（熊伟，2004）。

五、对农作物生长发育及产量的影响

1. 对粮食作物的影响

（1）对作物发育期的影响

淮河流域气候变暖对作物发育期的影响以冬小麦最具代表性。由于气候变暖，秋冬增温明显，冬小麦冬前积温显著增加。虽然在生产上为了适应气候变化，冬小麦适播期推迟。但是，由于越冬期显著缩短，拔节期仍然提前。徐州地区暖冬年冬前有效积温增加 150℃ · d 以上，冬小麦越冬期平均缩短 10～12 d，拔节期提前 15～20 d（刘金阁等，2007）。裴洪芹等（2007）的研究表明，山东临沂地区 1981 年以后冬前、越冬期间及春季＞0℃积温明显大于 1981 年以前的同期水平，尤其是春季增温显著。由于积温高，小麦在越冬期间可以安全越冬，并且拔节等发育期提前 6 d 左右。河南省农试站 20 世纪 80 年代以来作物发育期观测结果则表明，冬小麦生育期在越冬前没有明显变化，但是从返青到成熟各生育期均提前，其中以拔节期提前最明显；在生育期间隔天数的变化方面，冬小麦从播种到越冬期天数增加，越冬到拔节期生育期持续天数减少，拔节到乳熟期持续天数增加，乳熟到成熟持续天数显著减少，冬小麦全生育期有缩短趋势（余卫东等，2007）。可见在淮河流域的不同区域气候变化带来的冬小麦发育期变化的共同特征是拔节期提前，全生育期缩短，因此要因地制宜，在暖冬年适期晚播，控制播种量和基本苗数，采取适当的田间管理措施，减轻冬小麦发育期缩短的不利影响。

水稻按其生育期的长短可分为早、中、迟熟品种。生育期长的干物质积累多，产量高。水稻中熟品种为 115 d 左右，早熟（迟熟）品种早（迟）10 d 左右。≥10℃积温增加和持续日数增多，使得水稻生长季延长，对于原来只能种早中熟品种的地区可以种植中晚熟品种，有利于提高产量。受 20 世纪 90 年代升温趋势影响，安徽省淮河流域稻谷种植面积扩大。自 20 世纪 80 年代后期沿淮稻谷种植面积比例上升，经过几年波动后趋于稳定；淮北地区 20 世纪 90 年代初稻谷种植面积迅速上升，但是受水资源缺乏影响，年际间变化很大，但总体高于 80 年代（图 4.7）[①]。

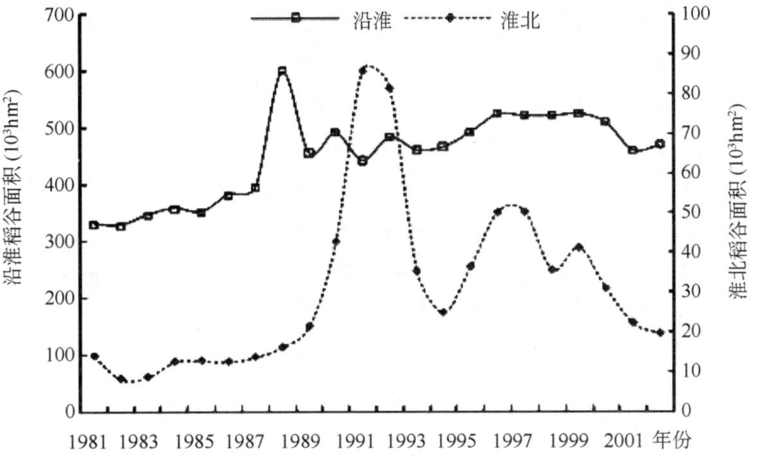

图 4.7　安徽省沿淮淮北稻谷种植面积时间变化

余卫东等（2007）用河南省 7 个农业气象观测站 1981—2004 年夏玉米发育期观测资料，进行气候变化对作物发育期影响分析的结果表明，河南省夏玉米生育期却出现了延迟趋势，夏玉米播种到三叶、吐丝到成熟生育期间隔天数增加，其中以播种到三叶期间隔天数增加最为显著，全生育期天数逐年增加的速率为 2.1 d/10 a。可能原因是 6—9 月总降水量的减少导致生育期推迟以及全生育期延长。

（2）对主栽作物品种类型的影响

气候变暖使得淮河流域冬季温度明显提高，区域内种植的小麦品种类型分布相应发生变化。流域北部的山东省，20 世纪 80 年代以前以冬性品种为主，90 年代中期至今已过渡到半冬性品种为主，部分地区种植弱冬性品种（山东省气象局服务材料），中部徐州地区由偏冬性变为弱春性（朱萍等，2004），而淮河流域中南部的安徽省沿淮淮北地区冬小麦种植品种变化趋势则相反，90 年代前以冬小麦春性品种居多，由于气候变暖导致气温变幅增大，春霜冻害有所增加，而半冬性品种的抗低温性能好于春性品种，因此目前淮北平原中北部冬小麦多为半冬性品种，沿淮以弱春性品种为主[②]。

作物生长季延长有利于种植生育期长的作物品种，提高作物产量。随着气候变暖，山东省夏玉米生产具有从中早熟品种向中晚熟品种发展的趋势。从 1980—1997 年山东省种植面积最大的主栽直播夏玉米的生育期天数看，1980 年的鲁玉 1 号、鲁玉 2 号，1985 年的掖单 4 号，1990 年的鲁玉 13 号、鲁玉 14 号，生育期大多为 100 d，而 1995 年的鲁玉 10 号，生育期为 105 d；1997 年的掖单 13 号，生育期为 110 d。直播夏玉米主栽品种由中早熟品种向中晚熟品种发展（王建源等，2006）。

① 田红，马晓群. 2006. 安徽省气象局决策服务材料：我国江淮流域气候变化的事实、影响及对策.

② 马晓群. 2010. 安徽省农业气候区划调查报告.

(3)对作物产量和品质的影响

气象条件对淮河流域农作物产量影响显著。淮河流域南北气候差异大,作物品种和种植方式多样,气候变暖对各地农作物生产的影响不同。从温度升高的影响来说,由于淮河流域气温总体偏低,气温升高有利于生长季的延长,减少越冬期冻害。在安徽省淮北地区,冬季气温与冬小麦产量呈正相关,当1月份平均气温在1.3℃以上时,对冬小麦产量为正效应,在一定的温度范围内,1月份平均气温每提高1℃,小麦相对气象产量将增加5.4%。但夏季气温升高对作物生长不利。据张爱民等(2002)研究,当宿州和阜阳地区7月平均气温提高1℃时,玉米相对气象产量将减少3.5%。流域中部的徐州地区≥35℃的高温以1960年代最高,随后呈减少趋势。有利于玉米生长发育,降低空秆率(朱萍等,2004),而在北部地区除了夏季高温外,后期低温也是影响玉米产量的重要因素,特别是9月上旬气温很快下降到20～22℃,直接影响玉米灌浆速度,导致玉米减产。近几年来,枣庄市玉米在开花授粉期受高温胁迫和灌浆期受低温危害的现象时有发生(郑伟等,2007)。

从降水来看,淮河流域3—5月冬小麦处于拔节—孕穗灌浆阶段,降水过多过少都对产量有不利影响。但由于安徽淮北平原浅层地下水埋深一般2～3 m,土壤毛细管上升水通常能满足小麦生理需水,一般情况下,春季适宜偏旱有利于冬小麦产量提高,春季降水增多将会导致冬小麦减产,但是在流域北部的山东省,由于春季降水显著少于冬小麦需水量,因此春雨增加对冬小麦增产有利。夏季是淮河流域雨季,通常多暴雨,降水变率大,对秋收作物影响较大。据马晓群等(2009)分析,安徽省淮北地区玉米减产率在10%以上的年份均由降水过多或过少引起。其中,降水量对产量的影响大于降水日数;夏季降水量的影响大于年降水量(表4.8)。相对气象产量最高值所对应的年降水量为900 mm左右,夏季降水量为520 mm左右,可视为该区域秋收旱作物获得较高产量的适宜降水量。但是进入21世纪后,年降水量和夏季降水量的平均值均超过了这一适宜量,且夏季大雨比例提高,因此降水过多对作物产量的影响更加突出。

表4.8　淮河流域夏玉米相对气象产量与雨量、雨日的关系(马晓群等,2009a)

		相关系数	F检验		相关系数	F检验
全年	总雨量	0.5413	4.14*	总雨日	0.2530	0.68
	大雨量	0.4291	2.26	大雨日	0.5134	3.57*
	暴雨量	0.3889	1.78	暴雨日	0.5544	4.43*
6—8月	总雨量	0.6214	6.29**	总雨日	0.3267	1.20
	大雨量	0.6198	6.24**	大雨日	0.5704	4.82*
	暴雨量	0.5752	4.95*	暴雨日	0.6500	7.32**

注:*和**分别表示通过0.05和0.01水平的F检验。

气象条件对农作物品质也有很大影响。如冬小麦品质与抽穗至成熟期的温度、光照和湿度相关密切。开花成熟期间日均气温在15～32℃籽粒蛋白质含量随温度上升而提高。籽粒蛋白质含量与降雨量呈负相关，过多的降水会降低面筋弹性，以致降低面包烘烤品质。光照是通过影响光合产物（碳水化合物）而影响小麦蛋白质含量的，小麦生育后期光照条件好，有利于蔗糖和淀粉的合成，籽粒产量高，而蛋白质含量相对较低（顾克军等，2003）。气象条件对夏大豆品质影响的研究表明，郑州、徐州、菏泽、济宁、临沂8月中旬平均气温、8月下旬降水量、8月上中旬气温日较差与夏大豆脂肪含量呈显著负相关；而9月气温日较差、9月上中旬日照时数及9月上旬平均气温与脂肪含量呈显著或极显著正相关（曲杰等，2008）。

综上所述，已发生的气候变化对淮河流域粮食生产的影响利大于弊。表现在气温升高，特别是冬季气温升高有利于延长生长季、减轻冬季冻害，水稻、玉米中晚熟品种种植面积增加，提高作物产量和品质，但是大多数作物发育期缩短，大部分地区冬小麦种植品种冬性程度下降，降水变率增大不利于作物稳产，夏季降水增加影响秋收作物品质。

2．对经济作物的影响

（1）对大宗经济作物的影响

棉花：棉花产量与各生育期的光、温、水分条件均存在显著相关关系。据千怀遂等（2000）研究，河南省棉花产量对气候变化反应十分敏感，降水量、温度和日照对棉花产量的影响相互联系，其中温度和日照时数的影响往往与降水量呈反向变化，气候变化对棉花产量的影响有明显的南北向差异。降水量的影响自淮南到豫北迅速由弱负效应过渡到强正效应，热量的影响淮南为弱正效应、豫中为强正效应和豫北则是正负效应相近区，日照时数的影响由淮南和豫西南的正效应迅速过渡到豫北中强负效应。另有研究表明，流域中部的徐州地区≥35℃的高温日数自1960年代以来呈减少趋势，有利于棉花生长发育，降低蕾铃脱落率（朱萍等，2004）。

油菜：淮河流域总体气象条件对油菜生产有很多不利因素，首先是冬季气温偏低，中部以南的安徽省沿淮淮北冬季极端最低气温会达到－10～－14℃。在冬季干旱的情况下（田间持水量小于50%）冬油菜遇上－5～－8℃的低温，死苗率可超过90%，即使土壤水分充足，最低温度≤－15℃，油菜髓腔组织也将普遍受冻，淮河流域可能出现的极端的低气温会严重影响油菜的安全过冬（信乃诠等，1999；宋蜜蜂等，2007）。气候变暖将减轻冬季冻害的影响，但是气温和降水变幅增大使秋旱、早春干旱和倒春寒加重，影响油菜正常生长。不过，据赵辉等（2008）研究，沿淮信阳地区近7 a（2001—2007年）油菜生长期气象条件与1971—2000年30 a适宜气候条件相比，生育期内的≥0℃活动积温和日平均气温有增高趋势，而降水量和日照时数略有下降，极差变小，气候变化趋势利于油菜生长发育，在正常年份，有利于油菜高产（表4.9）。

表 4.9　信阳地区油菜发育期间气候要素近 7 a 与常年适宜值比较(赵辉等,2008)

项　目	≥0 ℃积温(℃·d)	日平均气温(℃)	降水量(mm)	日照时数(h)
近年值	2550.5～2804.1	10.4～11.4	462.3～613.3	1091.1～1145.3
适宜值	2289.0～2616.0	9.4～10.9	385.7～728.4	1109.1～1337.1

注:①近年值指 2000—2007 年;②适宜值指 1971—2000 年正常生长年份的值。

(2) 对设施蔬菜的影响

设施农业近年来在淮河流域迅速发展,已经初步形成一定的规模和特色,成为淮河流域重要农业产业。气候变暖使得淮河流域冬季平均气温升高,日平均气温≤0℃期的负积温减少,年极端最低气温上升,为淮河流域冬季大棚蔬菜的发展提供了有利的气候条件。据吴长春等(2009)研究,淮河流域 1 月份气温升温值随纬度增加明显,这种升温效应降低了蔬菜冷害的影响,有利于设施蔬菜生长和蔬菜品质提高,并且使得温室增温耗能减少,降低了生产成本,同时最冷月气温上升还降低了温室的建造成本,有利于淮河流域设施蔬菜的发展。据统计,地处流域东北部的山东省以日光温室、拱圆大棚和中小拱棚为蔬菜的主要栽培方式的冬春设施蔬菜业已由 1981 年的 76.4 hm^2 发展到 2002 年 73 万 hm^2(图 4.8;王建源,2006)。

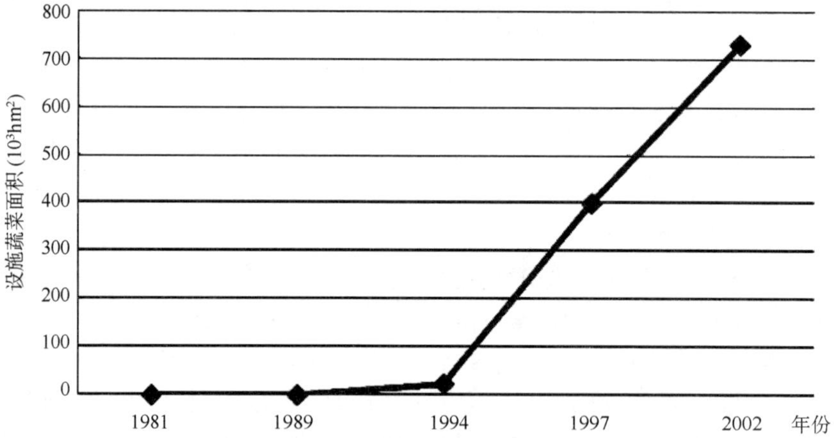

图 4.8　山东省设施蔬菜种植面积变化(王建源等,2006)

但是气候变化导致灾害性天气频繁发生,也给淮河流域蔬菜生产带来危害。如地处淮河流域北部的河南省民权县,1993 年 11 月 21 日突降大雪,造成该县 333.3 hm^2 越冬甘蓝遭受严重冻害。2002 年 7 月,番茄开花坐果期间频繁的暴雨和长时间的阴雨天气形成的高温高湿造成了芽枯病和晚疫病的大面积发生和蔓延,并且由于降水频繁而无法施药,导致 0.33 万 hm^2 秋番茄减产 40%。2002 年的 1—2 月气温显著偏高,致使大葱过早萌动,提前通过春化,有 30%的大葱在移栽后出现了抽薹现象,造成了大葱减产和品质降低(宁德峰等,2003)。2008 年 1 月中国南部地区出现大范围的低温雨雪冰冻天气,安徽沿淮地区出现蔬菜大棚、食用菌棚倒塌现象,受灾最重的是蚌埠市,有 2000 多个蔬菜大棚倒塌①。

（3）对水果生产的影响

淮河流域水果种植具有一定的规模，且形成了诸多地方特色品牌，如砀山酥梨、信阳鸭梨、萧县葡萄等。傅国材等(2005)对信阳鸭梨的观测和分析表明，多数年份，鸭梨生长年周期内的温度、降水和光照等因素的变化有利于产量和品质的提高，但在某些年份气象灾害也对产量和品质构成严重威胁，造成损失。其中花期(4 月上旬)低温、大风和降雨或因干旱造成的空气相对湿度过低，以及幼果膨大期(4 月下旬至 6 月)降雨偏少，对鸭梨产量和品质的影响最突出。6 月下旬至 8 月上旬干旱少雨会导致红蜘蛛大面积发生，而雨水偏多时又会造成梨黑星病的流行。付金沐等(2009)分析了近 10 a (1996—2005 年)砀山光、热、水气候要素的变化及其对水果生产的影响。结果表明：气候变暖导致 20 世纪 90 年代以来梨树生育期明显提前，花芽萌动、始花期、展叶及果实成熟期比 80 年代提前 5～10 d。梨树果花盛开快，盛花期短，导致花多果少。气象灾害突发频率增大，水果产量不稳定。研究还表明，近 10 a 以来夏季日照量减少，梨近成熟期光照时数不足，导致果实含糖降低，光泽度变差，口感绵软，不耐贮藏，品质明显下降。

综上所述，气候变暖总体对经济作物、设施农业和果蔬生产有利。淮河流域当前气温总体偏低，气候变暖对棉花、油菜等大宗经济作物生长有利，也有利于设施农业和果蔬的发展。降水量的增加利弊不一致，通常在雨水偏多的沿淮地区为负效应，在雨水偏少的北部地区为正效应，但是降水增多将会增加经济作物、设施农业和果蔬病害，同时旱涝、低温连阴雨、雪灾等灾害性天气增加，导致经济作物产量、品质降低。

第三节　未来气候变化对农业的可能影响

一、农业气候资源变化

1. 对热量资源的可能影响

未来淮河流域气候变暖将导致该区热量资源各要素发生较大变化，平均气温升高对各界限温度积温、持续天数和无霜期等有很大影响。据陈晓艺等(2009a)研究，在安徽省淮河流域地区，当年平均气温每增加 1℃时，≥0℃和≥10℃积温将分别增加约 352 ℃·d 和 274 ℃·d，≥10℃积温天数和无霜期将分别增加 6～7 d(表 4.10)，而鲁南地区年平均气温每升高 1 ℃情况下，≥0 ℃积温将增加 308～309 ℃·d，持续日数延长 15～16 d，≥10 ℃积温将增加 235～248 ℃·d，持续日数延长 6～8 d，无霜期将延长 9～14 d(表 4.11；张美玲等，2007)。

---

① 马晓群，陈晓艺. 2008. 安徽省 2008 年 1 月雪灾农业影响评估报告.

表 4.10　　年平均气温与积温、天数及无霜期回归模型(陈晓艺等,2009)

各项积温及天数	回归模型	相关系数
≥0℃积温	$y=351.85x+180.83$	0.959**
≥10℃积温	$y=273.54x+728.31$	0.820**
≥10℃积温天数	$y=6.63x+124.82$	0.410*
无霜期	$y=7.47x+105.58$	0.395*

注:**表示通过99%信度检验,*表示通过95%信度检验,x—年平均气温。

表 4.11　年平均气温升高1℃时鲁南地区≥0℃及≥10℃积温及持续日数和无霜期的变化(张美玲等,2007)

地区	≥0℃		≥10℃		无霜期(d)
	积温(℃·d)	持续日数(d)	积温(℃·d)	持续日数(d)	
北部平原	303	16	235	6	9
南部丘陵	309	15	248	8	14

2. 对农业水分资源的可能影响

作物需水量受降水和蒸散变化趋势的共同影响。土壤水分适宜时的农田最大蒸散量和实际水分条件下的实际蒸散量之差或比值可以较好地反映作物水分亏缺程度。在气候变暖条件下,未来气温上升的同时,农田最大蒸散也将随之加强。据王石立等(1996)计算,在气温升高1.5℃时,华北各地冬小麦生长季内的参考作物蒸散量和农田最大蒸散量将分别增加50～70 mm,约8%～10%。其中冀、鲁、豫大部分冬前参考作物蒸散量每旬约增加1.5～2.8 mm,比当前气候高9%～20%,豫南、皖北、苏北地区增加2.0～3.3 mm,高10%～25%,春季生长阶段内每旬增加2.5～4.0 mm,约6%～12%,豫南、皖北、苏北增加8%～18%。实际蒸散的变化与土壤水分状况关系密切,计算表明,未来气温升高的情况下,土壤有效水分将进一步减少,大部分地区多数旬实际蒸散将比当前气候下减少。在引用7个全球气候模式的合成模式模拟的中国东部地区2050年气候变化情景参与计算时,在生育期内降水量略有增加的情况下,实际蒸散也只比当前高2%～3%。因此,未来冬小麦生育阶段存在水分亏缺,气温越高,亏缺越严重。只有在降水量增加30%左右,才可能抵消温度升高的影响,使水分亏缺量转为比当前气候下减小1%～5%。从水分亏缺时段看,以拔节期最明显;从区域看淮河流域愈往北、往西愈严重,沿淮和苏北沿海基本为−50 mm,淮河流域西北部达−250 mm(图4.9),当气温升高1.5℃时,水分亏缺等值线均有不同程度的南移(图4.10),淮河流域冬小麦水分胁迫严重的区域扩大,水分不适宜区域向南扩大,适宜区缩小。

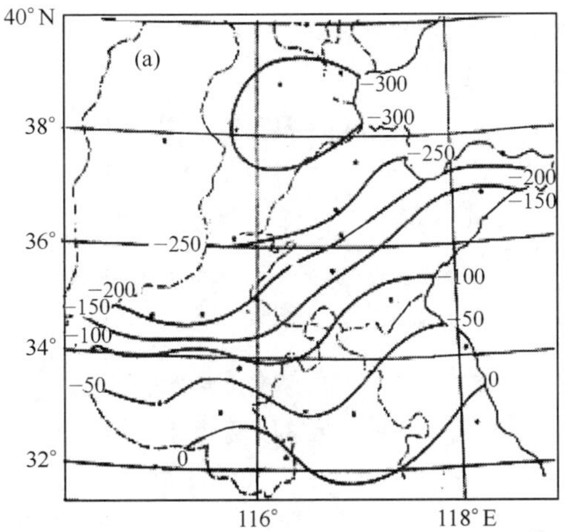

图 4.9　当前(a)和温度升高 1.5℃时(b)冬小麦全生育期水分亏缺量(mm;王石立等,1996)

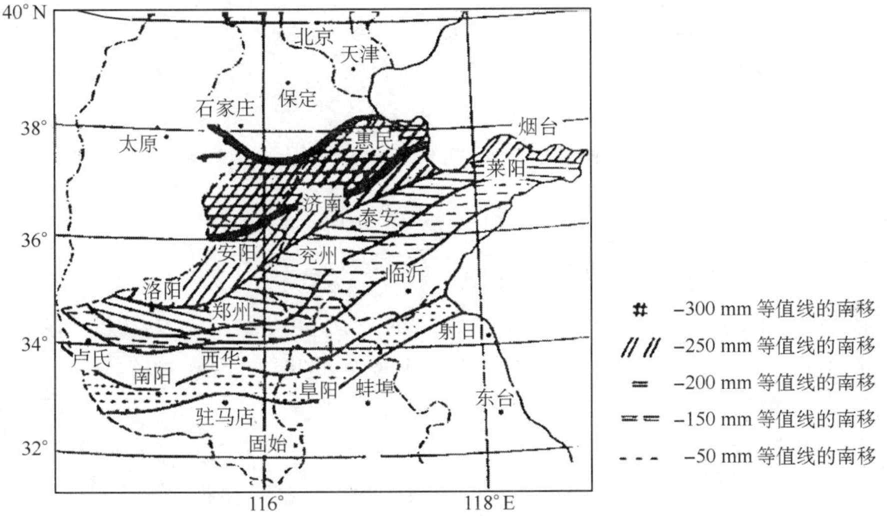

图 4.10　温度升高 1.5℃时冬小麦全生育期水分亏缺量等值线的南移(王石立等,1996)

二、对种植制度、农作物栽培区域的可能影响

在未来气候变暖、热量资源增加的情景下,气候带位置将会发生变化。副热带北界可能会北移到淮河流域北部,未来淮河流域的热量条件将可以满足作物一年三熟的需要,有利于提高复种指数,增加单位面积土地的产量。当年平均气温每升高 1℃时,年平均气温等值线将北移 1.76°,受南北不同温度带和海洋调节作用的影响,东移 2.78°～4.92°,向高处移 209.6 m;种植制度分界线将北移 2.44°,东移 2.78°～4.92°,向高处移 235.5 m(表 4.12),相当于复种指数提高 7.2%(王效瑞等,1999;张爱民等,2002)。

表 4.12　　安徽省淮河流域年平均气温升高 1℃ 对年平均气温等值线和种植制度分界线的影响(张爱民等,2002)

项目	纬度(°N)	经度(°E)	海拔高度/(m)
年平均气温等值线	1.76	2.78(南)～4.92(北)	209.6
种植制度分界线	2.44	2.78(南)～4.92(北)	235.5

热量资源增加导致作物生长季节延长,生育期缩短,并可能使作物栽培区域发生变化。研究表明,一季稻全生育期日数的等日期线位置,增温 2℃时,将北移 1～3 个纬度(100～300 km)。目前一季稻全生育期 120～130 d 的地区,增温 2℃时将缩短至 105～115 d;至 21 世纪末缩短至 90～110 d,淮河流域将逐渐出现长江流域情景。南方水稻 120 d 等日期线到气温增高 3℃时,将移至淮河流域南部。冬油菜的种植区将由长江流域向北移至淮河流域。小麦生育期间,平均温度上升 1℃,全生育期的日数位置将北移,200 d 等值线将从长江沿岸以南移到淮河流域,在其东部地区北移 2 个纬度,西部北移 2～6 个纬度,从而使淮河流域的小麦生育期日数与长江流域相近(王修兰,1996)。在大气中二氧化碳倍增的温度条件下,现有品种冬小麦的播种期将会推迟 6～8 d,收获期将提前 5～8 d;江苏省小麦气候区划线稍向北推移,原先位于江淮区南界的一条区划线推至扬州、南通以北(郑有飞等,1998)。

三、对主要农作物产量和品质的可能影响

淮河流域不同区域农作物生长对气候变化的响应有所不同。从气温升高变化来说,气温升高有利于生长季的延长,低温冷害威胁减少,北部由于温度较低,增温的有利作用大于南部,但温度继续升高将会使作物面临高温热害的威胁和干旱胁迫影响。作物生长模式的计算结果指出,气温升高会使小麦发育加快,开花期提前,生育期缩短,对粒数、粒重都有一定负作用(王石立,1995)。水分变化的影响存在区域差异,对淮河流域北部少雨地区,降水增多有利,但是对苏北、皖北等淮河流域南部地区来说,气候变暖的同时降水增多将导致冬小麦减产(王馥棠等,2003)。田展等(2006)利用 1980—2000 年黄淮海农业区 10 个站点的农业数据对 CERES-Wheat 动态机理作物模型进行详细的验证,然后将模型与两个全球气候模式 GISS 和 Hadley 结合,同时考虑到 CO_2 对小麦的直接施肥作用,模拟了黄淮海农业区 10 个站点在 IPCC SRES A2 和 B2 两种气候情景(2001—2080 年)下雨养和灌溉小麦产量和水分利用的变化趋势。结果表明,在不考虑 CO_2 直接肥效的情况下,黄淮海农业区雨养小麦全面减产,空间分布特点是西部减产幅度大,东部减产幅度小;在充分灌溉的情况下,灌溉小麦产量维持了现有水平,但灌溉水量增加(图 4.11,图 4.12),熊伟等(2006)对气候变化条件下中国小麦产量变化的区域模拟研究表明,选用英国 Hadley 中心的区域气候模型 PRECIS,在 A2 和 B2 两种温室气体排放方案下,我国雨养小麦普遍减产,仅华北地区部分地区增产,可能原因是这一地区降水量将增加 10%左右,会抵消温度增加的负面作用,灌溉可补偿气候变化对小麦的

不利影响，但不能阻止未来产量下降趋势。研究认为（田展等，2006；熊伟等，2006），在考虑 CO_2 直接肥效的情况下，雨养和灌溉小麦产量都将全面增产，雨养小麦的增产幅度明显偏高，但是 CO_2 的肥效能否充分实现与具体管理措施和肥水条件密切相关，其影响机制、尺度等尚需要进一步深入研究，因此在考虑未来气候变化影响时，对 CO_2 肥效作用的评估只能作为一种参考。

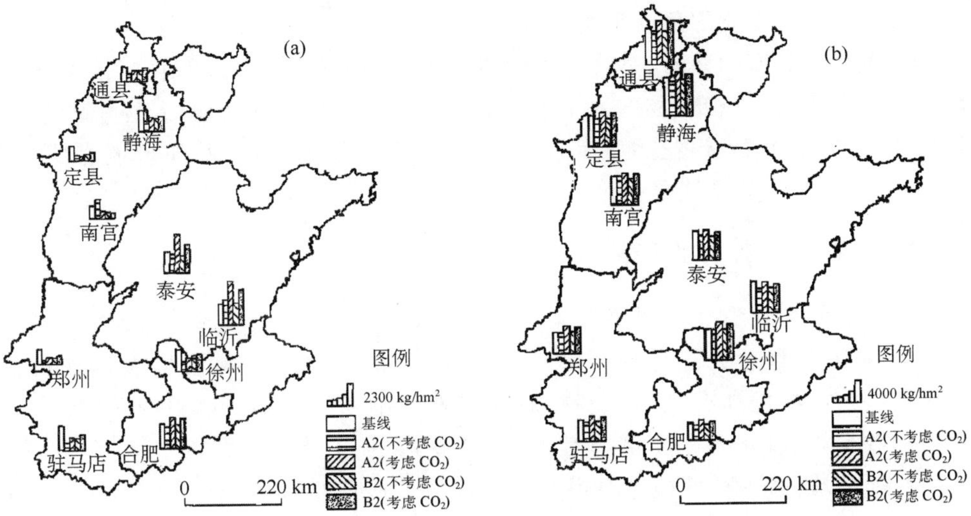

图 4.11　雨养小麦(a)和灌溉小麦(b)的 GISS 模式模拟结果(田展等，2006)

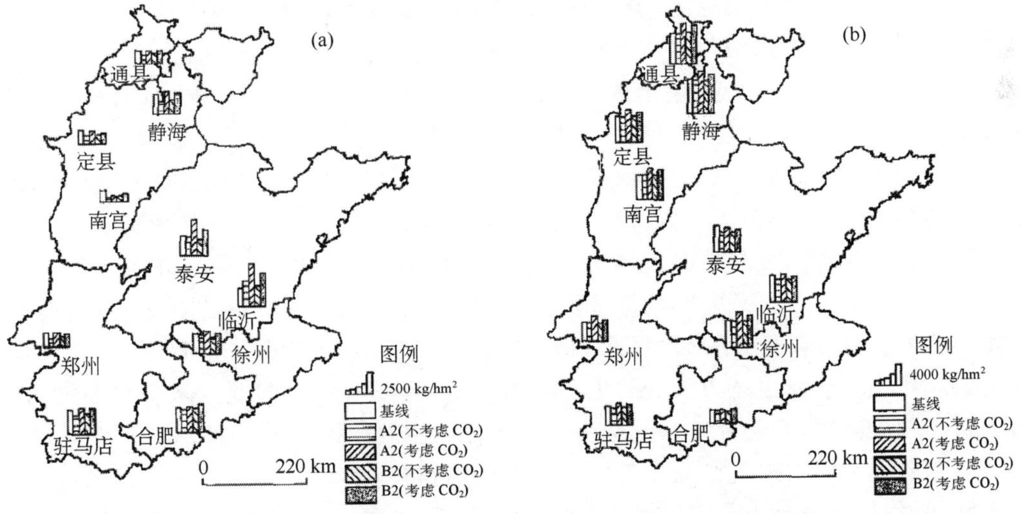

图 4.12　雨养小麦(a)和灌溉小麦(b)的 Hadley 模式模拟结果(田展等，2006)

熊伟等（2008）采用 PRECIS 区域气候模式与 CERES-Maize 模型相结合的方法，模拟了基准气候（BS，1961—1990 年）、A2、B2 两种温室气体排放方案下 2011—2100 年我国雨养和灌溉玉米产量。研究结果表明，如果保持现有的玉米生产状况，气候变化将导致淮河流域玉米单产普遍降低，总产下降，稳产性能降低，但雨养玉米较灌溉玉米单产降低的幅度小；A2 气候变化情景对我国玉米产量的负面影响要大于 B2 情景。二氧化碳肥效作用可以在一定程度上缓解气候变化的不利影响，缓解作用对雨养玉米更明显。未来全国玉米主产区的雨养和灌溉玉米的稳产风险及低产出现的概率将会增大，总产的年际波动更剧烈。不过目前的研究结果是在未考虑农业生产的适应措施下得出的，因而可能会高估气候变化的负面影响。

未来二氧化碳浓度的升高，对植物生长和品质有一定的影响，二氧化碳浓度增加将刺激作物的光合作用，改善作物的水分利用效率，使得作物的株高增加，经济产量和生物产量增加明显，冬小麦、棉花品质呈现良性变化，利大于弊；玉米品质可能有所下降，弊大利小；大豆品质变化不明显（肖风劲等，2006）。

四、对气候生产潜力的可能影响

气候变化必将导致农业气候各因素的变化，从而影响农业气候生产潜力。如果不考虑其他限制因子，仅就光温条件而言，未来气温升高，二氧化碳浓度增大将有利于提高气候生产潜力。根据郑有飞等（1998）对江苏省冬小麦气候生产潜力的研究，若不考虑生育期的改变，二氧化碳浓度倍增时，气温升高，弥补了该区域北部地区因热量不足对小麦生产所造成的影响，各地光温生产潜力都将有所提高。比如江苏省西北地区（淮河流域区域），目前气温条件是小麦生产限制因素之一，气温升高后，光温生产潜力增长幅度最大，达 24%。若考虑生育期的缩短，江苏淮河流域区域增产幅度减小。气候变暖虽然有利于光温生产潜力提高，但是农田最大蒸散量也相应增大，只有降水增加到足以抵消蒸散加剧造成的水分亏缺时，才能实现气候生产潜力的提高。未来降水增加对目前降水量适中和充沛的地区呈负效应，较干旱地区则呈正效应。徐淮地区由于春季降水较少，降水增加后，对缓解春旱，有正作用，故而该区气候生产潜力增加幅度最大。

刘建栋等（2001）将二氧化碳浓度倍增后 GCMs 的输出结果输入到 ARID CROP 作物生产力数值模型，模拟了二氧化碳浓度倍增后，降水减少背景下黄淮海地区冬小麦及夏玉米的气候生产力变化情况。结果表明：二氧化碳浓度倍增后，黄淮海地区冬小麦气候生产力南部升高，北部降低，总体平均下降 8.7%左右；夏玉米气候生产力与目前状况相比则普遍表现为降低，平均比目前下降 30%～45%。二氧化碳浓度倍增后，降水量减少是引起冬小麦气候生产力降低的主要原因。而温度升高，引起夏玉米生育期缩短，进而导致干物质减少，则是夏玉米气候生产力降低的主要原因。

以上研究表明未来气候变化条件下，气温升高将有利于光温气候生产潜力提高，如降水增加，气候生产潜力南部降低，北部增加；如降水减少，则气候生产潜力南部增加，北部降低。

五、对病虫害的可能影响

未来淮河流域气候变化将会导致农作物病虫害趋重发生，尤其表现在气温、降水变化对病虫害影响效应上。气候变暖，积温增加，将使虫害的发生期有所提前，发生世代数增加，气温升高对虫害发生程度的促进效应要大于降水增加对虫害发生的抑制效应，最终对作物产生不利影响。葛道阔(2006)利用全球气候渐变模型 Transient B 在江苏省 2010、2030 和 2050 年的输出值，利用近 40 a(1955—1994 年)的逐日气候资料生成未来不同时段的气候渐变情景，输入水稻模拟模型 RCSODS。模拟结果指出，随着气候变暖，未来稻纵卷叶螟和稻飞虱的危害程度将日趋加重，主要表现在前代成虫盛发期将提前出现，害虫发生量将明显高于当前，害虫发生世代数亦将增加一代。水稻二化螟是危害水稻的主要害虫，也危害玉米、高粱、甘蔗、油菜、蚕豆、麦类。气候变暖导致>15℃的积温增加，水稻二化螟发生的世代数增加。各世代发生区的位置北移。温度增高 2℃，三代区北界由淮河流域移至华北平原北部、山西南部、陕西中部，淮河流域将变为三代以上区。

麦蚜的生长繁殖也与气候条件关系密切。冬季气温越高，蚜虫越冬率越高，其繁殖量越大。在气候变暖条件下，麦蚜越冬率增加，危害将呈加重趋势。在淮河以北最冷月平均气温－1～－4℃的地区，气温每增高 1℃，越冬率将由 2％增至 54％～75％；在淮河流域南部－1℃以下地区，气温每增高 1℃，越冬率将增至 136％，对冬小麦生产非常不利(王修兰，1996)。

气候变暖，淮河流域各地黏虫发生世代数也将增加，各代发生区的界限将北移。气温每增高 2℃，代数约增加一代，各代界限东部将北移 2～5 个纬度(约 200～600 km)；西部将北移约 1～2 个纬度(约 50～200 km)；气温增高 4℃，代数约增加二代，各代界限东部将北移 3～7 个纬度(约 300～800 km)，西部北移 2～6 个纬度(约 200～700 km)，将加大对作物危害的范围和程度(王修兰，1996)。

六、对农业生产投入的可能影响

随着气候变暖，农业生产条件发生了较大变化，农业经营管理上必须采取一系列应对措施，从而导致农业生产成本和投资大幅度增加。由于气候变暖条件下淮河流域水分亏缺区域和亏缺程度都将加大。全生育期水分亏缺加剧引起的小麦减产值比当前气候条件下多 8％～20％，导致农业产值下降。在有灌溉条件的地区，灌溉额将增加 25％～33％，使其所需水费、电费、劳力及维修等生产费用增加(王石立等，1996)。同时，肥效对环境温度变化十分敏感，尤其是氮肥。有试验研究表明，在 15～28℃，尿素使用量 450～1125 kg/hm^2，气温升高 1℃。速效氮肥使用量平均增加 4％，释放周期缩短 3.6 d。预计在大气二氧化碳浓度增加的情况下，2050 年气温上升 2℃，尿素每次使用量将增加 8％左右；21 世纪末，气温升高 4℃，尿素使用量增加 16％左右(王修兰等，1996)。施入土壤的化肥被植物吸收利用的只有 30％～50％，其他通过挥发、分解、淋溶流失，引起水体富营养化，加重酸雨形成。因此，气候变暖引起的氮肥施用量增加不仅仅造成农业直接成本投入增加，引发的环境问题对农业的影响同样不可低估(肖风劲等，2006)。另外，病虫草害趋重发生导致用于病虫害防治和杂草控制的农药成本增大。据估算，二氧化碳浓度加倍时，为适应气候变化，山东、河南两省种植业费用的投入将增加 12.4％和 10.4％(王石立，1995)。

第四节　农业应对未来气候变化的适应性对策

气候变化与农业生产密切相关。目前的气候变化已对淮河流域农业生产产生了深刻影响,未来气候变化对农业生产的负面影响将会增多。为了增强农业生产应对未来气候变化的适应能力,最大限度地减少未来气候变化对淮河流域农业的不利影响,有必要采取适当的措施,根据气候变化规律以及生物、环境因子的空间分布格局与变化趋势,调整农业生产结构与生产方式。

一、加强区域生态环境建设,提高农业生产对气候变化的适应能力

改善农业生态环境,倡导、推行生态农业建设,走农业可持续发展的道路。森林植被是农业的天然屏障,具有调节农田小气候、防止水土流失、减轻旱涝危害的作用,生态效益显著。因此,要广泛开展植树造林,尽力提高淮河源头土地和山林的植被覆盖率,切实加强、保护和发展防护林、水源涵养林和淮北平原防护林,减少水土流失,在“把树种上,把水留住”的基础上,着眼于树种调整,保持生态平衡,调节区域气候,提高环境对气候变化的适应能力(马晓群等,2002)。

二、以改土治水为中心,加强淮河流域农田基本建设与改造,实现农业稳产高产

有研究表明,未来至2050年淮河流域的年降水量可能增加3%～7%,且主要发生在夏季,强降水事件可能会变得更加频繁。由于淮河流域平原洼地今后仍将保持以农业为主的发展模式,因此淮河流域重点平原洼地治理工程对于降低流域内低洼易涝区域的内涝风险、促进农业发展非常必要。一方面,需要采取工程措施以调控洪水的变化幅度;另一方面,可以采取低洼农田改造与“高水高排、分区排水”相结合,以及其他非工程措施,努力增强区域对水旱灾害的自适应能力(程晓陶等,2008),并且应该将气候变化对水资源承载能力的影响作为约束条件考虑,具体地落实到建设项目中(林而达等,2002),从而保证在未来气候变化形势下,实现淮河流域农业的稳产、高产。

三、调整区域种植结构制度,充分利用农业气候资源,走高效农业发展的道路

根据未来光、温、水资源变化情景和农业气候灾害的新格局,稳妥改革区域种植制度,调整作物品种布局。充分利用气候变暖、热量资源增加给种植制度结构调整带来的有利一面,提高复种指数,增加作物单产,促进农业的高效发展。但由于未来气候的冷暖、干湿变率可能增大,特别是降水变化的不确定性,使得作物稳产性能更差。因此,该区要进一步压缩耗水量较大的水稻播种面积,发展以“五旱”(花生、甘薯、玉米、烟草、棉花)为重点的阳光农业,主动适应气候变化。同时充分利用饲料、牧草资源和水面资源,大力发展畜牧业和渔业,逐步做到对耕地与气候资源的有效立体利用(马晓群等,2002)。

四、因地制宜，改进农业技术措施，提高农业科技含量，增强抗灾能力

根据淮河流域气候特点，因地制宜地发展经济作物，经济林果业，发展特色农业。淮河流域汛期降水较为集中，下游地势低洼，容易发生洪涝灾害，制约农业的发展。应扩大抗涝能力较强作物面积，同时在有条件的地区发展设施农业，以此提高淮河流域农业抵御气象灾害的能力(郁家成等，2007；裴洪芹等，2007)。

大力推广适应淮河流域气候特点、抗逆性强的新品种，增强农作物抵御自然灾害的能力。有计划地培育和选用抗旱、抗涝、抗高温和低温等抗逆品种，采用防灾抗灾、稳产增产技术措施，预防可能加重的农业病虫害。

发展生物技术等前沿技术。面对 21 世纪人口、资源、环境、食物问题和气候变化的挑战，要进行光合作用、生物固氮、生物技术、抗御逆境等方面的技术开发和研究，以强化适应气候变化的能力。

小　结

(1)淮河流域已观测到的农业气候资源变化有：热量资源显著增加，尤其是冬季气温升高显著，各界限气温和无霜期总体呈增加趋势；水分资源变化存在地区差异，降水量、土壤湿度变化均呈北减南增趋势，最大可能蒸散微弱减少，农作物生长发育存在全生育期或季节性水分亏缺，水分资源变化趋势导致北旱南涝更加突出；光照资源减少显著。

(2)淮河流域已观测到的气候变化对农业的影响有：冬季冻害减轻，农作物生长季延长，复种指数提高，一年两熟面积扩大，水稻、玉米中晚熟品种面积增加，有利于提高作物产量和品质，以及设施农业和经济果蔬发展；但是气象灾害和病虫害趋重发生，作物发育期缩短，粮食产量和气候生产潜力年际变异率大，稳产性降低，作物品质受影响较大。

(3)未来气候变化对农业的负面影响将会增多，农业生产结构和布局发生变动，农作物适宜种植区域北移，复种指数进一步提高。在气温升高降水增加条件下气候生产潜力北增南降；作物水分亏缺程度将加重，水分亏缺范围将扩大；病虫害发生更为严重；农业成本和投资需求将大幅增加。如不采取任何适应措施，淮河流域种植业生产能力将下降。

(4)要根据淮河流域气候变化特点，加强区域生态环境建设和淮河沿岸的水土保持；改土治水，加强淮河流域农业基础设施建设和农田基本建设；调整农业结构和种植制度，发展多种经营，农、牧、渔业并举；选育适应性强的抗逆农作物品种，发展生物技术等新技术，不断提高淮河流域农业对气候变化的适应性。

参考文献

《气候变化国家评估报告》编写委员会. 2007. 气候变化国家评估报告. 北京:科学出版社.

陈怀亮,邹春辉,付祥建等. 2001. 河南省小麦干热风发生规律分析. 自然资源学报,**16**(1):59-64.

陈晓艺,马晓群,姚筠等. 2009. 安徽省近40年秋季连阴雨发生规律及对秋收秋种的影响. 中国农业气象,**30**(增刊2):210-214.

陈晓艺,马晓群. 2005. 安徽省梅雨特征及其对水稻产量的影响. 安徽农业科学,**33**(4):682-683,687.

陈晓艺,马晓群,孙秀邦. 2008. 安徽省冬小麦发育期农业干旱发生风险分析. 中国农业气象,**29**(4):472-476.

陈晓艺,马晓群,岳伟. 2009. 安徽省淮河流域的气候变化及其对农业生产的影响//高原山地气象研究暨西南区域气象学术交流会论文集. 贵阳:成都高原气象研究所,390-393.

陈远生. 1995. 淮河流域洪涝灾害与对策. 北京:中国科学技术出版社.

陈玉民,郭国双. 1995. 中国主要作物需水量与灌溉,北京:水利电力出版社.

成兆金,赵再全,靳会梅等. 2007 气候变化对莒县农业气象灾害的影响及对策. 中国农学通报,**23**(8):540-543.

程晓陶,王静,夏军等. 2008. 气候变化对淮河防洪与排涝管理项目的影响及适应对策研究. 气候变化研究进展,**4**(6):324-329.

丁霞,马晓群等. 2005. 安徽省沿淮淮北干热风特征及其对冬小麦的影响. 安徽农业科学,**33**(6):977-978.

方文松,陈怀亮,刘荣花等. 2007. 河南雨养农业土壤水分与气候变化的关系. 中国农业气象,**28**(3).

傅国材,贾俊. 2005. 气候条件对阳信鸭梨产量和品质的影响. 落叶果树,(5):14-15.

付金沐,刘小阳,张勇等. 2009. 砀山气候变化对水果生产的影响. 宿州学院学报,**24**(3):86-88.

葛道阔. 2006. 气候变化对江苏省水稻主要虫害影响初探. 江苏农业科学,(4):36-38.

顾克军,杨四军,张恒敢等. 2003. 江苏淮北地区小麦品质现状、问题及专用小麦发展对策. 中国农学通报,**19**(1):99-100.

康燕霞,陆桂华,吴志勇,等. 2009. 淮河流域参考作物蒸散发的变化及对气候的响应. 水电能源科学,**27**(6):12-14.

孔海江. 2003. 环境气象因子对河南省东亚飞蝗发生影响的初步研究. 南京:南京气象学院.

李长军,刘焕彬. 2004. 山东省气候变化及其对冬小麦生产潜力的影响. 气象,**30**(8):49-52.

李军,高苹,陈艳春等. 2008. 华东地区耕作制度对积温变化的响应. 生态学杂志,**27**(3):361-368.

李琦,王腾蛟,汪芝寿等. 2003. 冻害冷害对淮北市小麦产量的影响及对策. 安徽农业科学,**31**(5):723-726.

廉丽姝. 2005. 山东省气候变化及农业自然灾害对粮食产量的影响. 气象科技,**33**(1):73-76.

林而达,许吟隆,蒋金荷等. 2002. 气候变化国家评估报告:气候变化的影响与适应,气候变化研究进展,(2):51-56.

刘胡祥,陈若礼,朝金华. 2005. 淮北地区夏玉米生育期气候资源的配置与提高单产的措施. 玉米科学,(增刊):120-121.

刘建栋,王石立,于强等. 2001. CO_2倍增对黄淮海气候生产力影响的数值模拟. 自然灾害学报,**10**(1):17-23.

刘金阁,徐厚生.2007. 暖冬气候对小麦生长影响及应对措施. 安徽农学通报,**13**(23):163.
马晓群,陈晓艺,姚筠. 2009a. 安徽淮河流域各级降水时空变化及其对农业的影响. 中国农业气象,**30**(1):25-30.
马晓群,吴文玉,张辉. 2008. 利用累积湿润指数分析江淮地区农业旱涝时空变化. 资源科学,**30**(3):371- 377.
高素华. 2009. 长江中下游高温热害及对水稻的影响. 北京:气象出版社.
马晓群,张爱民,陈晓艺. 2002. 气候变化对安徽省淮河区域旱涝灾害的影响及适应对策. 中国农业气象,**23**(4):1-4.
莫兴国,林忠辉,刘苏峡. 2006. 黄淮海地区冬小麦生产力时空变化及其驱动机制分析. 自然资源学报,**21**(3):449-457.
宁德峰,刘伟,郭学智等. 2003. 等灾害性天气和气候异常对蔬菜生产的影响. 河南气象,(2):23-2.
裴洪芹,杜立树. 2007. 气候变化对临沂冬小麦生产的影响及对策. 安徽农业科学,**35**(10):2974-2976.
千怀遂,石艳蕊,魏东岚. 2000. 气候对河南省棉花产量的影响及其变化研究. 生态学报,**20**(6):1061- 1068.
曲杰,海亚耕,庞建新等. 2008. 气象因素对黄淮海夏大豆脂肪含量的影响. 河南农业科学,(1):44-46.
宋蜜蜂,蒋跃林. 2007. 安徽油菜生产的气象条件分析. 安徽农学通报,**13**(21):44-46.
田展,刘纪远,曹明奎. 2006. 气候变化对中国黄淮海农业区小麦生产影响模拟研究. 自然资源学报,**21**(4):598-607.
王馥棠. 1996. 气候变化对我国农业影响的研究. 北京:气象出版社.
王馥棠,赵宗慈,王石立等. 2003,气候变化对农业生态的影响. 北京:气象出版社.
王记芳,朱业玉. 2000. 近 50 年河南省连阴雨灾害气候特点. 河南气象,(4):16-17.
王建源,薛德强,邹树峰等. 2006. 气候变暖对山东省农业的影响. 资源科学,**28**(1):163-168.
王石立. 1995. 气候变化与持续农业浅析. 自然资源学报,**10**(2):140-147.
王石立,娄秀荣. 1996. 气候变化对华北地区冬小麦水分亏缺状况及生长的影响. 应用气象学报,**7**(3):308-315.
王石立,马玉平. 2008. 作物生长模拟模型在我国农业气象业务中的应用研究进展及思考. 气象,**34**(6):3-10.
王效瑞,田红. 1999. 安徽气候变化对农业影响的量化研究. 安徽农业大学学报,**26**(4):493-498.
王修兰. 1996. 二氧化碳、气候变化与农业. 北京:气象出版社.
王修兰,徐师华. 1996. 气候变暖对土壤化肥用量和肥效影响的实验研究. 气象,**22**(7):12-16.
王又丰,张义丰,刘录祥. 2001. 淮河流域农业气候资源条件分析. 安徽农业科学,**29**(3):399-403.
吴长春,郁家成. 2009. 安徽省淮河流域冬季气温变化特征及其对温室蔬菜影响的分析. 安徽农学通报,**15**(10):205-206.
吴洪颜,高苹,赵凯. 2003. 春季连阴雨对江苏省夏收作物产量的影响. 灾害学,**18**(3)46-49.
肖风劲,张海东,王春乙等. 2006. 气候变化对我国农业的可能影响及适应对策. 自然灾害学报,**15**(6):327-331.
谢云,王晓岚,林燕. 2003. 近 40 年中国东部地区夏秋粮作物农业气候生产潜力时空变化. 资源科学,**25**(2):7-13.
信乃诠,崔读昌,高亮之等. 1999. 中国农业气象学. 北京:中国农业出版社,628-634.

邢君，田灵芝．2005．2005年安徽省小麦冻害调查报告．安徽农学通报，**11**(5)：52-55.

熊伟．2004．用GIS和作物模型对作物生产进行区域模拟方法．中国农业气象，**25**(2)：28-32.

熊伟，居辉，许吟隆等．2006．气候变化下我国小麦产量变化模拟．中国生态农业学报，**14**(2)：164-167.

熊伟，杨婕，林而达等．2008．未来不同气候变化情景下我国玉米产量的初步预测．地球科学进展，**23**(10)：1093-1100.

于沪宁，李伟光．1985．农业气候资源分析和利用．气象出版社．

余卫东，赵国强，陈怀亮．2007．气候变化对河南主要农作物生育期的影响．中国农业气象，**28**(1)：9-12.

于旭东，樊景豪．2002．菏泽市近20年气候变化及其对农业生产的影响．菏泽师专学报，**24**(4)：48-50.

郁家成，黄晓燕，郁阳等．2007．安徽省沿淮地区农业洪涝灾期特征与避洪种植模式．中国农业大学学报，**12**(6)：24-30.

张爱民，王效瑞，马晓群．2002．淮河流域气候变化及其对农业的影响．安徽农业科学，**30**(6)：843-846.

张翠英．2004．菏泽市小麦干热风气候特征分析及预报．山东气象，**24**(2)：46-47.

张翠英，刘继敏等．2008．气候变化对鲁西南棉铃虫的影响．中国棉花・研究简报．**35**(9)：9-20.

张美玲，鹿翠华，张慧．2007．1990年以来鲁南地区热量资源的变化及未来趋势．气象与环境学，**30**(增刊)66-69.

张雪芬，郑有飞，王春乙等．2009．冬小麦晚霜冻害时空分布与多时间尺度变化规律分析．气象学报，**67**(2)：321-330.

赵辉，李恒兴，彭保宏等．2008．信阳油菜农业气候资源与产量形成的关系研究．河南科学，**26**(7)：795-797.

郑伟，张艳红．2007．气候因素对玉米产量和品质的影响研究．现代农业科技，(11)：103-104.

郑有飞，宗雪梅，徐云等．1998．气候变化对江苏省小麦生产的可能影响．南京气象学院学报，**21**(6)：230-237.

朱萍，王瑞芳．2004．徐州地区气候变化与农业种植制度改革//首届长三角科技论坛——气象科技发展论坛论文集．471-475.

第五章

气候变化对淮河流域自然生态系统的影响和适应性

王艳君（南京信息工程大学）

引　言

本章主要评估气候变化对淮河流域自然生态系统的影响，同时提出应对气候变化影响的适应性对策。首先，概述淮河流域自然生态系统的构成和特点；其次，阐述气候变化对淮河流域森林生态系统和湿地生态系统的影响；再次，评估淮河流域自然生态系统对气候变化的脆弱性；最后，提出淮河流域自然生态系统对气候变化的适应性对策。

第一节　自然生态系统概述

淮河流域自然生态系统主要包括森林生态系统和湿地生态系统。森林生态系统是在一定地段的自然条件下，一定的植物种类按一定的规律组合。这种组合是处于运动发展的状态，它的发生、发育受其周围的生境、动植物和人类的活动影响而发生改变。一般来说，它的演替方向遵循一定的自然规律，在未经干扰的自然状态下，通常是从结构简单、不稳定或稳定性较小的群落发展到结构更复杂、更稳定的阶段，即进展演替（孙儒泳，2000）。淮河干流山丘区人口稠密，人地矛盾突出。土地资源的缺乏、恶劣的生产条件和落后的生产方式与迫切的经济发展需要，造成了“广种薄收”和对山场资源掠夺式地经营开发，局部山地坡度较大、自然植被较好但没有经济效益的灌木林地被开垦，种植速生用材林、高效经济林，林种结构、林龄结构和树种结构不合理，水土保持、水源涵养等生态功能大幅降低（燕乃玲等，2007）。湿地生态系统是水陆交互作用下的独特生态系统，是水陆之间的过渡地带，具有独特的生态结构与功能，被誉为“自然之肾”（李克让等，2005）。沿淮干流的大量湖泊湿地在调节洪水、灌溉农耕和繁衍生物多样性等方面，发挥了重要的生态服务功能。然而，随着气候变化和人类活动的加剧，淮河流域洪旱灾害频发，水资源紧缺，水污染加重，给流域湿地生态系统带来严重损害（叶正伟，2007）。

专 栏

自然生态系统：是地球表面未经人类干预的生物群落与无生命环境在特定空间的组合。如未开发利用的天然草原、原始森林、海洋、湿地生态系统等。是一种“自给自足”的功能单元，太阳能是唯一的能量来源，绿色植物（生产者）利用太阳能进行光合作用，吸收环境中的无机物质合成有机物质，把太阳能转化为化学潜能，满足系统内其他异养生物（消费者）的生存需要。

森林生态系统：是森林群落与其环境在功能流的作用下形成一定结构、功能和自我调控的自然综合体，是陆地生态系统中面积最多、最重要的自然生态系统。其主要特点是：动植物种类繁多，群落的结构复杂；生态系统类型多样；种群的密度和群落的结构能够长期处于较稳定的状态；尤其是热带雨林生态系统；生产力高、现存量大，对环境影响大。

湿地生态系统：是陆地与水域之间水陆相互作用形成的特殊的自然综合体。湿地包括了所有的陆地淡水生态系统，如河流、湖泊、沼泽，以及陆地和海洋过渡地带的滨海湿地生态系统，同时还包括了海洋边缘部分咸水、半咸水水域。全球湿地面积约有570万 km^2，约占地球陆地面积的6%。湿地同陆地、海洋相比面积相对小，但湿地生态系统支持了全部淡水生物群落和部分盐生生物群落，它兼有水域和陆地生态系统的特点，具有极其特殊的生态功能，是世界上生物多样性最丰富、单位生产力最高、自净能力最强的自然生态系统，是地球上最重要的生命支持系统。

一、森林生态系统

1. 森林资源构成

淮河流域地处南北过渡自然地带，其山丘区的自然植被不仅具有地带性分布规律，且植被组成也明显反映过渡性特征，温带及亚热带区系成分均可见到，植物种类丰富，分布错综复杂。广大平原区以栽培植物为主（毛信康，2006）。

淮河流域自然植被表现出由北向南、由沿海向内陆植物种类组成和类型逐渐复杂的特点。伏牛山主脊、淮河以北的南暖温带典型地带的植被类型为落叶阔叶林，以南的北亚热带典型地带的植被类型为落叶阔叶林一常绿阔叶混交林(含少量常绿成分，如青冈栎、青栲)并夹有竹林。由于地处过渡带，常见落叶阔叶林、湿性针叶林和落叶阔叶、常绿阔叶混交林的跨带分布现象。森林覆盖率桐柏山区、大别山区为30%，伏牛山区为21%，沂蒙山区为12%(毛信康，2006)。

从流域分区上来看，淮河流域中上游主要以落叶阔叶林和常绿、落叶阔叶混交林为主，主要有栓皮栎林、麻栎林、小叶栎林、茅栗林、枫香林等。针叶林常见的有马尾松林、黄山松林、杉木林及侧柏林等。竹林主要有毛竹林、淡竹林、刚竹林和阔叶箬竹林。在该区分布的灌丛，除了杜鹃灌丛和小叶黄杨灌丛是常绿灌丛外，其他都是落叶灌丛。原生灌丛主要有酸枣灌丛、水马桑灌丛、南方六道木和牡荆灌丛，而次生灌丛则都是处于发育早期的落叶阔叶林植被。草丛植被主要有黄背草、白羊草、白茅草、野古草和芒草。人工植被除了作物植被外，主要是经济林和果木林植被。在经济林中，有银杏、杜仲、茶和桑等。果木林主要有板栗、石榴、苹果、枣、梨、葡萄、枇杷、柑橘等(沈显生等，2001)。

淮河下游地区主要以常绿针叶林为主，主要有油松林、赤松林、黑松林、侧柏林、马尾松林、杉木林等。落叶阔叶林是淮河下游地区的地带性植被类型，目前面积甚小，呈零星分布状态，落叶阔叶林主要包括栎类林、杂木林和刺槐林等三种类型。落叶、常绿阔叶混交林的分布非常局限，可能是小气候影响的结果。竹林面积甚小，类型也较为简单，主要有毛竹林、刚竹林、桂竹林、淡竹林、金镶玉竹林、乌哺鸡竹林、阔叶箬竹林。灌丛大多是森林破坏后所形成的次生灌丛。灌草丛大部分是在森林、灌丛被反复砍伐后所形成的，主要有两种类型：荆条、酸枣、黄背草灌草丛和荆条、酸枣、白羊草灌草丛。草丛类型主要有四种：黄背草草丛、白茅草丛、刺芒野古草草丛、狗尾草草丛(阎传海，1998)。

2. 森林资源特点

淮河流域森林资源贫乏，特别是成片的有林地面积很少，森林质量差，可采资源少，树种以刺槐、杨类、泡桐等速生阔叶树为主。阔叶树活立木蓄积约占活立木总蓄积的81%。在流域范围内，现有林业用地 $4.17\times10^6\,hm^2$，其中有林地 $2.23\times10^6\,hm^2$，疏林 $2.26\times10^5\,hm^2$，灌木林 $1.12\times10^5\,hm^2$，未成林造林地 $1.23\times10^5\,hm^2$，无林地 $1.46\times10^6\,hm^2$。有林地中林分面积 $1.46\times10^6\,hm^2$，经济林面积 $7.27\times10^5\,hm^2$，竹林面积 $5.91\times10^4\,hm^2$。淮河流域森林资源表现为如下特点(吴荣辉等，1994)。

(1)森林面积少、覆盖率低

淮河流域总面积 $2.69\times10^7\,hm^2$，有林地面积仅有 $2.23\times10^6\,hm^2$。有林地覆盖率为8.3%，加上灌木林，覆盖率也仅有8.7%。由于淮河流域范围的河南、山东、江苏三省均属少林省，有林地覆盖率河南全省为10.5%，山东全省为10.7%，江苏全省为4.0%，安徽省森林资源相对较多，但淮河流经范围多为平原少林地区，淮河在安徽区域有林地面积 7.48×10^5 万 hm^2，有林地覆盖率11.29%，流域森林资源少、森林覆盖率低的特点与其他各省情况一致。

(2)森林蓄积量少，但四旁树蓄积相对较多

淮河流域现有活立木蓄积 $1.49\times10^{8}\ m^{3}$，平均每平方千米仅 $55\ m^{3}$，低于河南省平均每平方千米 $70\ m^{3}$。流域人口约 1.65 亿，人均林木蓄积仅 $1.1\ m^{3}$。

活立木蓄积中林分蓄积为 $4.67\times10^{7}\ m^{3}$，相对而言，四旁树蓄积量较多，现有 $9.78\times10^{7}\ m^{3}$，占活立木总蓄积的 65.5%。

(3)林分可采资源少，森林质量较差

淮河流域林分资源各龄组所占比例如表 5.1。全流域可采资源极少，近、成、过熟林面积只有 $8.61\times10^{4}\ hm^{2}$，占林分总面积 $1.45\times10^{6}\ hm^{2}$ 的 5.9%。近、成、过熟林蓄积为 $4.89\times10^{6}\ m^{3}$，占流域林分蓄积 $4.67\times10^{7}\ m^{3}$ 的 10.7%。林分单位面积蓄积较低，林分每公顷蓄积仅有 $32.2\ m^{3}$，人工林每公顷蓄积也仅有 $34\ m^{3}$，与全国林分平均每公顷蓄积 $85\ m^{3}$ 相比差距甚大。

表 5.1　　淮河流域林分资源各龄组所占比例(吴荣辉等,1994)

	幼	中	近	成	过
面积	66.10%	28%	4.10%	1.30%	0.50%
蓄积	44.10%	45.40%	7.40%	2.40%	0.70%

(4)天然林少、人工林所占比例较多

淮河流域以平原为多、山区为少。由于长期人为活动，在平原区域原有的天然林大部分都已消失，只在山区保留一部分，所以流域人工林比天然林多。林分中人工林面积 $9.10\times10^{5}\ hm^{2}$，占流域林分总面积 $1.45\times10^{6}\ hm^{2}$ 的 62.8%；人工林分加人工经济林、竹林面积为 $1.70\times10^{6}\ hm^{2}$，占流域有林地面积的 75.9%；人工林蓄积 $3.10\times10^{7}\ m^{3}$，占流域林分蓄积的 66.4%。

(5)林木树种结构，针叶类少，阔叶类相对较多

淮河流域各省平原或丘陵造林，多选择杨类、泡桐、刺槐、麻栋等速生树种，流域土壤以偏碱性为多，这些阔叶树种适宜当地土壤和气候条件。在山区也有营造马尾松、油松、黑松、柏木等，平原区也有营造杉类等针叶树，但数量远不及阔叶树多，而且杨类、泡桐、刺槐等阔叶树种生长率高，所以流域内树种阔叶类多于针叶类，林分及疏林阔叶类蓄积为 $3.29\times10^{7}\ m^{3}$，针叶类蓄积为 $1.61\times10^{7}\ m^{3}$。

二、湿地生态系统

1. 湿地构成

淮河流域湿地水系复杂，水体众多，湿地类型多样，可分为海洋一海岸湿地、内陆湿地（湖泊、沼泽、人工新河、河流）、人工湿地（水库、池塘、稻田）3 种类型。目前，淮河流域共有湿地面积（内陆）$3.30\times10^{6}\ hm^{2}$，其中湖泊湿地面积为 $5.99\times10^{5}\ hm^{2}$，水库湿地面积为 $1.82\times10^{5}\ hm^{2}$，河流湿地面积为 $4.54\times10^{5}\ hm^{2}$，人工湿地面积为 2.07 ×

10^6 hm^2，沿海滩涂长约 600 km（图 5.1）。

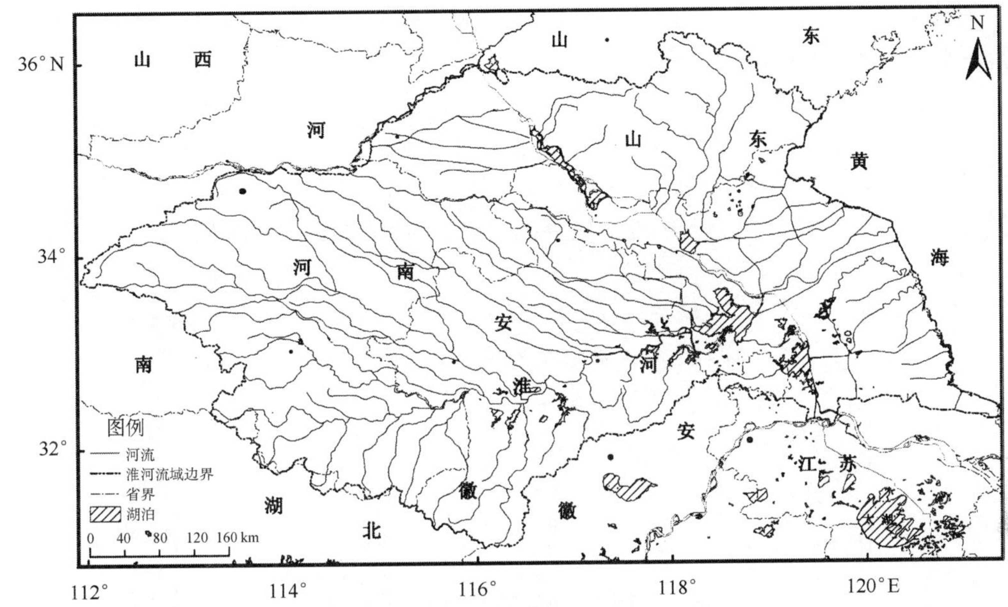

图 5.1　淮河流域湿地分布

湖泊湿地上，有湖泊水面面积约 7000 km^2，占流域面积的 2.6%，总蓄水能力 280 亿 m^3，其中兴利库容 66 亿 m^3。较大的湖泊有洪泽湖、高邮湖、邵伯湖、城西湖、城东湖和瓦埠湖等，沂沭泗水系有南四湖、骆马湖和东平湖等（水利部淮河水利委员会等，2000）。水库型湿地上，已建成水库 5674 座，总库容 272 亿 m^3；其中大型水库 36 座，控制面积3.45×10^4 km^2，占山丘区面积的 1/3，总库容 187 亿 m^3，兴利库容 74 亿 m^3，防洪库容 55.6 亿 m^3。中型水库 166 座，总库容 47.8 亿 m^3（水利部淮河水利委员会等，2000；叶正伟，2007）。

2. 湿地现状

自 1985 年开始，淮河流域湿地建立了一批以保护湿地水土环境及珍禽、珍稀动物为目标的国家级、省级、市级和县级湿地保护区。其中，大丰麋鹿自然保护区（盐城沿海滩涂湿地保护区）于 2001 年被列入《湿地公约》国际重要湿地名录；宿鸭湖湿地、盐城滨海湿地、洪泽湖湿地、高邮湖湿地、南四湖湿地被列入中国 173 个重要湿地名录中（叶正伟，2007）。

截至 2001 年底，淮河流域已建湿地及其相关的保护区 15 个。其中国家级保护区、林业部门主管的有 8 个，环保部门主管的有 6 个，保护面积 72.17 万 hm^2（含滨海湿地）。国家级保护区江苏盐城、大丰麋鹿保护区面积 4.56×10^4 hm^2；省级保护区有安徽颍上八里河和霍邱城西湖、河南滨淮南湿地和商城鲇鱼山及驻马店宿鸭湖湿地、江苏洪泽湖湿地，面积 8.15×10^4 hm^2；市级保护区 3 个，山东南四湖、江苏宝应运西和江都绿洋，面积 1.56×10^5 hm^2；县级保护区 3 个，山东东平湖，江苏建湖九龙口和泗洪向阳水库，面积 2.83×10^4 hm^2（吴培任等，2006；叶正伟，2007）。2006 年涉及盱眙、洪泽、淮阴三个县区，面积 5.4×10⁴ hm²，核心区面积 1.6×10⁴ hm²的洪泽湖东部湿地自然保护区建立[①]。

近几十年来由于受自然因素和人类不合理活动的干扰，淮河流域湿地表现出显著的生态脆弱性特征(叶正伟，2007)。

(1)自然灾害频发的干扰性脆弱

淮河流域湿地以水旱灾害为主，20 世纪以来，淮河流域发生大范围洪水的年份有 1910、1911、1921、1931、1950、1954、1956、1991、2003 和 2007 年，约 10 a 发生一次。灾害损失大，1991 年以来主要受灾年份的灾害损失表现为高频振荡趋势(图 5.2)。

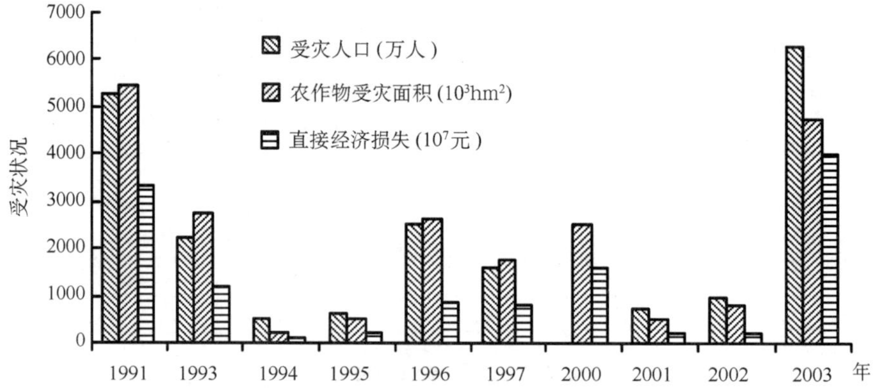

图 5.2 淮河流域湿地的自然灾害灾情(叶正伟，2007)

而旱灾上，近 500 a 来，淮河流域湿地发生较大范围干旱灾害 98 次，占总年数的 18%。1400 年以来重旱和大旱统计如表 5.2。

表 5.2 1400 年以来各年代淮河流域重旱和大旱次数统计(叶正伟，2007)

时段	重旱	大旱
1400—1499 年	0	9
1500—1599 年	2	26
1600—1699 年	4	25
1700—1799 年	1	17
1800—1899 年	4	18
1900—1990 年	3	29
1990—2005 年	1	4

(2)湿地水资源紧缺的压力性脆弱

淮河流域多年平均地表水资源量 621 亿 m³，地下水资源量 374 亿 m³，水资源总量 854 亿 m³，水资源人均拥有量为 565 m³，每公顷拥有量为 7140 m³，约占中国人均、单位面积平均拥有量的 1/5，属于中国缺水地区之一。2004 年，淮河流域人均用水量为 291.7 m³，农田灌溉平均每公顷用水量为 4060 m³，城镇生活人均用水量 115.7 L/d，农

① http://www.hongze.gov.cn/news/news－Show.asp? id＝2642

村生活人均用水量 55.7 L/d，万元工业增加值(当年价)取用水量 162.3 m^3，资源型缺水和生态型缺水日益凸显，并且表现为经济越发达地区，人均用水量越大(水利部淮河水利委员会等，2000；宁远等，2003)，见表 5.3。

表 5.3　　2004 年淮河流域主要用水指标(叶正伟，2007)

分区	人均 GDP (万元/人)	人均用水量 (m^3/人)	农田灌溉用水量 (m^3/hm^2)	万元工业增加值用水量(m^3/万元)	人均生活日用水量 (L/(人·d))	
					城镇	农村
淮河流域	0.82	291.7	4063.5	162.3	115.7	55.7
河南省	0.79	163.8	1783.5	84.3	126.7	44.0
安徽省	0.51	276.2	4497.0	527.4	107.9	62.7
江苏省	1.08	551.9	6760.5	183.2	124.9	77.7
山东省	0.92	222.5	3805.5	75.4	93.1	47.6

近年来，出现了生态用水紧缺的新趋势。由于湿地人多地多水少，加上水资源时空分布不均，造成枯水期水资源量严重不足，导致生产生活用水大量挤占生态用水。同时，过度、不合理的用水又使得湿地的供水能力受到影响，生态用水得不到保障，正常的生态基流不足，水体自净能力明显减弱。目前淮河流域还有近一半耕地基本处于无水灌溉、靠天吃饭的状态；大、中城市供水短缺已出现水资源危机，水资源短缺已成为淮河流域社会经济可持续发展的主要制约因素之一。

(3)河道断流、湖泊干涸的灾变性脆弱

由于受水资源短缺和人为活动的影响，淮河流域湿地水生生态系统破坏严重，导致湿地面积锐减，部分河道断流或干枯、湖泊萎缩或干涸；许多城市周围的湿地也成了垃圾填埋场，城郊湿地迅速减少。

同时，受上游的森林过量砍伐和黄河夺淮的影响，河流中的泥沙含量增大，又进一步加剧河床、湖底、水库淤积进程。1980—2000 年，湖泊湿地水面面积在 1 km^2 以上的 62 个湖泊中已有耿家荡、仙墩湖、绿草荡等 11 个湖泊干涸，累计干涸湖泊面积 71.1 km^2，62 个湖泊年萎缩水面面积量约 0.18%，年减少湖泊蓄水量约 0.094%。湿地的萎缩和破坏，使湿地生态功能得不到正常发挥，抵御自然灾害和水污染的能力明显降低。入湖水量的锐减和地下水水位的下降导致河道断流，湖泊干涸。出现了“2000 年洪泽湖见底、2002 年南四湖干涸”的生态灾难。尽管流域机构通过水量调配采取“引沂济淮”和“南四湖生态补水”等措施取得了一定效果，但并未解决生态恢复这一根本性问题。枯水年份淮河流域 80%以上地表水资源利用率偏高，超过了地表水资源的承载能力，引起河道、湖泊长期干涸、断流，生态环境恶化加剧等问题(水利部淮河水利委员会等，2000；宁远等，2003)。

(4)湿地水体污染严重的胁迫性脆弱

淮河流域湿地水污染起源于 20 世纪 70 年代后期，80 年代，水污染逐步加剧，出现“50 年代淘米洗菜、60 年代洗衣灌溉、70 年代水质变坏、80 年代鱼虾绝代”的局面，一些流域性水污染事故经常发生。淮河干流在1989、1992、1994和1997年发生过特大水污染事故，水环境遭受严重破坏，对湿地供水造成严重破坏。

由于淮河流域污染物基数大，水污染形势仍然很严重。水污染是淮河流域湿地面临的最严重威胁之一，对湿地生物多样性造成严重危害。水质监测资料显示，2004年淮河工业废水和城镇居民生活污水年排放56.15亿t。主要污染物COD排放量为107.68万t，超出“十五”规划水污染防治COD总量控制目标46.61万t/a的2.31倍，主要污染项目为高锰酸盐指数、氨氮、化学需氧量以及总磷。污染物排放量没有得到有效控制，是造成淮河流域水污染的根本原因。2004年淮河片157个重点水功能区中，Ⅰ类水功能区仅占1.3%，Ⅱ类水功能区占21.0%，Ⅲ类以下水功能区高达77.7%。而2004年淮河流域全年期（平均值）水质评价显示，水质较好的Ⅰ、Ⅱ类水河长占13.9%，水质尚可的Ⅲ类水河长占19.5%，水质劣于Ⅲ类的受污染河长高达66.6%（李波等，2003）。

（5）湿地生态系统面临退化威胁的衰退性脆弱

由于受水资源短缺和人类活动的影响，淮河流域湿地水生生态系统破坏，也直接导致生物多样性受到严重破坏，湿地面积锐减。20世纪50年代，城西湖面积4.16万hm^2，1967年围湖造田被围垦3.27万hm^2，围垦后面积仅为0.89 hm^2。由于围垦急剧削减了城西湖的蓄滞洪水功能，后于1987年退田还湖，目前湖区面积为1.99万hm^2。20世纪50年代，女山湖面积为2.44万hm^2，此后湖区大面积被围垦，1982年建闸成为受人工控制的水库型湖泊，目前湖区面积仅为1.05万hm^2。洪泽湖高程为12.5 m时原有水面20.69万hm^2，由于盲目围圩开发，使湖面和库容大量缩小，到1992年12.5 m高程时水面仅为15.7万hm^2，被围垦近1/4，减少蓄洪库容约11亿m^3（李波等，2003；吴培任等，2006）。

由于流域内湿地灌木被砍伐殆尽，原生植物惨遭破坏，过度捕捞和水污染，湿地生态系统功能下降，使得湿地中水生生物生境类型逐步趋于单一，水生生物种类及数量明显减少。加之湿地水环境污染COD含量较高，湿地水体尤其是河流湖泊湿地中生物组成及数量的衰减，影响到水环境的自净能力，水体自净压力增加。长期以来，由于工业废水中还有大量有毒有害物质和有机污染，在很多河段中远远超出水体的环境容量，导致水体绿色植物大量死亡，因此依靠初级生产力为生的鱼类、底栖动物和浮游动物也大量消失，致使嫌氧生物得以滋生，进一步加剧了有机污染的危害性。昔日“日出斗金”的南四湖、洪泽湖水产业也因水污染问题，产量锐减。

第二节　气候变化对自然生态系统影响

一、对森林生态系统的影响

淮河流域总面积$2.69\times10^7 hm^2$，有林地面积为$2.23\times10^6 hm^2$。流域植被主要以落叶阔叶林和常绿、落叶阔叶混交林为主，植物种类丰富，分布错综复杂，温带及亚热带区系成分均可见到。由于森林对气候变化的适应性比较迟缓，因而森林生态系统可能是最易受到气候变化不利影响的生态系统（王叶等，2006），气候变化对淮河流域森林生态系统的影响主要表现在改变了森林生态系统的结构和物种组成、分布、生产力、物候以及物种多样性。

专栏

气候变化成为生物多样性丧失的新威胁

中国是世界上生物多样性最为丰富的国家之一，气候变化已正在威胁中国的自然生态系统及其生物多样性。

过去 50 a 间，人类改变生态系统的速度和广度超过了历史上其他任何时期，而物种的灭绝速度是地球史上典型的背景速度的 1000 倍。在全球范围内，生物多样性丧失的直接原因包括土地利用方式的变化、水土污染和退化、水资源过度利用、生境变化、过度开发、引入外来入侵物种和气候变化等。气候变化对生物多样性丧失施加了额外的压力。陆地和海洋的表面温度升高，降水的时间空间分布格局发生变化，海平面上升，厄尔尼诺现象的频率和强度增加，这些变化尤其是区域变暖已经影响了动植物的繁殖、分布和病虫害暴发的频率。

生物多样性和气候变化之间的联系是双向的。气候变化是生物多样性丧失的重要驱动力。同时，生物多样性的丧失和自然栖息地的退化也会引起气候变化。维护生物多样性可以使生态系统在气候发生变化时具有更好的缓冲能力。

目前，气候变化的速度前所未有，人们也逐渐意识到其对生物多样性构成了严重威胁。据政府间气候变化委员会（IPCC）的估测，如果气温上升 1.5～2.5℃，20%～30%的物种将面临灭绝的命运。过去 50 a 间，全球平均气温已上升约 0.6℃，而根据《气候变化国家评估报告》，我国的地面平均气温上升了 1.1℃，远远高于全球气温上升速度。

根据最新出版的《中国物种红皮书》，中国符合世界自然保护联盟确定的濒危等级物种比例分别为：无脊椎动物 34.74%，脊椎动物 35.92%，裸子植物 69.91%，被子植物 86.63%，大大超过了早期估计的 2%～30%的比例。

目前，科学家已经认识到，气候变化需要人们将注意力集中到真正的瓶颈问题上。即便是出现最好的情境，在人类真正扭转气候变化的趋势之前，气候变化所带来的最大影响将会改变所有生物（包括人类）的生存状况。

1. 对森林生态系统结构和物种组成的影响

森林生态系统的结构和物种组成是系统稳定性的基础，生态系统的结构越复杂、物种越丰富，则系统表现出良好的稳定性，其抗干扰能力越强；反之，其结构简单、种类单调，则系统的稳定性差，抗干扰能力相对较弱。千万年来，不同的物种为了适应不同的环境条件而形成了其各自独特的生理和生态特征，从而形成现有不同森林生态系统的结构和物种组成。由于原有系统中不同的树木物种及其不同的年龄阶段对 CO_2 浓度上升及由此引起的气候变化的响应存在着很大的差别。因此，气候变化将通过温度胁迫、水分胁迫、物候变化、日照和光强的变化以及有害物种的入侵等途径强烈地改变森林生态系统的结构和物种组成。基于气候变化情景预测对中国主要造林树种变化趋势的分析表明，到 2030 年，杉木适宜分布区的西界将东移 0.2°～2.3°，北界将南移 0.1°～0.9°，南界将北移 0.1°～0.5°，东界基本没有变化，适宜分布区面积减少 2 %左右；马尾松适宜分布区的北界将南移 0.3°～1.6°，东界基本不变，南界将北移 0.2°～3.4°，西界将东移 0.7°～1.1°，适宜分布区面积减少 9 %左右（徐德应等，1997）。在大气中 CO_2 浓度倍增后气温升高情景下，未来 500 a 内淮河以北暖温带落叶栎林与暖温带常绿针叶林的样地株数均值有明显增加（郝建锋等，2008）。

2. 对森林类型分布的影响

气候是决定森林类型（或物种）分布的主要因素（刘国华等，2001）。未来气候变化将使气候区域边界发生移动，必将引起森林植物和群落分布区的变化（肖扬等，1998）。目前，大多数有关气候变化对森林类型分布影响的预测都是根据模拟所预测的未来气候情形下森林类型分布图与现有气候条件下森林分布图的比较而得到，其结果都认为各森林类型将发生大范围的转移（Emanuel, *et al.*, 1985；Smith, *et al.*, 1992；Neilson, 1993；李霞等，1994；Seidel, *et al.*, 2008）。整体而言，热带雨林将侵入到目前的亚热带或温带地区，雨林面积将有所增加；温带将向极地方向扩展，温带森林也将侵入到当前北方森林地带，而在其南界则将被亚热带或热带森林所取代，同时由于温带内陆地区将受到频繁的夏季干旱的影响，从而导致温带森林景观向草原和荒漠景观的转变。目前大部分模拟预测都认为温带森林面积将减少（Smith, *et al.*, 1992；Neilson, 1993；李霞等，1994）。

3. 对森林生产力的影响

森林生产力是衡量树木生长状况和生态系统功能的主要指标之一。大气中 CO_2 浓度上升及由此而引起的气候变化被认为将改变森林的生产力。这主要表现在 CO_2 浓度升高的直接作用和气候变化的间接作用两个方面。一般认为，CO_2 浓度上升对植物将起着“肥效”作用。因为在植物的光合作用过程中，CO_2 作为植物生长所必需的资源，其浓度的增加有利于植物通过光合作用将其转化为可利用的化学物质，从而促进植物和生态系统的生长和发育。目前，大部分在人工控制环境下的模拟实验结果也表明 CO_2 浓度上升将使植物生长的速度加快从而对植物生产力和生物量的增加起着促进作用，尤其是对 C_3 类植物其增加的程度可能更大（钟秀丽等，2000；刘国华等，2001；周广胜等，

2004)。刘世荣等(1998)根据 7 个全球气候模式大气环流模型预测合成的 2030 年的气候情景,研究中国森林净第一性生产力对气候变化的响应。研究结果认为淮河流域未来气候变化情景下森林第一性生产力将增加 2%。

4. 对植物物候的影响

物候是反映气候变化对植物发育阶段影响的综合性生物指标,它包括各种植物的发芽、展叶、开花、叶变色、落叶等现象(陆佩玲等,2006)。我国的物候期变化对温度变化具有较明显的响应关系(郑景云等,2002)。随着全球气候的变化,植物的物候也将发生显著变化。1961—2008 年淮河流域年平均气温呈现明显升高趋势,上升趋势通过 0.01 显著性水平检验,其气候倾向率为 0.21℃/10 a。气温的变化对流域植物物候产生重要影响。如 1986—2003 年郑州植物物候期出现春季物候提前,果实期提前,落叶期推迟,绿叶期延长的特点,特别是在 20 世纪 90 年代中后期,春季物候期基本都提前 10 d 左右(除垂柳外),绿叶期延长半个月左右(柳晶等,2007)。冬春气温升高 1 ℃,郑州地区植物春季物候期提前 2.1～5.0 d。根据植物春季物候期的回归预测模型,未来郑州地区年平均气温升高 1 ℃,春季物候期将提前 1.6～13.7 d(郑有飞等,2007)。

5. 对森林生物多样性的影响

森林生态系统包含着丰富的生物多样性。大气 CO_2 浓度倍增时的气候变化,将使主要植被类型过渡带在水平方向上向北移动 100～300 km,垂直高度向上移动 150～300 m,加上降水量及其时空分布的变化,将使森林生态系统面临前所未有的气候与环境的剧烈变化(肖扬等,1998)。气候变化后各生物物种的适宜生活范围将相对迁徙,分布范围与迁徙能力密切相关。据统计资料(王献溥,1992),多数树木每年迁移不及灌木和草本植物,种子较少,传播能力更差。若气候变化超过物种的迁徙能力,则许多物种将难以抵挡气候变化的后果,导致森林生物多样性降低。气候变化条件下部分物种的消亡同时受温度和因温度变化而引起的降水量变化影响,如淮河流域森林随气候变化向温湿方向发展,喜温阔叶林在森林中的比例增大,亚热带树种增加,并可能出现原只生长在淮海以南地区的水蔗植物。随气候带的北移,喜热动物北迁,喜温喜水动物会大量增加(肖嗣荣,1992)。

二、对湿地生态系统的影响

湿地是世界上最具生产力的生态系统之一,是地球的肾脏,生物多样性的摇篮。湿地环境由湿地水文、湿地生物地球化学循环和生物对湿地的适应和改造构成(孟宪民,1999)。加拿大中心气候模型 GCM1 和英国 HADCM2 模型预测结果都表明,21 世纪全球年均降水量的变化将显著改变湿地水文和水生生态系统。Virginia *et al*.(2000)认为相对较小的降水、蒸发及蒸腾变化只要改变地表水或地下水位几厘米就足以让湿地萎缩或扩展,或者将湿地转变为旱地,或从一种类型转变到另一种类型(Virginia, *et al*., 2000;刘春兰等,2007)。淮河流域的气候变化对湿地生态系统的影响主要表现在对湿地水文、湿地生物多样性、湿地生态系统的温室气体源汇等的影响。

1. 对湿地水文的影响

全球气候变化不仅使得降水、气温、云量等气候参数发生明显变化，而且会对全球水文循环过程和区域水文情势产生深刻的影响。湿地水文条件对气候变化的响应主要表现在因降雨量、蒸发及植物蒸腾量的变化，引起湿地生态系统水文环境条件的变化。许多研究都表明，水文参数是控制湿地生态系统结构和功能的关键因子，因此湿地水文情势的变化必然会影响到湿地生态系统结构和功能的时空格局（傅国斌等，2001）。

据统计，1980—2000 年，淮河流域湖泊水面面积在 1 km^2 以上的 62 个湖泊中已有耿家荡、仙墩湖、绿草荡等 11 个湖泊干涸，累计干涸湖泊面积 71.1 km^2，62 个湖泊年萎缩水面面积约 0.18%，年减少湖泊蓄水量约 0.094%。如果未来气候变暖，而河川径流变化不大的情景下，平原湖泊由于水体蒸发加剧，将会加快萎缩。2011—2040 年，淮河流域气候将趋于暖湿，但年径流量将可能以减少趋势为主（高歌等，2008），这将进一步加剧湿地面积的萎缩。湿地的萎缩和破坏，使湿地生态功能得不到正常发挥，抵御自然灾害和水污染的能力明显降低（吴培任等，2006）。

以洪泽湖为例，洪泽湖水域面积 1597 km^2（水位 12.5 m），平均水深 1.9 m，最大水深 4.5 m，库容 30.4 亿 m^3，设计洪水位 16.0 m，相应容积为 82.45 亿 m^3，历史最高水位 15.23 m，多年平均水位 12.48 m。近年来，冬季水位一般为 13 m 左右。汛期以调洪为主，水位升降迅速，控制水位为 12.5 m，最高行洪水位 14.5 m；汛后期蓄水到 13.5 m。由于洪泽湖的水位变化受天然来水量及人工调控的影响，导致洪泽湖的水位年际和年内变化极不稳定。由于围垦，洪泽湖滩地 11.5～16.0 m 高程范围内已被围垦面积达 1018 km^2，湖区水域面积缩小了 600 km^2，洪泽湖由原有有效调蓄库容 35.5 亿 m^3 锐减到现在 25.9 亿 m^3，减少了 9.6 亿 m^3。据淮河水利委员会统计，在同样水位（12.5 m）下，1988 年湖区水面比 1970 年减少了 472 km^2，缩小了近 1/4。湖泊湿地面积减少，失去了相应的水生植物分布区，使某些定居性鱼类产卵、繁殖、摄食的优良水域遭受破坏（高方述等，2010）。

湖泊的生态水位对维持湖泊湿地生态系统，藻类及水生浮游动物、底栖动物、沉水植物的生存环境，防止湖泊萎缩和严重退化以及湖区湿地生态系统的基本完整等方面都有重要影响。洪泽湖沿湖泊被围垦的浅水滩地，原来多是湖泊挺水植物和漂浮植物的生长区，草多鱼多，是鲤、鲫等鱼类和虾、蟹、螺等水生动物产卵、生长和繁殖的场所，围垦直接导致水生动植物资源的生产量大幅下降，堤坝的修筑还割断了鱼的洄游通道。且沿湖的许多圩田降低了洪泽湖湿地的调蓄功能，导致洪水水位升高，水情恶化，湖区洪涝灾害加剧（高方述等，2010）。

2. 对湿地生物多样性的影响

与陆地生态系统相比，湿地的生物多样性较为丰富，它为多种无脊椎动物、冷血和热血的脊椎动物提供栖息和繁衍的场所。湿地最为基本的功能之一就是为动物提供终年的居住环境，还是一些候鸟越冬的生境（取决于湿地的地理位置）。因而，湿地生物多样性也将受到全球变化的影响。如淮河流域（安徽段）沿淮湿地中，各种珍稀水禽和水生动植物，不但种类繁多而且资源丰富。据不完全统计，淮河流域(安徽段)湿地中共有湿地维管束植物 259 种，湿地高等动物 260 种(包括鱼类 68 种，两栖爬行动物 26 种，鸟类 152 种，兽类 14 种)。其中，湿地植物中属于国家重点保护的种类有：中华水韭(*Isoetes sinensis*)、水蕨(*Ceratopteris thalictroids*)、莲(*Nelumbo nucifera*)、野菱(*Trapaincisa*)、莼菜(*Brasenia schrebei*)、野大豆(*Glycine soja*)等；湿地中重点保护的动物有：虎纹蛙(*Rana rugulosa*)、白鹳(*Ciconia boyciana*)、黑鹳(*Ciconia rugulosa*)、白头鹤(*Grus monacba*)、白鹤(*Grus leucogeranus*)、大鸨(*Otistarda*)、白琵鹭(*Platalea leucorodia*)、大天鹅(*Cygnus cygnus*)、小天鹅(*Cygnus columbianus*)、鸳鸯(*Aixgalericulata*)等。同时，淮河和沿淮湖泊等湿地水域之中，还广泛分布有虾类、蟹、龟类、蛇类、蛙类、贝类等经济动物，并保存有许多天然鱼类资源(王松等，2008)。然而，由于气候变化和人类活动导致淮河流域湿地生态环境的逐步恶化，尤其颍河中下游地区与沭河中下游地区水生态系统遭到严重破坏，水环境恶化，自净能力差，水生态系统脆弱，河流多处于病态(赵长森等，2008)，水体绿色植物大量死亡，依靠初级生产力为生的鱼类、底栖动物和浮游动物也大量消失。

以南四湖为例，近年来总体趋于干旱，20 世纪 60 年代中后期到 80 年代中期为丰水期，80 年代中期到 90 年代前半期为干旱期，之后又出现较高水位，但 1999—2002 年，又出现历史低水位，湖泊干涸。自 20 世纪 80 年代以来，南四湖水位、水量、水质的剧烈变化，上游人为截水和湖区大量用水，使得旱灾较水灾更严重，加上水质污染对生物繁衍生长的抑制作用，使得南四湖的生物群落发生显著的变化，生物种类减少，数量降低(辛良杰，2005；张祝陆等，2007)。特别是南四湖的浮游生物和底栖生物群落发生了显著的变化，适宜于清洁水域生长的群落日益衰败或消失，如：底栖动物的密度明显下降，在种群组成中，软体动物个体数所占的百分比明显减少，环节动物和节肢动物增加，羽摇蚊和苏氏尾鳃蚓逐渐成为常年的优势种(张祝陆等，2007)；南四湖干涸期，鱼类产卵、洄游、索饵场所大面积减小，鱼种数呈明显减少趋势，鱼类产量也明显下降。如遇上丰水期，人们则积极投放鱼苗，鱼的产量回升。近年来，渔获物的质量和种类呈现出“三多三少”的特点，即：虾多鱼少；小型鱼类多，大型鱼类少；低龄鱼多，高龄鱼少(辛良杰，2005；张祝陆等，2007)。

3. 对湿地生态系统的温室气体源汇的影响

湿地的物理化学条件使其具有“碳汇”的功能。湿地在化学元素循环中特别是二氧化碳、一氧化二氮与甲烷等温室气体的固定和释放中起着重要“开关”作用，湿地碳的循环对全球气候变化有重要意义。由于地下水位下降，气温升高，有些湿地中原来不参与全球碳循环的碳也变得活跃起来，将会由二氧化碳的“汇” 变成“源”，这种汇源之间的转化已经在一些极冷的地区发生了。气候变化对湿地水文情势的影响亦会明显影响到湿地甲烷排放的数量及历时，研究表明，泥炭岛温度由 4℃增加到 20～25℃，甲烷的产生率会增加 4 倍多。如果湿地变干，则甲烷的排放量会有所减少(纪玲玲等，2009)。

第三节　未来气候变化对自然生态系统的可能影响

当前气候条件下我国自然生态系统综合脆弱性的总体分布特点是南方地区低于北方地区、东部地区低于西部地区，脆弱度高的生态系统分布相对集中，不脆弱的生态系统所占比例最大（约27%）；脆弱度在高度和极度脆弱的生态系统中所占比例较小，分别为4%和6%（於琍等，2008）。未来气候变化情景下（IPCC-SRES-A2气候情景）我国自然生态系统的脆弱性将因气候变化而有所增加，但其分布格局与当前气候条件下相似。与当前气候条件下相比，不脆弱的生态系统比例有较大幅度减少，仅占5%左右；高度脆弱和极度脆弱的生态系统所占的比例也稍有下降，分别为2.7%和5.6%。淮河流域无论在当前气候条件和未来气候变化情景下自然生态系统总体都属于轻度脆弱区，只是在未来气候条件下，中度脆弱区的比例有所增加（图5.3）（於琍等，2008）。

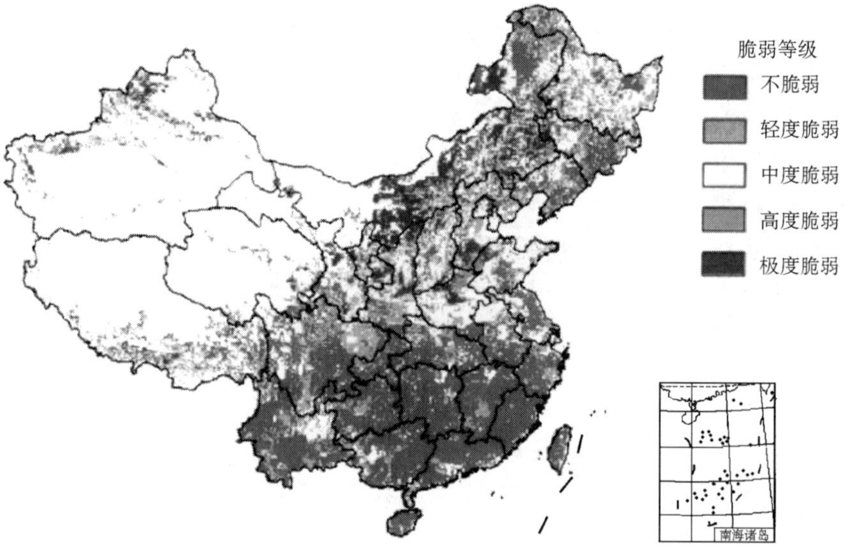

图5.3　IPCC-SRES-A2情景下2071—2100年我国自然生态系统脆弱性分布格局（於琍等，2008）

以淮河流域森林生态系统为例，对于气候变化而言，森林生态系统具有较低的脆弱性和敏感性（Peterken, *et al.*, 1996）。森林对气候变化的脆弱性主要表现为森林的退化。森林生态系统对气候变化的响应比较缓慢，通常并不能在短时间内表现出来。但是不断增加的扰动事件（如林火、病虫害、飓风等），能在相对较短的时间内对森林的结构产生显著影响（朱建华等，2007）。例如2008年我国南方地区普遍出现大范围雨雪低温冰害天气，为50 a一遇的重大冰雪灾害，给森林资源、林业、林业重点工程建设和基础设施均造成了巨大的损失。安徽大别山区的杉木、马尾松、国外松、毛竹纯林受损率在50%以上，阔混交林也有受损，受损率在20%以下（程鹏等，2008）。

第四节　自然生态系统应对气候变化的适应性对策

自然生态系统的适应性包括两个方面，一是生态系统和自然界本身的自身调节与恢复能力；二是人为的作用，特别是社会经济的基础条件，人为的影响和干预等。提高适应气候变化能力的许多措施和要求与促进可持续发展的要求是一致的。正确的措施，既能减少气候导致的脆弱性，又能促进生态系统的可持续发展。

(1)建设森林生态系统和湿地生态系统保护工程，保护生物多样性

森林是陆地生态系统的主体，湿地是水陆交互作用下的独特生态系统，是"自然之肾"。对它们的保护和管理是增强自然生态系统适应能力、减缓脆弱性的重要基础。特别是要控制和制止毁林及各种生态破坏，从根本上实施天然林的保护政策，对禁伐区实施严格保护，坚决停止采伐，改变天然林的采伐机制，逐步实现木材生产以采伐利用天然林为主向经营利用人工林方向的转变。除加强对已建自然保护区的科学管理外，还应再建一批自然保护区，以改善该区自然保护区面积过小、类型结构不合理的状况。新建的自然保护区类型上应以森林生态系统类型自然保护区及内陆湿地和水域生态系统类型自然保护区为主。如在淮河下游地区森林生态系统类型自然保护区应重点考虑在鲁中南山地丘陵和沭东丘陵建立(阎传海，1998)。尽快制定淮河流域湿地保护规划，确定水生生态系统安全保护目标、明确保护范围，使河流流域管理与湿地保护协调一致。在淮河流域有着典型或特殊意义的湿地生态系统，应尽快划定保护区，以保护区的形式加以特殊的保护，特别是保护洪泽湖、南四湖、骆马湖等重要湿地，要专门制定相应的水生态系统安全保障对策，以保存湿地生态类型多样性和抢救湿地野生动植物多样性，保护湿地生物多样性。同时重点选择一批有代表性的退化湿地，开展重要敏感河流、湖泊湿地恢复工作，恢复湿地生态的完整性，减少人为干扰，降低脆弱性程度。

(2)扩大植树造林、保护湿地、增加碳汇，减缓气候变化和气候灾害的速度与幅度

作为陆地生态系统主体的森林，是自然界巨大的贮碳库、能源库、蓄水库、资源库和基因库。一方面在减缓二氧化碳的作用中，森林存在巨大潜力，可通过减缓森林砍伐速度、增加造林、提高造林存活率等措施，减源增汇；另一方面，森林对改善生态环境、维护生态平衡，减缓气候变化和气候灾害的影响具有重要作用。

湿地中植物种类丰富，植被茂密，植物通过光合作用使无机碳(大气中的二氧化碳)转变为有机碳。湿地中含有大量未被分解的有机碳，它们在湿地中不断积累。湿地是陆地上碳素积累速度最快的自然生态系统。气候变暖或降水减少都可加速湿地有机质的分解速率，可能促使它们成为大气的碳源。湿地的围垦使湿地的储碳能力大大降低，甚至也成为碳源。因此，保护湿地、保护湿地植被对减缓气候变化的速度和强度具有重要作用。

(3)加大气候变化下流域森林火灾与病虫害的防治

未来全球气候变化可能使极端气候事件的频度和强度加大，这些极端气候事件将

为流域森林生态环境带来更加严重的危害。极端灾害的增加将对森林景观造成严重的威胁。火灾和虫灾的频繁发生将对流域森林景观的演替和发展造成严重的干扰和破坏。全球气候变暖以后，将使森林病虫害的发育速度加快，繁殖代数增加，越冬界北移，害虫迁飞范围扩大。气温升高，也有利于害虫越冬繁殖，造成越冬菌源、虫源基数增加。此外，水热条件的变化所引起的森林植被分布格局的改变，可能会使一些处于气候带边缘的树种生长力和竞争力减弱，对病原菌和寄生生物的抵抗能力降低而容易发病。因此，要加强树木检疫工作，大力推行林业生态防治，培育抗病抗虫新品种，加强生物防治，积极进行化学防治，加强病虫害预测预报，最大限度地减少气候变化助长病虫危害的损失，确保林业生产(李克让等，1996)。

气候因素对林火的发生起着决定性作用(李克让等，1996)。根据气候预估结果，淮河流域气候向暖湿方向发展(高歌等，2008)，因此该区的森林火灾发生的次数和强度，可能会有所增加。作为适应全球气候变化的防火对策，应加强防火林区和采伐迹地的管理，加强林区防火基础设施建设，提高监测预报水平，增强扑火救火及林火以后受灾林木的抢运工作。

小　结

(1)淮河流域自然植被主要以暖温带的落叶阔叶林和北亚热带的落叶阔叶林—常绿阔叶混交林为主。森林资源具有森林面积少、覆盖率低；森林蓄积量少，四旁树蓄积相对较大；林区可采资源少，森林质量较差；天然林少、人工林所占比例较大；林木树种结构以针叶类少，阔叶类相对较多为特点。

(2)淮河流域湿地水系复杂，水体众多，湿地类型多样，可分为海洋一海岸湿地、内陆湿地(湖泊、沼泽、人工新河、河流)、人工湿地(水库、池塘、稻田)三种类型。湿地表现出显著的生态脆弱性特征：自然灾害频发的干扰性脆弱、湿地水资源紧缺的压力性脆弱、河道断流、湖泊干涸的灾变性脆弱、湿地水体污染严重的胁迫性脆弱、湿地生态系统面临退化威胁的衰退性脆弱。

(3)气候变化对淮河流域森林生态系统的影响主要表现在：影响森林生态系统结构和物种组成；热带雨林将侵入到目前的亚热带或温带地区，温带森林面积将减少；使森林生产力增加；使春季物候提前，果实期提前，落叶期推迟，绿叶期延长。

(4)气候变化对淮河流域湿地生态系统的影响主要表现在：影响湿地水文情势，湖泊水域面积减少，湿地萎缩；破坏湿地生物多样性；使湿地由二氧化碳的“汇”变成“源”。

(5)淮河流域自然生态系统总体属于轻度脆弱区，为了减少气候变化导致的脆弱性，促进生态系统的可持续发展，针对淮河流域的特点，应加强森林生态系统和湿地生态系统保护工程的建设，保护生物多样性；扩大植树造林、保护湿地、增加碳汇，减缓气候变化和气候灾害的速度与幅度；加大气候变化下流域森林火灾与病虫害的防治。

参考文献

程鹏，张金池. 2008. 2008年重大冰雪灾害对安徽森林的影响与反思. 南京林业大学学报（自然科学版），(3)：1-4.

傅国斌，李克让. 2001. 全球变暖与湿地生态系统的研究进展. 地理研究，**20**(1)：120-128.

高方述，钱谊，王国祥. 2010. 洪泽湖湿地生态系统特征及存在问题. 环境科学与技术，**33**(5)：1-5.

高歌，陈德亮，徐影. 2008. 未来气候变化对淮河流域径流的可能影响. 应用气象学报，**19**(6)：741-748.

郝建锋，金森等. 2008. 全球气候变化对中国森林生态系统的影响. 干旱区资源与环境，**22**(3)：63-69.

纪玲玲，申双和，郭安红，等. 2009."三江源"气候变化及其对湿地影响的研究综述. 吉林气象，(1)：14-17.

李波，濮培民. 2003. 淮河流域及洪泽湖水质的演变趋势分析. 长江流域资源与环境，**12**(1)：67 -73.

李克让，陈育峰等. 1996. 减缓及适应全球气候变化的中国林业对策. 地理学报，**51**(增刊)：109-119.

李克让，曹明奎，於琍等. 2005. 中国自然生态系统对气候变化的脆弱性评估. 地理研究，**24**(5)：653-663.

李霞，张新时，杨奠安. 1994. 应用Holdridge植被—气候分类系统进行中国植被对全球变化响应的研究//中国国家自然科学基金委员会生命科学部，中国科学院上海文献情报中心. 全球变化与生态系统. 上海：上海科学技术出版社.

刘春兰，谢高地，肖玉. 2007. 气候变化对白洋淀湿地的影响. 长江流域资源与环境，**16**(2)：245-250.

刘国华，傅伯杰. 2001. 全球气候变化对森林生态系统的影响. 自然资源学报，**16**(1)：71-78.

柳晶，郑有飞，赵国强等. 2007. 郑州植物物候对气候变化的响应. 生态学报，**27**(4)：1471-147.

刘世荣，郭泉水. 1998. 中国森林生产力对气候变化响应的预测研究. 生态学报，**18**(5)：478-48.

陆佩玲，于强，贺庆棠. 2006. 植物物候对气候变化的响应. 生态学报，**26**(3)：923-929.

毛信康. 2006. 淮河流域水资源可持续利用. 北京：科学出版社.

孟宪民. 1999. 湿地与全球环境变化. 地理科学，**19**(5)：385-389.

宁远，钱敏，王玉太. 2003. 淮河流域水利手册. 北京：科学出版社.

沈显生，周忠泽. 2001. 淮河中上游山地和丘陵的植被改造. 山地学报，**19**(3)：285-288.

水利部淮河水利委员会，淮河志编纂委员会. 2000. 淮河志(第二卷) 淮河综述志. 北京：科学出版社.

孙儒泳. 2000. 普通生态学. 北京：高等教育出版社.

宋长春. 2003. 湿地生态系统对气候变化的响应. 湿地科学，**1**(2)：122-127.

王松，徐如松，高林，等. 2008. 淮河流域(安徽段) 湿地生态旅游资源. 中国林副特产，**3**：71-74.

王献溥. 1992. 全球气候变暖对生态系统和生物多样性的影响及主要对策. 农村生态环境，**1**：1-6.

王叶，延晓冬. 2006. 全球气候变化对中国森林生态系统的影响. 大气科学，**30**(5)：1009-1018.

吴培任，张炎斋，胡裕明. 2006. 淮河流域湿地现状及保护对策. 治淮，(2)：16-17.

吴荣辉，王恩民，李维成. 1994. 淮河流域森林资源特点动态浅析. 华东森林经理，**8**(3)：22-25.

肖嗣荣. 1992. 未来气候变化及其对海河流域环境影响. 地理学与国土研究，**8**(1)：32-35，49.

肖扬，郭晋平，田双宝等. 1998. 气候变化对森林生态系统的影响及研究对策. 中国农业气象，**19**(1)：19-24.

辛良杰. 2005. 南四湖湖泊湿地生态环境蓄水量初步研究. 济南：山东师范大学.

徐德应,郭泉水,阎洪. 1997. 气候变化对中国森林影响研究. 北京:中国科学技术出版社.
阎传海. 1998. 淮河下游地区植被资源多样性及其保护对策. 徐州师范大学学报(自然科学版),**16**(1):48-53.
燕乃玲,虞孝感. 2007. 淮河流域生态系统退化问题与综合治理. 水利发展研究,**8**:13-17 .
叶正伟. 2007. 淮河流域湿地的生态脆弱性特征研究. 水土保持研究,**14**(4):24-29.
於琍,曹明奎,陶波等. 2008. 全球气候变化背景下生态系统的脆弱性评价. 地理科学进展,**24**(1):61-69.
张祝陆,辛良杰,梁春玲. 2007. 近50年来南四湖湿地水文特征及其生态系统的演化过程分析. 地理研究,**26**(5):957-966.
赵长森,夏军等. 2008. 淮河流域水生态环境现状评价与分析. 环境工程学报,**12**:1698-1704.
赵慧霞,吴绍洪,姜鲁光. 2007. 自然生态系统响应气候变化的脆弱性评价研究进展. 应用生态学报,**18**(2):445-450.
郑景云,葛全胜,郝志新. 2002. 气候增暖对我国近40年植物物候变化的影响. 科学通报,**47**(20):1584-1587.
郑有飞,陈彬彬,赵国强等. 2007. 气候变化对植物春季物候影响分析及模拟——以河南郑州为例. 安徽农业科学,**35**(16):4711-4713,4722.
钟秀丽,林而达. 2000. 气候变化对我国自然生态系统影响的研究综述. 生态学杂志,**19**(5):62-66.
周广胜,王玉辉,白莉萍等. 2004. 陆地生态系统与全球变化相互作用的研究进展 . 气象学报, **62**(5):692-707.
朱建华,侯振宏,张治军等. 2007. 气候变化与森林生态系统:影响、脆弱性与适应性. 林业科学,**43**(11):138-145.
Emanuel W R, Shugart H H, Stevenson M P. 1985. Climatic change and broad scale distribution of terrestrial ecosystem complexs. *Climate Change*, **7**:29-43.
Neilson R P. 1993. Vegetation redistribution: A possible biosphere source of CO_2 during climate change. *Water Air Soil Pollution*, **70**:659-673.
Peterken G F, Mountford E P. 1996. Effects of drought on beech in Lady Park Wood, an unmanaged mixed deciduous woodland. *Forestry*, **69**:125-136.
Seidel D J, Fu Q, Randel W J *et al*. 2008. Widening of the tropical belt in a changing climate. *Nature Geoscience*, (1): 21-24.
Smith T M, Leemans R, Shugart H H. 1992. Sensitivity of terrestrial carbon storage to CO_2—induced climate change: Comparison of four scenarios based on general circulation models. *Climate Change*, **21**:367-384.
Virginia B, Jon K. 2000. Climate change: Potential impacts and interactions in wetlands of the United States. *J. Am. Water Res Associ*, **36**: 313-320.

第六章

气候变化对其他领域的影响和适应性

高超(安徽师范大学)

引　言

全球气候变暖使夏季制冷能耗增加,冬季取暖能耗降低。全球变暖带来生态系统的改变影响疾病的分布和发病,进而威胁人类的健康。

适应气候变化对人居环境产生的影响,需要科学合理的城市规划、节能建筑的推广等措施,同时倡导节约能源和水资源的生产及生活方式,可以减少温室气体的排放,从而减缓气候变化的进程。

第一节　对能源消费的影响

一、煤炭资源

淮河流域矿产资源丰富,以煤炭资源最多,初步探明的煤炭储量有700多亿t,主要集中在安徽的淮南、淮北和豫西、鲁西南、苏西北等矿区,且煤种全、煤质好、埋藏浅、分布集中,易于大规模开采。目前,煤炭产量约占全国的1/8,一批新的大型矿井正在兴建。流域内火力发电比较发达,大型坑口电站正在兴建。这些煤电产区,不仅为本流域的工农业生产和城乡人民生活提供大量的能源,而且是长江三角洲和华中等经济区的重要能源基地。苏北沿海素为我国重要盐产区,流域内苏北、淮南、豫西等又先后发现多处大型盐矿,可供大量开采。

淮河流域工业以煤炭、电力工业及以农副产品为原料的食品、轻纺工业为主。目前已建成淮南、淮北、平顶山、徐州、兖州、枣庄等国家大型煤炭生产基地，1997 年产煤量占全国产煤量的 1/8，是中国黄河以南最大的煤田。流域内现有火电装机容量近 2000 万 kW。近十多年来，煤化工、建材、电力、机械制造等轻重工业也有了较大发展，郑州、徐州、连云港、淮南、蚌埠、济宁等一批大中型工业城市已经崛起。淮河流域 1995 年工业总产值 7634 亿元，国民生产总值 5421 亿元，人均国民生产总值仅 3398 元，远低于全国平均值 4810 元，属经济欠发达地区。

二、新能源

专栏

国外生物质能开发利用状况概述

自从 1981 年 8 月在内罗毕召开联合国新能源和可再生能源会议以来，许多国家对能源、环境和生态问题越来越重视，特别是利用现代新能源技术和新材料来开发包括生物质能在内的新能源，备受各国关注。目前，生物质能的技术研究和开发利用已成为世界重大热门课题之一，国外有许多生物质能利用技术与设备已达到了商业化应用的程度，实现了规模化产业经营，其经验值得我们借鉴。

(1)美国

生物质能利用占一次能源消耗总量的 4%左右。用生物质能发电总装机容量已超过10 000 MW，单机容量 10～25 MW。纽约的斯塔藤垃圾处理站投资 20 000 万美元，采用湿法处理垃圾，回收沼气，用于发电，同时生产肥料；开发出利用纤维素废料生产酒精技术，建立了 1 MW 的稻壳发电示范工程，年产酒精 2 500 t。STM 公司研制出的 STM4-120 发动机被美国能源部评价为世界上最先进的斯特林发动机，可与沼气技术或生物质气化技术相结合，构成 50 kW 左右的村级生物质能发电系统。普林斯顿大学能源与环境中心，在研制以生物质燃气为燃料，发电功率为 200 kW 的小型燃料电池/燃气轮机发电系统。

(2)巴西

生物质能在巴西能源利用量中约占 25%左右，其中薪柴和甘蔗占生物质能的 50%～60%，其余是农业废弃物。巴西是乙醇燃料开发应用最有特色的国家，实施了世界上规模最大的乙醇开发计划(原料主要是甘蔗、木薯等)，目前乙醇燃料已占该国汽车燃料消费量的 50%以上。巴西在 1965 年制定了“国家森林法”，开始大量营造薪炭林，在其东北部有 1/3 的土地(5 000 万 hm^2)适宜营造薪炭林，并用桉树作原料兴建了一座 25 MW 生物发电站，并投入商业运营，以薪炭林木材作燃料的发电潜力将超过甘蔗。1980 年，巴西颁布了一项应用植物油燃料的国家计划，目的在于加快植物油代替柴油的进程，重点利用包括蓖麻油、椰子油、可可油在内的多种植物油，预计要替代 16%～20%的柴油用量。

(3)欧洲

欧洲是生物质能开发利用非常活跃的地区，新技术不断出现，并且在较多的国家得以应用。1991 年，在瑞典瓦那茂兴建了世界上第一座完整的生物质气化燃气轮机/发电机—汽轮机/发电机联合发电厂，净发电量 6 MW，净供热量 9 MW，系统总效率达 80%以上。该国用催化裂解法处理生物质燃气中的焦油水平处于世界领先地位。在芬兰，使用上流式气化炉生产生物质燃气，用于区域集中供热，已达到商业化水平。在芬兰有世界上第一个以泥炭为原料用气化合成氨的方法来生产化肥的厂家。近十多年来，欧共体开展了将木料气化合成甲醇的研制工作，先后已有数个示范厂，德国已广泛应用含 1%～3%甲醇的混合汽油供汽车使用，在法国、捷克、瑞典、西班牙等国，都在开发应用甲醇和乙醇的液体燃料。在荷兰、英国、比利时、希腊、葡萄牙等国，开展了用生物质热解法制取生物油的研究，生物油经改性后可作液体燃料。欧洲有的国家，如英国、瑞典等国，还利用植物油作燃料的开发和研究。

(4)印度

印度年产薪柴 0.284 亿 t 左右，工业废弃物和农业副产物(秸秆等)年产 2.46 亿 t。在发展中国家，印度的生物质能开发利用开展得比较好，以前沼气应用比较多，近期生物质压缩成型、气化技术等进展显著，得到了广泛应用。

在传统能源利用的基础上，淮河流域积极探索新能源替代利用。如江苏省连云港市利用沼气发电：总投资 454 万元的连云港市天顺牧业沼气发电项目在灌南县田楼乡正式投产。该项目将采取“秸秆养牛—屠宰加工—粪便作肥—生物制剂—沼气发电”的五链循环经济模式，利用产业链上游的猪牛粪便和屠宰加工有机废水生产沼气，再用沼气进行发电。可日产沼气 1500 m^3，发电 1500 kW·h，发电可日消化猪牛粪便 70～100 t。每年产优质有机肥可增收节支 21.9 万元，每年沼气发电 40 多万千瓦时，可增收节支 60 余万元。项目投产将充分利用农作物秸秆资源，积极推广秸秆氨化处理技术，还可减少焚烧秸秆所带来的环境污染问题。牛食入大量的作物秸秆等饲料，排出大量含氨磷钾的粪便，有利于改良土壤、培肥地力和增产粮食。牛粪再进行沼气发电，增加再生能源。发电过程所形成的沼渍进行蘑菇栽培或饲养蚯蚓，对蚯蚓和牛骨牛血进行生物制剂的提炼，以实现真正意义上生态农业和循环经济。

同时，诸如风能等利用在淮河流域也逐步展开。风能是太阳辐射下空气流动所形成的。风能与其他能源相比，具有明显的优势，它蕴藏量大，是水能的 10 倍，分布广泛，永不枯竭，对交通不便、远离主干电网的岛屿及边远地区尤为重要。风力发电，是当代人利用风能最常见的形式，自19世纪末，丹麦研制成风力发电机以来，人们认识到石油等能源终将会枯竭，才重视风能的发展，利用风来做其他的事情。

由于风电的不稳定性，并网后会产生谐波污染，引发电网电压频率的不稳定，对电网电压质量、功率控制等方面都将带来一定影响，因而需要加大科研力度，克服这些难题。2010年7月28日，安徽省首个风电场项目开工仪式在来安县杨郢乡隆重举行，标志着由中国国电龙源电力集团股份有限公司投资30亿元的风电场(49.5 MW)项目正式落户。项目包括4个风电场，即龙头港、龙卧寺、东寺港、宝山风电场。每个风电场设计装机容量均为49.5 MW，4个风电场共安装132台1500 kW风力发电机组，2011年4月25日投产，预计年上网电量4亿kW·h，每年可节约标准煤13.5万t。同时大幅减少二氧化硫、一氧化碳等有害气体的排放。该风电场的建成将极大地推动安徽省新能源产业的发展，有利于环境友好型和资源节约型社会建设。

风能与其他能源相比，具有明显的优势，它分布广泛，永不枯竭，风能等利用在淮河流域也逐步展开。位于淮河流域东部的江苏省是能源消费大省，能源消耗量约占全国的7%，一次性能源消费量中煤炭所占比例高达74.74%，同时担负着“十一五”期间单位GDP能耗降低20%的任务。随着经济社会的发展，节能减排的责任和压力将逐年增大。江苏省委省政府高度重视清洁能源的开发利用和应对气候变化工作，2010年省政府制定的《江苏省应对气候变化方案》、《江苏省沿海地区发展规划》都将风能、太阳能等清洁可再生能源的开发利用作为重要内容。

为了准确评估风能资源，为科学发展风电产业提供依据，2004—2006年，江苏省气象部门利用气象台站历史测风资料，开展了全省第三次风能资源普查工作，初步摸清了江苏省风能资源的分布状况。2007—2009年，在淮河流域的骆马湖、洪泽湖地区共布设了24座测风塔，通过实测资料分析和高分辨率数值模拟，开展淮河流域江苏省部分的区域风能资源丰富地区的详查和评价工作。

根据国家风力发电的总体规划和部署，2010年江苏省建成并投产风力发电180万kW，2020年争取超过1000万kW。其中在沿淮地区建设多个5万kW以下的风电场。2008年年底，江苏省沿海岸地区风电总装机容量达64.8万kW，居全国第六。到目前为止，已建、在建的风电场达12个，总装机容量达132万kW。

三、对能源消费影响

气温对能源消费的影响主要表现在生活中的冬季取暖和夏季降温的能源消耗上。采暖和制冷需求与气温有着直接的关系，不同年份气温变化不同导致每年采暖耗能差异，一般用度日来表示能耗与气温的关系(周大地，2004)。国外开展度日研究较早，如Thom于20世纪50年代初首次用度日法探讨了美国能源消费和气温的关系(Thom，1952;)，其他学者也在度日方面做了大量研究(Byrd，1985;Kadiogu，*et al.*，1999)。城市中与供暖和空调制冷紧密相连的能源载荷与温度关系密切。度日能够反映供暖和制冷所需能源的时间温度指数，被广泛用在气候变化和居住建筑能源需求的研究应用领域。度日又分为两种类型，即，取暖度日（heating degree-day，HDD）和制冷度日（cooling degree-day，CDD）。实际上度日就是指日平均气温与规定的阈值温度的实际离差。基础气温是以人体舒适为标准而人为规定的一个参考气温，各地都采取了不同的标准。安徽省多数地区属夏热冬冷地区，相对于中国北方采暖区而言，安徽省采暖期开始晚、结束早、采暖期短，这与北方地区差异明显；而制冷日数相对较多。参考以往中外类似研究（谢庄等，2007；赵黛青，2008）和安徽省实际情况，分别以 10 和 26℃ 作为取暖度日数和制冷度日数的基础气温。其量值能够在一定程度上反映气候变化对于能源消费的影响。

气温变化与采暖和制冷度日密切相关，气温升高，采暖度日减少，制冷度日增加。淮河流域平均气温 20 世纪 70—80 年代中期较 60 年代略有降低，但 20 世纪 80 年代中期以来气温明显升高，尤其是 90 年代中期以来的显著变暖，对淮河流域冬季采暖和夏季制冷气候条件和能源需求产生了很大影响。对淮河流域冬半年（9 月至次年 4 月）平均气温通过 10℃ 的界限分析表明（图 6.1），近 30 a（1980—2009 年）来，淮河流域冬半年平均气温通过 10℃ 的界限较 1961—1979 年明显北移近一个纬度；另一方面，日平均气温低于 10℃ 的日数也明显减少。由此可见，在气候变暖的背景下，淮河流域冬半年采暖范围明显减少，同期采暖期也显著变短。

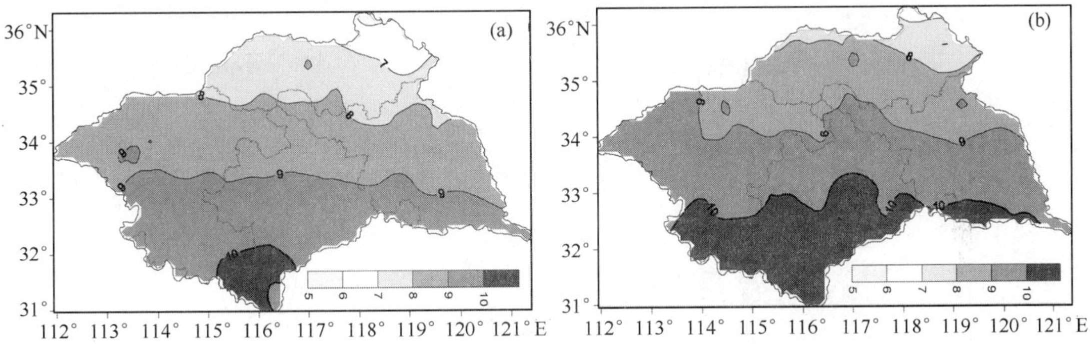

图 6.1　1961—1979 年(a)和 1980—2009 年(b)淮河流域冬半年平均气温分布(单位：℃)

参考中外类似研究和淮河流域实际情况，分别以 10 和 26℃ 作为取暖和制冷度日数的基础温度，计算淮河流域 1961—2009 年采暖和制冷度日变化。由图 6.2 可见，淮河流域年采暖期度日减少趋势明显，减少速率为 46.5℃ · d/10 a；年制冷度日呈现出先减少后增加的变化趋势，即 1961—1980 年以 22.2℃ · d/10 a 的速率减少，而 1981—2009 年则以 15.1℃ · d/10 a 的速率增加。近 30 a（1980—2009 年）来由于气温升高，淮河流域采暖度日减少了 23%，但制冷度日增加了 35%。

过去 49 a 间，淮河流域年平均气温除流域西北部个别站点无明显变化外，其他绝大多数地区都显著升高，尤其以流域中下游地区增温显著。因而在这些地区，冬季取暖能耗降低，而夏季制冷能耗增加（图 6.3）。冬季变暖可使采暖的能源需求降低，从能源消费的角度看是一个有利的因素，但近年来淮河流域夏季制冷能耗的快速增加更需要引起格外的重视。

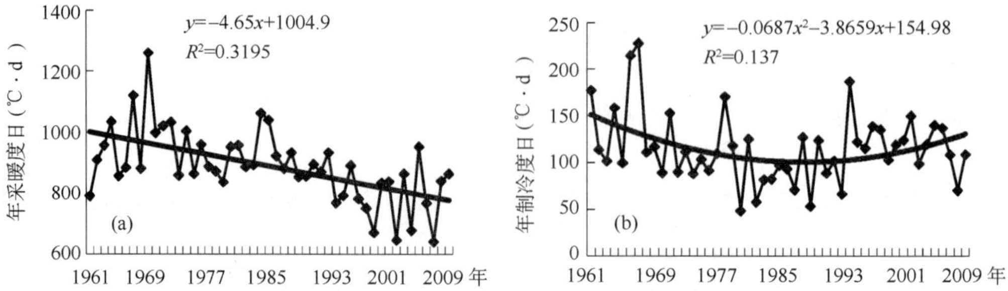

图 6.2　1961—2009 年淮河流域采暖度日(a)和制冷度日(b)的变化

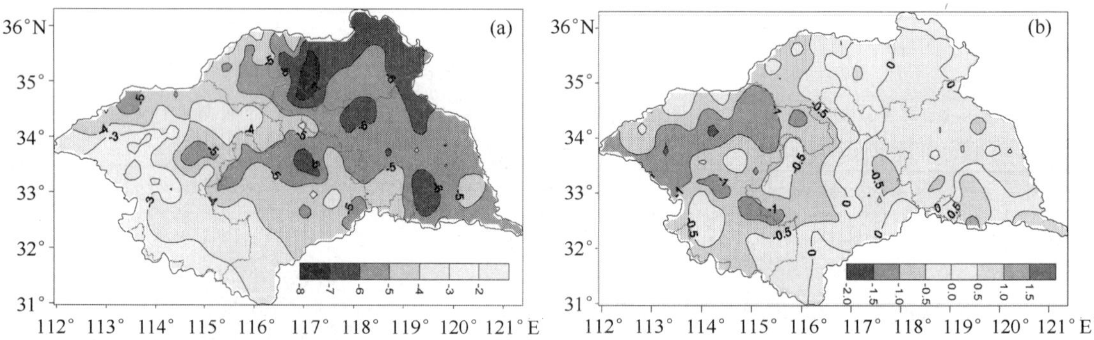

图 6.3　1961—2009 年淮河流域各地采暖度日(a)和制冷度日(b)线性增率(单位:℃·d/10 a)

第二节　对人体健康的影响

IPCC 第 4 次报告指出:近 100 a 全球平均气温升高了 0.74℃,最近 50 a 有加速之势,而且很可能主要由人类活动引起;预计 21 世纪,全球仍将表现为明显的增温,极端天气气候事件及其引发的气象灾害可能更加严重(IPCC,2007)。

近 50 a,淮河流域气温升高与全球平均水平相当,尤其是 20 世纪 90 年代中期以来,淮河流域增暖趋势明显加快。在全球变暖的背景下,近年来淮河流域气候变化的特征主要表现在:降水变率加大,旱涝灾害频繁;高温日数增加,高温酷热、热浪愈发频繁;低温日数减少,暖冬突出;极端最低气温变化不稳定性增加;雾霾天气增多,日照时数减少。

一、极端事件

极端事件频率和强度的任一增加(如风暴、洪水、干旱、台风),都会通过各种方式对人类健康造成影响。这些自然灾害能够直接造成人员伤亡,也可通过损毁住所、人口迁移、水源污染、粮食减产(导致饥饿和营养不良)等间接影响健康,增加传染病的发病率,而且还会损坏健康服务设施。如区域性台风增加，常常会发生灾难性的影响，特别是在资源匮乏的人口稠密区。洪灾、干旱等极端事件已经造成了数百万人死亡，给人类健康带来重大负面影响（张庆阳，2007）。

1991 年安徽省发生特大洪涝灾害，造成安徽省年统计的各种传染病总发病率上升，上升病种主要是与水情密切相关的肠道传染病，其次是儿童易患的呼吸道传染病，自然疫源性及虫媒传染病中流行性出血热上升明显。从传染病月份分布看，洪涝灾害影响传染病上升主要表现在 7—9 月洪灾中期。水灾期由于阴雨连绵、气候骤变、灾区居住环境拥挤、精神抑郁、心理创伤致人群特别是儿童抵抗力下降，加之计划免疫工作的破坏，易感人群增加，致使儿童呼吸道传染病的发病率上升。

气候变化与高温热害。安徽省高温热害风险区划结果表明，淮北地区尤其是皖西北地区是高风险区，其原因是，作为致灾因子的高温危险性较高，而淮北为平原且河网较稀疏导致孕灾环境敏感，加之人口密度大、耕地比例高，承灾体易损性较高，抗灾能力又不强，最终导致高温热害风险最高。观测事实表明，气候变暖背景下，夏季高温热害有频发趋势。以安徽为例，从 1984—2009 年灾情普查数据可知，沿淮淮北地区 20 世纪 90 年代以后高温导致的灾情记录明显增多，尤其是 2000 年以后。如 1992 年夏季亳州、临泉、砀山等地高温干旱导致作物受灾严重，1994 年临泉、宿州作物晒死干死、人畜饮水困难，2001、2003、2004 和 2005 年淮北地区均有夏季高温干旱导致作物受灾、供水困难的记录。

2008 年年初，中国遭受了一场前所未有的突发冰雪灾害，造成了大面积的电力供应中断，建筑垮塌，通信和交通瘫痪，不仅给居民的生产和生活带来严重的影响，同时，也给人们带来了各种健康问题，对卫生部门应对各种气象灾害的应急能力和对策又提出了一个严峻的考验。冰雪天气，气温极端低下。人受寒冷刺激，使得交感神经兴奋，人体末梢血管收缩，外周阻力增加，动脉平均血压升高，心室负荷增加，心肌耗氧增加，高血压、冠心病、脑卒中的死亡率可能明显提升。冰雪灾害造成的意外伤害将会增加，其中背部伤害、踝骨骨折的病例明显增加，有资料表明在暴风雪后的第五六天骨折和伤害达到了高峰。长时间的低温天气寒冷刺激使得交感神经兴奋，支气管内腺体分泌增加，气道反应性提高，支气管容易痉挛，通气换气功能受影响，造成小儿肺炎、慢性支气管炎、肺心病、支气管哮喘、自发性哮喘等呼吸道疾病的发病率上升。

二、传染性疾病

传染病的传播过程受多种因素影响，包括外部社会、经济、气候、生态因素和人体免疫状态等。许多传染性疾病的病原体、中间媒介、宿主及病原体复制速度都对气候条件敏感。如随着温度升高，动物内脏和食物中的沙门氏菌和水中的霍乱菌的增生扩散速度明显升高。再如在低温、低降雨量及缺少宿主的地区，其媒介传播性疾病较少，气候变化可改变这种生态平衡而引发流行。气候变化还可以通过影响中间宿主的迁移和人口数量造成疾病的流行。许多研究已经发现短期的气候变化对疾病特别是媒介传播性疾病的影响。

气候变化对血吸虫病传播的潜在影响可能是直接的，也可能是间接的。气候变化的长期影响可能的间接影响尤为突出。周晓农等(2002)进行了一系列全球气候变化对血吸虫病传播影响的研究。气候变化对血吸虫病传播的直接潜在影响包括气温及湿度等影响。周晓农等利用空间分析模型观察到我国血吸虫病流行区的北界线与平均最低气温－4℃ 等值线相吻合，提示某一地区的最低气温可决定该地区的钉螺分布范围。因此，当气候变化，如我国北方地区的极端最低温度普遍上升，以及南水北调工程等因素同时影响时，钉螺向北方扩散的可能性明显增加。周晓农等(2004)在近年开展钉螺和日本血吸虫病有效积温模型工作的基础上，结合应用地理信息系统(GIS)技术及利用全国 193 个气象站 1951—2000 年的气象数据资料，和建立的钉螺和日本血吸虫有效积温模型的结果，构建全国不同地区血吸虫病气候—传播模型，以 2030 和 2050 年我国平均气温将分别上升 1.7 和 2.2℃ 为依据，预测未来全国血吸虫病流行区的扩散趋势和高危地带。2030 和 2050 年血吸虫病潜在传播区域预测显示，血吸虫病流行区将明显北移，可能影响到淮河流域。

第三节　对旅游的影响

一、极端天气气候事件与旅游

天气与气候是影响游客户外活动和景区旅游业发展最重要的环境因素。良好的天气和气候，方便人们外出旅行，对旅游业的发展具有激励和促进作用；恶劣或极端的天气和气候，可成为人们户外活动的限制性因素，干扰和影响到旅游业的发展。

极端天气气候事件是某一特定时期内发生在统计分布之外的罕见气候事件，通常分布在统计曲线两侧各 10％的范围内，具有灾害性、突发性等特点，主要包括高温热浪、强冷天气、干旱、大雾、沙尘暴、雪灾、暴雨洪水、热带气旋(台风、飓风)、局地强对流天气(冰雹、龙卷风、雷电)等。极端天气气候事件所引起的一系列气象灾害给社会、经济的持续发展和人民生命财产造成了严重的影响和损失。例如 2008 年雪灾造成 60 人死亡，$727.08\times10^4 hm^2$ 农作物受灾，交通瘫痪，直接经济损失 537.9 亿元等。

极端天气气候事件所引起的一系列气象气候灾害不仅给社会、经济的持续发展和人民生命财产造成了严重的影响和损失，而且对旅游业产生了巨大的影响，如 1998 年的特大洪水使我国入境旅游损失 29.9 万人次；2008 年的雪灾导致交通运输中断，旅游景点无法进入，大量旅游团队被迫取消，旅游业损失惨重等。由于持续时间、强度大小的不同，不同极端天气气候对旅游业的影响存在较大差异，一般来说浓雾、沙尘暴、局地强对流天气等持续时间较短，对旅游业的影响较小，雪灾、洪水等持续时间相对较长，对旅游业的影响较大。

高温热浪、强冷天气、干旱主要通过降低气候舒适度，使人们感觉气候不舒适，导致人们不愿外出旅游，从而影响到旅游业的发展，但它们一般对景区景观不会产生影响。

浓雾、沙尘暴、雪灾主要通过阻断交通，降低景区的可进入性和可观赏性，导致人们不能去旅游，它们对景区景观的影响一般是暂时性的，破坏性较小。暴雨洪水、热带气旋（台风、飓风）、局地强对流天气（冰雹、龙卷风、雷电）具有很强的破坏性，常常危及人们的生命安全，使得人们不敢外出旅游，并会给景区景观造成较大的破坏。

二、旅游气候资源分析——近 50 a 安徽省气候舒适度变化

罕见气候事件，具有灾害性、突发性等特点，往往对旅游业产生不利的影响，淮河流域是受极端天气气候事件影响最严重的流域之一，尤其近几十年，随着地球表面平均温度和海平面的上升，极端天气气候事件的强度和发生频率在不断加大，其对旅游业的影响越来越受到人们的关注。

适宜的气候条件不仅具有特殊的景观功能，还可增添和开发富有特色的旅游内容，扩展旅游活动的时空分布。气候舒适度作为评判生态旅游资源的重要标准，它以人类机体与近地大气之间的热交换原理为基础，是从气象角度评价人类在不同天气条件下舒适感的一项生物气象指标，其影响因子主要考虑气温、湿度和风速等。

利用安徽省 1961—2010 年逐日气象要素，分析气候舒适度空间分布、差异及多年变化特征；在此基础上，对安徽省气候舒适度进行区划评价（王胜等，2012）。

图 6.4 是 1961—2010 年安徽省月平均舒适度指数和不同等级月平均舒适度日数的分布。由图 6.4a 可见，全省月平均舒适度指数 4—10 月较小，表明气候相对舒适，其中 6 月最小（2.71）；其他各月平均舒适度指数较大，即气候相对不舒适，其中 1 月最大（14.38）。由图 6.4b 可见，月平均舒适（1～2 级，下同）日数年内分布不均，4—10 月相对较多，其中 6 月最多（24.2 d），而 1—2 月以及 12 月无最舒适（1 级，下同）记录出现；月平均正常气候（3 级，下同）日数呈双峰型分布，峰值分别出现在 4 月（23.6 d）和 10 月（24.1 d），而 1—2 月和 12 月较少；月平均不舒适（4～5 级）日数以 1—3 月及 11—12 月较多，而 5—9 月无气候最不舒适（5 级）记录出现。总体来看，安徽省 4—10 月气候总体舒适，为安徽省旅游最佳季节，而冬半年（11 月至次年 3 月）气候总体不舒适，不适宜外出旅行。

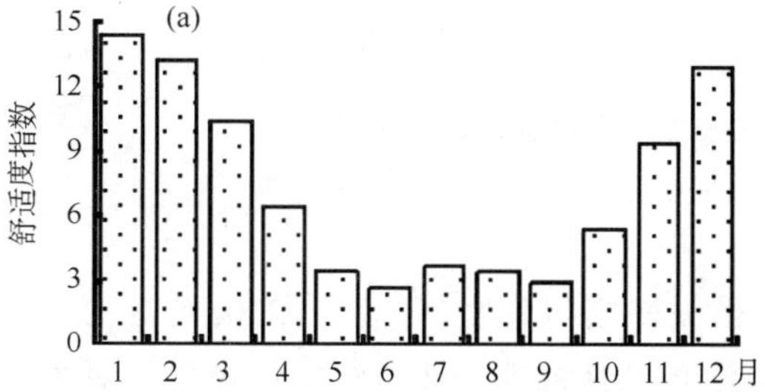

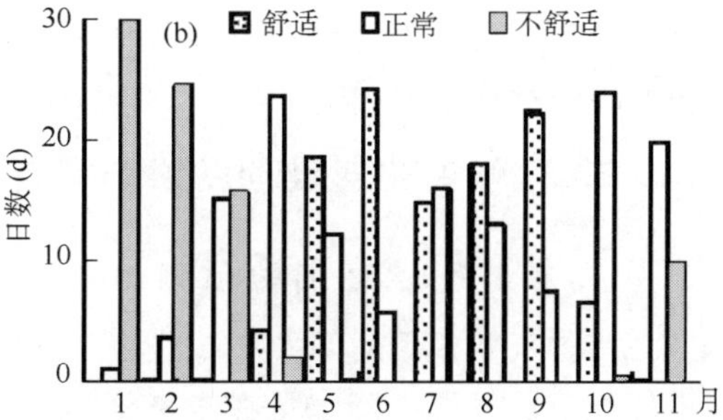

图 6.4　安徽省月平均舒适度指数(a)和不同等级月平均舒适度日数(b)

由 1961—2010 年安徽省气候舒适日数（图 6.5）及其线性倾向率可见，年舒适日数全省线性趋势明显，表明舒适度日数 1961 以来呈现增多趋势。

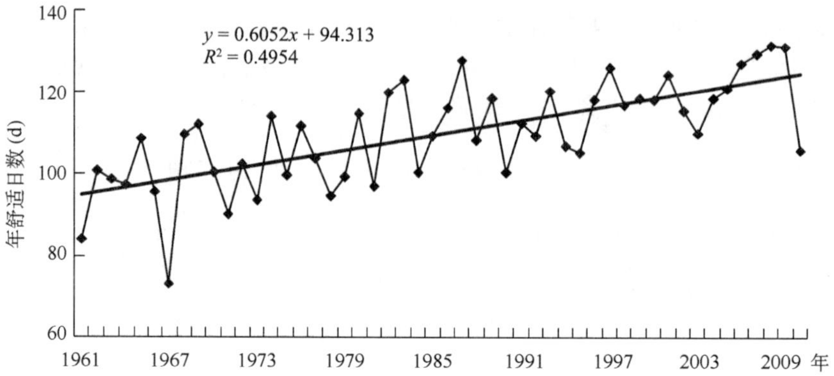

图 6.5 1961—2010 年安徽省气候舒适日数趋势(王胜等,2012)

第四节 气候变化对淮河防洪与排涝管理项目的影响

一、淮河流域防洪工程概述

1991 年以前,淮河流域重要防洪保护区的标准大多为 10～20 a 一遇,排涝标准一般不足 3 a 一遇。1991 年大水后,治淮 19 项骨干工程开始实施,其治理范围为淮河干流与主要支流,旨在将淮河的防洪标准从 5～50 a 一遇提高到 20～100 a 一遇,工程已于 2007 年底基本完成。到 2020 年淮河防洪规划将投资 1554 亿元,以继续增强淮河的防洪能力,使得淮河中游主要防洪保护区的防洪标准从目前不足 50 a 一遇提高到 100 a 一遇,洪泽湖周边地区与流域下游防洪保护区的防洪标准从 50～70 a 一遇提高到 300 a 一遇,沂沭泗河水系的防洪标准从 20 a 一遇提高到 50 a 一遇。以上由中央政府统一规划和投资的防洪排涝项目都是针对淮河干流及主要支流的治理,而淮河流域重点平原洼地治理工程外资项目将集中用于在一些较为贫困的乡村地区兴建一批中小型工程。这些工程分布于淮河流域四省的支流上,涉及的总面积达 10659 km^2,旨在将一些沿河低洼地带的排涝标准从 3～5 a 一遇提高到 5～20 a 一遇(程晓陶等,2008)。

二、气候变化对淮河防洪与排涝管理项目的影响评估

1. 未来气候变化的预测结果

八种气候模型对 A2 与 B2 温室气体排放情景的模拟表明(任国玉,2008),淮河流域年与季节的气温和降水量在未来至 2050 年均有增加的趋势。气温的增幅在冬季更为显著;而从降水量相对以往同期均值所增加的比例来看,尽管夏季增加的比值较冬季略小,但因降水主要集中于夏季,夏季降水量的基数远大于冬季,未来夏季降水量会增加得更多(表 6.1)。

表 6.1　　2050 年 A2、B2 情景下模拟的淮河流域年与季节气温/降水量变化(单位：℃/%)(程晓陶等,2008)

区域	年度	冬季	春季	夏季	秋季
淮河	2.1/4	2.5/6	2.3/3	2.0/5	1.5/2
中国	2.2/5	2.5/6	2.3/5	1.9/5	1.8/3

淮河流域位于我国南北气候的过渡带，未来降水量的预测具有一定的不确定性。考虑到气候变化对淮河流域的影响，应该对水旱灾害极端事件频发并重的局面有所准备。但是，目前还难以依据气候变化的预测对流域中未来洪水特性的变化，如重现期与量级等，做出定量的分析(程晓陶等,2008)。

2. 气候变化影响的半定量分析

由于现有的气候模型仅能预测流域未来降水总量的变化趋势，无法给出极端降雨事件的定量值，所以假设流域降水总量与淹没面积存在一定的比例关系。同时，考虑到气候变化影响的不确定性，假定不同降水量造成的淹没面积的变化幅度为10%，即未来至2050年淮河流域在夏季降水量增加5%时，相应的淹没面积的变动范围为-5%～15%。根据淮河流域重点平原洼地治理工程的项目可行性研究报告可知，淮河流域重点平原洼地治理工程治理总面积为10659.23 km^2，治理范围内耕地总面积为96万 hm^2，主体工程土方开挖6571.51万 m^3。工程静态总投资323382.18万元，年运行费用12161.7万元，流动资金为1216.2万元，工程年费用现值合计424092万元；工程主要效益是提高防洪和排涝能力，多年平均除涝效益为43253万元，另外还具有一定的灌溉和航运效益，多年平均效益合计为162547万元，在社会折现率12%的情况下，效益现值为756761万元。经济净现值为332669万元，经济效益费用比为1.78，产出大于投入，说明淮河流域重点平原洼地治理工程在经济上是可行且非常必要的。

以上经济评价结果是在未考虑未来气候变化影响下得出的。未来至2050年，根据气候模型预测，淮河流域降水量在夏季可能增加5%。在此情况下，即使淮河流域重点平原洼地治理工程按设计标准运行，农田渍涝面积较未考虑气候变化影响时的分析结果仍会增大，工程除涝效益相对减小。同样，如假定这些排涝工程可以排出由于降水量增加而增加的涝水，但此时工程运行成本也会相应增加，从而导致淮河流域重点平原洼地治理工程不能实现预期效益。初步估算(表6.2)：在未考虑气候变化影响的情况下，淮河流域重点平原洼地治理工程多年平均内涝减淹面积为6.39万 hm^2，多年平均除涝效益为43253万元，单位内涝减淹面积的平均除涝效益为6765元/ hm^2。当降水量增加5%时，按比例关系初步估计，多年平均内涝减淹面积为6.75万～5.41万 hm^2，则除涝效益的变动范围为2356万～6679万元。另外，由于流域降水量增加，洼地治理工程的防洪效益也将受到影响(程晓陶等,2008)。

表 6.2 考虑气候变化影响下淮河流域重点平原洼地治理工程效益分析(程晓陶等,2008)

省份	多年平均内涝成灾面积(万 hm^2)			多年平均内涝减淹面积(万 hm^2)	
	现状	工程后(是否考虑气候变化)		工程后(是否考虑气候变化)	
		否	是	否	是
安徽	4.64	1.81	1.71～2.09	2.83	2.93～2.55
河南	4.93	3.10	2.93～3.59	1.82	2.00～1.34
山东	2.38	1.05	1.00～1.22	1.32	1.38～1.16
江苏				0.42	0.44～0.36
合计				6.39	6.75～5.41

第五节 气候变化对能源和人体健康影响的适应性对策

一、加强城市、农村村庄布点合理规划

人类与气候的关系是非常复杂的,城市等居民点影响局地气候,同时也创造自己的局地舒适度。居民点室外空间的舒适度受到许多因子的影响,包括风速、气温、相对湿度、太阳辐射、空气质量等(Stathopoulos, *et al.*,2003)。降低热岛效应对改善城市居民的生活条件非常重要,当然,在一定的温度范围之内,适度的热岛可以加快污染空气的扩散(王绍增等,2001)。

淮河流域人口密度居全国之首,全流域总面积有 27 万 km^2,人口达 1.6 亿,约占全国人口总数的 13%。居民点众多且新建城区面积发展趋势快速。城市新区的建设可以通过改变气流运动和周围环境的光照条件而在城市中创造不同的微气候。在巴西的贝洛·奥利藏特(Belo Horizonte)城,对该城中微气候的调查表明地势很低或超高层的密集住宅楼是不可取的,而且绿地应有规律地间插在城市建筑物间以便充分利用其在热带地区的降温功能(Assis, *et al.*,1999)。以色列在特拉维夫城建造一个新商业区时,SusArc 模型作为一种设计工具被用来计算和显示区址的日照分布情况,从而确定在确保周围居民权利的前提下新商业区的最大体积。另一种模型——FLUENT 模型作为一种评价工具被用来评价区址现状、评价解决问题的办法和减轻问题设计的好坏,使最终的设计既满足了周围居民对适当空气流动的要求,又保证了商业区内步行街上有舒适的微风(Capeluto *et al.*,2003)。

根据研究,植物和种植空间是可持续发展城市的重要组成部分。植物主要在环境、美学和娱乐这三个方面起着举足轻重的作用,而正是植物在环境方面的贡献使它对我们的将来和城市的可持续发展至关重要,如水文、碳的储藏和固定、污染的控制和生物

多样性等都与绿色空间密切相关。目前许多工作都是围绕着自然绿地展开的，如保护现存的绿地，建造新的公园或其他绿地形式。植物最突出的特征是其能够通过改变太阳辐射量减轻炎热城市中的热岛效应。当城市具有足够的绿色空间且能合理地分布形成系统时，城市环境将更加舒适（Gómez，*et al*.，2004；Lindsey，1999）。

（1）合理的绿地布局结构、充足的绿量。

（2）正确处理绿地率与绿化覆盖率的关系，绿地率是不可能无限制地增加的。在我国城市绿地率达到40％就已经不低了。在绿地率有限的情况下如何提高绿化覆盖率，是我们应该关注的问题。

（3）在有限的绿地面积上提高它的叶面积指数，结合城市的主导风向和城市周边营造的风景林或生态保护林，与城市进行大气的对流和交换，可以减少城市的热岛效应。

（4）合理选择植物种类、科学配置园林植物，植物选择要多样，配置要科学，这实际上也是一种提高绿地效益的表现。

（5）节水耐热植物的选择和培育是迫在眉睫的任务。气温在升高、蒸发量在增大，在这样的情况下抗旱、耐热植物的选择是关系到园林长治久安的问题。应该从现在开始，着手选择、培育抗旱、耐热的植物，以便城市园林绿地实现可持续地发展（包满珠，2009）。

（6）屋顶花园及垂直绿化：屋顶花园可以有效地降低顶层空间的室内温度，从而减少室内降温的能耗；此外，绿色植物可以释放氧气，吸收CO_2，从而使温室气体的量有所下降（李文广等，2005；王志民，2007）。垂直绿化也可有效降低室内气温，从而降低室内空气调节能耗，减少温室气体排放。

二、养成节约用水用电的生活习惯

日常生活与生产中的节约习惯有助于减少温室气体排放及减缓水资源的枯竭。

在平时的工作及生活中尽量减少能源的消耗可以有效减少温室气体排放，空调设施的使用、照明等几乎渗透到日常生活及生产的各个方面，社会的每一分子所尽的微薄努力可以汇集成一个巨大的数字。

生产及生活用水的节省可以大大减缓水资源的消耗，提倡中水回用可以有效减少水资源的过度消耗。

三、建立健全影响公众健康的疾病监测和预警系统

气候变化给人类带来的挑战是不容回避的，为了社会经济的可持续发展和人类的生存环境，保护地球的气候，并阻止其继续恶化，是我们的共同责任。减缓全球气候变暖，大力开展气候变化与人类健康的关系研究，建立健全影响公众健康的疾病监测和预警系统。适应性措施包括社会、制度、技术或者行为方面的改进以降低潜在的不利影响，提高有利效应。有大量可供选择的适应性行动，可供全体居民、社区或者个人选用，选取适应性措施的原则主要包括以下部分：

（1）最重要和经济的适应性措施是重建公共健康设施。如果有足够的资金和公共

健康资源，如培训、监视和紧急救护、预防和控制方案，持续监测、预防和控制措施，许多由于气候变化可能会更加恶化的疾病和健康问题可能会得到有效的防治。

(2) 适应性措施的有效性将取决于时间，最初的防治目标是在事发前降低危险性，而第二步的“介入”则是为了防止在将来发生此类事件。

(3)对气候相关胁迫的适应能力的决定性因素包括资源水平、管理的有效性及民政机构、公共健康设施的质量和原有的疾病情况。

(4)适应能力也取决于对气候、气象、极端事件和传染性疾病之间关系的研究和认识。

(5)国家层面上为减轻气候影响造成的脆弱性的适应性策略，可采用立法或规章制度的制定，需要大家或指定的阶层或个人执行；作为选择，适应性的行动也可自愿实施或通过宣传、教育或经济上的行为来激励。

(6)建立为公众服务的信息产品制作、发布系统，为社会提供内容丰富、准确、及时、权威的疾病监测、评估、预测、预警信息，以及疾病预防等各类服务产品。

积极开展疾病潜在威胁与预防技术的研究，包括对疾病流行的脆弱性研究、疾病潜在扩散能力与分布范围的研究、疾病潜在流行监测与控制技术的研究等。加强评价有效适应性措施的研究，积极利用信息技术，建立、建全突发公共卫生监控、预警体系。

小 结

气候变化对淮河流域的能源、人体健康、旅游业和淮河防洪与排涝管理项目等均产生了一定程度的影响：

(1)气候变暖导致冬季采暖能耗下降，但夏季制冷能耗增加程度更大，因此综合来看，气候变化加剧了能源需求的紧张局面。

(2)分析表明淮河流域的安徽省4—10 月气候条件较为舒适，适宜各项旅游活动的开展；而冬半年气候主要以冷不舒适为主，不宜各类户外活动，而从 1961—2010 年安徽省气候舒适日数及其线性倾向率线性上升趋势明显，表明舒适度日数 1961 年以来呈现增多趋势。

(3)气候模型预估淮河流域夏季降水量到 2050 年可能增加 5%，在此情况下，即使淮河流域重点平原洼地治理工程按设计标准运行，农田渍涝面积较未考虑气候变化影响会增大，工程除涝效益相对减小。

(4)淮河流域气候变化对能源和人体健康影响的适应性对策包括：加强城市、农村村庄布点合理规划；养成节约用水用电的生活习惯；建立健全影响公众健康的疾病监测和预警系统等。

参考文献

安徽省发展与改革委员会. 2007. 安徽省“十一五”能源发展规划[EB/OL]. http://www. ahpc. gov. cn/information. jsp? xxnr_id=10018336,2,26.

安徽省经济信息中心预测处. 2008. 安徽工业化发展阶段. http://www. in. ah. cn/yuce/detail. asp? newsID=563,3,20.

包满珠. 2009. 全球气候变化背景下风景园林的角色与使命. 中国园林，(2): 4-8.

程晓陶，王静，夏军等. 2008. 气候变化对淮河防洪与排涝管理项目的影响及适应对策研究. 气候变化研究进展，**4**(6):324-329.

崔道永，张志杰，倪映等. 2007. 年极端低气温在湖北钉螺分布中的敏感性分析. 中国血吸虫病防治杂志，**19**(4):289-292.

高风华，汪天平，吴晓华等. 2008. 安徽省感染性钉螺分布现状与调查. 中国血吸虫病防治杂志，**20**(3):189-193.

洪青标，周晓农. 2002. 全球气候变暖对中国血吸虫病传播影响的研究(I):钉螺冬眠温度与越冬致死温度的测定. 中国血吸虫病防治杂志，**14**(3):192-195.

李文广，李树华. 2005. 日本屋顶花园技术. 中国园林，(5):36-39.

吕大兵，姜庆五，汪天平等. 2004. 安徽径县陈村水库灌区钉螺生态学研究——水位变化对钉螺生存的影响. 中国寄生虫病防，**2**(3):35-139.

任军，顾黎莉，刘红等. 2005. 安徽省沿江沿淮地区洪涝灾害前后钩端螺旋体病监测. 中华流行病学杂志，**26**(9):690-694.

王绍增，李敏. 2001. 城市开敞空间的生态机理研究(上). 中国园林，(4):5- 9.

王志民. 2007. 我国屋顶花园设计初探 . 低温建筑技术，**19**:32-33.

王胜，田红，谢五三等. 2012. 近 50 年安徽省气候舒适度变化特征及区划研究. 地理科学进展，(1): 40-45.

谢庄，苏德斌，虞海燕等. 2007. 北京地区热度日和冷度日的变化特征. 应用气象学报，**18**(2): 232-236.

袁顺全. 2002. 能源消费变化及其与经济和气候的关系研究. 南京:河海大学.

张庆阳. 2007. 气候变暖对人类健康的影响. 气象科技，**35**(2):642.

赵黛青. 2008. 气候变化对我国能源可持续发展的影响. 科学对社会的影响，(1):24-27.

郑英杰，钟久河. 2002. 水淹对钉螺生存的影响. 中国血吸虫病防治杂志，**14**(1):46-49.

周大地. 2004. 气候变化的能源应对战略. 科学中国人，**9**:30-31.

周晓农，杨国静，孙乐等. 2002. 全球气候变暖对血吸虫病传播的潜在影响. 中华流行病学杂志，**23**(2):83-86.

周晓农，杨坤，洪青标等. 2004. 气候变暖对中国血吸虫病传播影响的预测. 中国寄生虫学与寄生虫病杂志，**22**:262-265.

庄建林，姜庆五，周艺彪等. 2006. 钉螺耐寒能力的实验研究. 中国血吸虫病防治杂志，**18**(1):36-39.

任国玉，陈峪，高歌等. 2008. 中国北方三个流域的气候变化趋势. 北京：国家气候中心，10-17.

Assis E S, Frota A B. 1999. Urban Bioclimatic Design Strategies for a Tropical City. *Atmospheric Environment*, **33**: 4133- 4142.

Byrd G P. 1985. An adjustment for the effects of observation time on mean temperature and degree-day computations. *J. App. Meteor.*, **24**(8):869-869.

Capeluto I G, Yezioro A, Shaviv E. 2003. Climate aspects in urban design—A case study. *Building Environ.*, **38**: 827-835.

Gómez F, Gil L, J abaloyes J. 2004. Experimental investigation on the thermal comfort in the city: Relationship with the green areas, interaction with the urban microclimate. *Building Environ.*, **39**:1077-1086.

IPCC. 2007. Climate Change 2007: The physical Science Basis, Summary for Policymakers. Cambridge: Cambridge University Press.

Kadiogu M, Zekai S. 1999. Degree-day Formulations and Application in Turkey Mikdat Kadioglu and Zekai Sen. *J. Appl. Meteor.* **38**: 837-846.

Lindsey G. 1999. Use of urban greenways: Insights from Indianapolis. *Landscape Urban Planning*, **45**: 145-147.

Stathopoulos T, Wu H, Zacharias J. 2003. Outdoor humancomfort in an urban climate. *Building Environ.*, **39**:297-305.

Thom H S C. 1952. Seasonal degree-day statistics for the United States. *Mon. Wea. Revi.*, **80**:143.

第七章

气候变化影响适应性措施的综合评估

田红，王胜（安徽省气候中心）

引　言

气候变化已经并将继续显著地影响人类赖以生存和发展的资源、生态和环境，对敏感的经济部门、水资源以及生态系统造成较大影响。尤其值得关注的是，气候变化导致极端气候事件频发，淮河流域旱涝格局发生改变，各种不利影响的严重程度可能会加剧，对粮食安全构成威胁（田红等，2005，2008；王胜等，2009）。另外，随着淮河流域人口和国民经济不断增长，城市化水平不断提升，能源需求量必然增多，相应的温室气体排放量也不断增加，进一步加剧气候变化的趋势。为规避气候变化的不利影响，淮河流域采取有效的适应措施应对气候变化，促进流域社会经济的可持续发展。

第一节　气候变化适应性评估方法

一、适应性评估方法

适应一词源于生态学概念，是指生物体借助经由先前环境自然选择筛选遗传特性去适合其所处环境的过程。在气候变化问题上，适应是指自然或者人类系统为回应现实或者预期的气候变化或其影响而做出以减轻损害或者利用机会的调整，适应包括自发性适应、反应性适应和预期性适应等（IPCC，2001；《气候变化国家评估报告》编写委员会，2007）。

气候变化适应性评估把生态、环境和社会经济各方面纳入到一个全面系统分析的框架中，是一个多学科、多部门交叉的系统工程，涉及包括环境工程、森林科学、医药卫生、社会科学、地理学、农学、水文学与系统科学等，其研究目的是通过建立和应用先进的、有效的分析工具和方法对气候变化脆弱性和适应方式进行科学评估。常规的适应对策评估分析主要以 IPCC 气候变化影响和适应对策评估技术指南中列举的方法工具为代表。另一种适应对策研究致力于改善各种对气候变化敏感系统的适应能力和复原能力(Carter，1994；IPCC，2007)。气候变化适应性措施的综合评估可以从以下四点出发：明确和评价当前气候影响和胁迫力；确定未来气候变化状况下，可能变得更为严重的气候影响和胁迫力；评价适应当前气候的措施、政策和行为；召开研讨会以选择未来适应气候变化的政策方案(殷永元，2002；Smit，*et al.*，2006)。

要全面了解气候变化对整个区域的综合影响，就必须进行多学科全面研究，把环境、经济、社会等各子系统以及它们之间的相互联系和作用结合起来综合考虑，系统分析方法为这种综合评估提供了一个有效的研究框架。IPCC 技术指导书提出了一个对气候变化影响及适应对策评价研究的基本框架，包括七个步骤(图 7.1)：

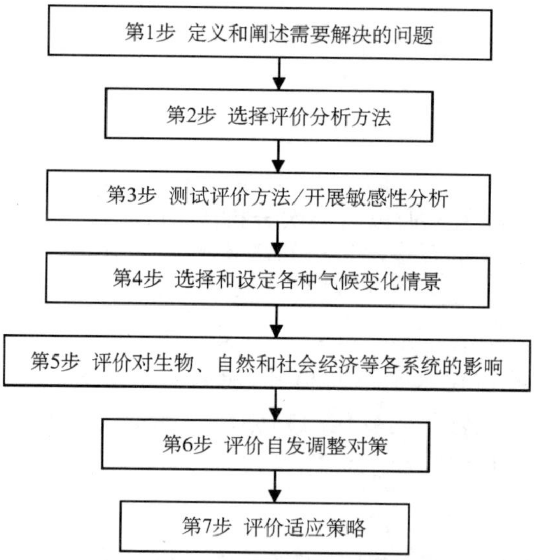

图 7.1 IPCC 气候变化及适应对策评价指南的 7 个评估步骤

其中第 4 步是整个评价过程中最关键的一个步骤，因为在未来气候变化情景和社会经济情景的驱动下，可以接着进行气候变化对人类和生态系统影响的评估。一旦明白生态系统和社会经济系统会遭受到气候变化影响，这些系统或部门将会自发响应或适应，通过预期的适应措施和对策来减轻气候变化造成的损失。

在我国的实际应用中，区域气候变化影响研究首先是"未来气候情景设计"，分析其对农业、自然生态系统、能源和社会经济、人体健康的影响，再提出相应的对策和措施，并对气候变化的影响、脆弱性和适应性进行评估。图 7.2 所示为区域气候变化影响评估研究框架[①])。

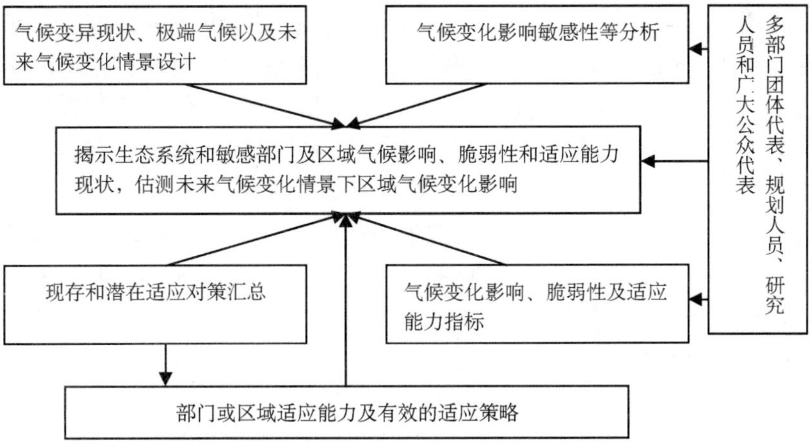

图 7.2　区域气候变化影响综合评估研究框架

多标准评价工具是气候变化适应对策评价过程较好的分析技术，它可以对各种适应策略进行系统和有序的评价。当给定一系列能够被用来处理自然和社会经济方面气候脆弱性的可能适应政策，多标准评价工具能够在这些可选方案中确定满意的政策。许多在决策科学、多标准评价以及系统分析领域开发和建立的方法和工具也可以被用于适应措施的评价，它们能够有效地将气候变化影响评估与区域可持续能力联系在一起(殷永元和王桂新，2004)。目前常用的多标准评估工具包括目标规划(GP)、模糊模式识别(FPR)、神经网络技术(ANN)以及层次分析法(AHP)。

二、气候变化适应性评估案例介绍

美国 MINK 研究项目(Impact of Climate Change in the Missouri, Iowa, Nebraska and Kansas)，选择美国 4 个重要的农业州(Missouri、Iowa、Nebraska、Kansas)，进行未来气候变暖的影响研究，由美国未来资源研究所在 20 世纪 90 年代初完成(USDOE，1991)。该项目所采用的研究方法与 IPCC 第二工作组技术指导书建议的步骤基本一致(Carter, *et al.*，1994)(注：MINK 项目的完成比上述 IPCC 技术指导书的出版时间要早)。这种方法由气候变化情景驱动，然后用影响评价方法估测气候变化情景条件下可能对生态及经济部门造成的影响(包括正、负两方面的影响)。MINK 地区是美国重要粮食产区，森林和水资源等也较为丰富，因此对气候变化影响评估的重点也放在农业、森林、水资源、能源以及地区整体经济体系等方面。

MINK 本身并不是一个连接在一起的计算机综合评估软件系统，而是由许多独立的气候变化部门影响评估项目组成，再通过一个区域投入-产出模型把各个部门影响评估的结果进行综合，得出区域综合影响结果。本案例重点介绍 MINK 项目的投入-产出

① 国家气候中心气候变化影响评估部．2010．气候变化影响综合评估方法(2.5 版)．国家气候中心气候变化影响评估部：133-143.

分析方法，以完成对各个部门影响结果的综合。

气候变化影响评估研究通常以区域为基础，综合评估将考虑地区之间及部门之间的相互联系。例如，气候变化对农作物产量造成的损失可能会间接地影响畜牧业、食品供应，甚至会进一步影响国际粮食市场的供求或价格变动。从这一角度出发，如果气候变化影响评估方法不仅可以估测未来可能造成影响的程度，而且也能揭示对不同部门或系统可能造成的风险，那将为气候变化影响评估提供更为有效的分析工具。投入-产出分析法为气候变化影响的综合评估提供了一种工具(张永勤和缪启龙，2001)。

投入-产出分析法的基本结构为 3 种投入产出表格或矩阵，分别为：投入产出流动表；技术系数表；Leontief 逆矩阵。下面分别介绍：

(1)投入、产出流动表

表 7.1　简化的投入、产出表

		输入			最终消费	总产出
		行业 1	行业 2	行业 3		
产出	行业 1	X_{11}	X_{12}	X_{13}	$Y_1=C_1+E_1$	X_1
	行业 2	X_{21}	X_{22}	X_{23}	$Y_1=C_1+E_1$	X_2
	行业 3	X_{31}	X_{32}	X_{33}	$Y_1=C_1+E_1$	X_3

表 7.1 中，每一行表示某一行业部门对其他行业或部门的输出或最终需求产品，每一列表示某一行业部门从另外行业部门的输入，数字单位普遍使用统一计算的货币单位。投入、产出表中各项的关系也可以用以下公式表示：

$$X_i = \sum_{j=1}^{n} X_{ij} + (C_i + E_i)$$

式中：X_i 为 i 行业部门的总产出；X_{ij} 是从行业部门 i 输出到行业部门 j 的中间产品；C_i 是当地消费的行业部门 i 的产品；E_i 为行业部门 i 的产品出口量。

(2)技术系数表

$$A=\begin{bmatrix} a_{11} & a_{12} & a_{13} \\ a_{21} & a_{22} & a_{23} \\ a_{31} & a_{32} & a_{33} \end{bmatrix}$$

技术系数表对应于投入产出表，表示某行业部门生产每一单位产品需要从其他行业部门输入中间产品的数量。传统投入-产出分析研究的目的是测定在给定某一投入系数矩阵的情况下，某一特定行业产品的最终消费需求发生变化时对总产品所产生的影响。由于许多行业部门之间错综复杂的相互联系，这种对某一特定产品总产量的影响，不仅包括直接的影响或第一轮对其他各种中间产品需求量的增加数额，同时也考虑了由于增加这些额外产品的输入而引起的对其他行业产品更进一步的额外需求。这就是所谓的第二、第三或更高轮次的间接需求影响。为了计算这些中间与间接的需求影响，矩阵运算被用来代表并进行各部门之间的复杂关系及其计算，这样就引进了投入-

产出分析的第三种表格或矩阵-Leontief 逆矩阵。

(3)Leontief 逆矩阵

Leontief 逆矩阵也被称为直接加间接系数矩阵，表格中的系数，都代表了增加某一行业产品一个单位的最终需求所引起的对这一行业产品所有的需求(直接与间接需求)。Leontief 逆矩阵被认为是“投入-产出分析法”最重要的贡献，因为它可以把各行业部门之间直接与间接的相互作用定量地表现出来。投入产出系统的矩阵表达式为：

$$\boldsymbol{X}-\boldsymbol{A}\boldsymbol{X}=\boldsymbol{Y}$$

式中：$\boldsymbol{X}$ 和 $\boldsymbol{Y}$ 分别为总产量及最终消费列向量；A 为 $n\times n$ 维直接投入系数矩阵。通过引入一个单位矩阵 $\boldsymbol{I}$，上式可改写成：

$$(\boldsymbol{I}-\boldsymbol{A})\boldsymbol{X}=\boldsymbol{Y}\gg\boldsymbol{X}=(\boldsymbol{I}-\boldsymbol{A})^{-1}\boldsymbol{Y}$$

$(\boldsymbol{I}-\boldsymbol{A})$也称为 Leontief 矩阵，而$(\boldsymbol{I}-\boldsymbol{A})^{-1}$即为 Leontief 逆矩阵。在 Leontief 逆矩阵中，某系数 b_{ij} 表示行业部门 i 每增加一单位最终消费品，需要从行业部门 j 增加的直接和间接的输入。因此说，投入-产出方法为经济分析提供了有效的工具，利用它可以预测外界条件变化(如最终需求变化)对整个经济系统的影响。

在美国的 MINK 研究项目中，区域投入、产出系统 IMPLAN 被用来对 MINK 地区气候变化可能造成的经济影响进行了评估。IMPLAN 系统包括了 528 个行业部门，基本分析单位可以是州，也可以县为单位，具有较大的灵活性。

目前，中外在气候变化影响评估的重点仍然集中于对各个行业的独立评估上，综合性评估由于数据、复杂性等各方面限制仍然开展得较少。即使国际著名的 MINK 项目也由于实施时间短，可用数据严重不足，最终只对农业相关部门经济影响进行了比较详细的分析和评估，对为数众多的水资源、森林部门及能源部门仅作了较为简单和间接的估测，同时仍然具有较大的不确定性。因此，气候变化影响综合评估的实施将是一个浩大的工程，需要因地制宜，有所侧重地进行试点。

第二节　现有适应措施成效

气候变化已经并将持续对淮河流域自然生态系统和社会经济发展造成全方面的影响。为减轻气候变化的不利影响，淮河流域综合运用经济、技术、法律和必要的行政手段加以应对。

一、农业

农业是对气候变化响应最为敏感的部门之一，气候变化导致农业生产不稳定性增加、产量波动增大，农业生产布局和结构出现变动。气候变暖改善了淮河流域热量条件，增加了生长季有效积温，农作物适宜种植区以及种植品种发生改变(张爱民等，2002；陈国燕，葛幼松，2007)；农业种植制度从一年一熟与两年三熟逐渐过渡为一年两熟，复种指数明显提高(信乃诠等，1999；刘胡祥等，2005)。春秋两季气温波动较大，冬小麦发生晚霜冻危害概率提高(朱萍等,2004;张美玲等,2007);极端高温事件增加,作物遭受高温胁迫危害增多(马晓群等,2009)。近 50 a 来,淮河流域极端降水事件也明显增多,2003、2005 和 2007 年相继发生流域性洪水,给国民经济和农业生产带来重大危害(马晓群等,2009)。此外,暖冬加剧了病虫害的发生几率,山东省 1987—1998 年连续 12 a出现暖冬,病虫越冬基数持续偏大,1998 年病虫害面积发生 $110\times10^4 hm^2$,占耕地面积的 20%左右。为应对气候变化对农业的不利影响,淮河流域采取如下措施以适应气候变化。

1. 农业基础设施建设方面

应对极端气候事件的不利影响,淮河流域加强了农田水利基础设施建设,大力发展设施农业。以安徽省淮北市为例,2007—2010 年,全市先后实施中低产田改造项目 14 个,开发治理面积 9066.67 hm^2,新增、改善灌溉面积 8166.67 hm^2,新增、改善除涝面积 9066.33 hm^2,全市高标准旱涝保收田已达 $4.67\times10^4 hm^2$(徐永,2010)。针对行蓄洪区农业生产的不稳定性,2009 年 8 月通过的《淮河干流行蓄洪区调整规划》对行蓄洪区重新界定,明确行蓄洪区和确保区,行蓄洪区调整后将达到行洪更畅、造成经济损失更小等目标;同时,建立"宜农则农,宜草则牧,宜水则养"的行蓄洪区农业结构体系,变对抗性生产为适应性生产,以减轻防汛压力和洪涝灾害(吴永生,2007)。此外,还加大了煤矿开采塌陷区复垦和生态重建工作力度。截至 2006 年,安徽省淮北市已治理塌陷区 $11.24\times10^4 hm^2$,占塌陷区总面积的 63.15%,其中新增耕地 $5.1\times10^4 hm^2$,精养鱼塘(含水面)$3.2\times10^4 hm^2$,林业用地 653.3 hm^2,菜地 666.7 hm^2,道路 200 hm^2,基建用地 1333.3 hm^2。经过 20 a 的综合治理,该市已逐步形成了蔬菜、瓜果、鸡鱼、肉蛋、奶等副食品基地(刘庆安,2008)。与此同时,通过温室调控效应,减轻因冬季低温以及夏季高温对农业生产造成的不利影响。近年来,安徽省设施农业得到了较快发展,特别是园艺设施和养殖设施规模化水平逐步提高。截至 2008 年年底,全省共有温室面积 $5.6\times10^4 hm^2$,其中连栋温室 240 hm^2,塑料大棚温室 $4.9\times10^4 hm^2$,日光温室 6833 hm^2。

2. 农业结构和种植制度调整方面

尽管淮河流域农业种植结构仍以稻一麦、稻一油等传统种植模式为主,但像麦一豆、麦一芋、麦一花生、林木一药材、稻一牧草等既能显著抗灾,又能为草食畜禽提供优质青粗饲料的适应性种植模式比重明显增加;具有地域特色的畜牧水产、蔬菜等名特优作物发展加快。在季节安排上,沿淮地区抓住低洼地秋冬和早春洪涝灾害少的有利时期,积极扩大优质小麦和油菜以及高品质蔬菜的播种面积,提高复种指数。冬季积极发展棚室蔬菜,如秋延辣椒、番茄、黄瓜和茄子,增加单位土地的产出效益(王林坤等,2008;李道明,2009)。早春季节,充分利用地温上升较快的条件,大力发展地膜马铃薯、花生和玉米,缩短农产品的生产周期,提早上市,趋利避涝。

根据因气候变暖导致作物种植区域发生改变的特点,淮河流域粮、经、饲三元结构逐步改善。以安徽省淮北市为例,经济及饲料作物面积分别比 1997 年扩大 24.6%和 67.4%,复种指数由 1997 年的 183%提高到 2002 年的 193%;品种结构逐步改善,优质农产品比重上升，其中小麦的优质品率 63%、棉花为 80%、蔬菜为 60%、畜禽良种率超过 85%；农业经济结构也明显优化，农村一、二、三产业比 49.6∶40.2∶10.2，以农产品加工为主的二产发展迅猛（王林海，2003）。气候变暖提高了有效积温，淮河流域晚稻种植面积逐渐扩大，如怀远县晚稻种植面积达到 4×10^4 hm^2，占全县水稻种植面积的 85%，形成全国最大的糯稻生产基地（赵熙玲，2008）。

3. 引进和培育新品种方面

为提高农作物的抗逆性、减轻极端气候事件的不利影响，2005 年开始，安徽省重点推广了优质高产良种、科学播种技术、测土配方施肥和病虫综合防治等多项关键技术，实施了小麦高产攻关活动、水稻产业提升行动和玉米振兴计划。通过连续几年的小麦高产攻关，春性品种早播现象得到了有效控制，抵御病虫害能力明显提高，单产显著增加（张华建，2009）。2010 年全省小麦单产达到 5.1 t/hm^2，比攻关前增加 1.26 t/hm^2，22 个县（市、区）小麦平均每公顷超过 6 t，其中涡阳县率先实现每公顷超过 7.5 t，迈入全国小麦高产县（市）行列；总产连续 5 a 创历史新高，2010 年达 120.65 亿 kg。小麦品质也不断优化，2010 年全省小麦优质率达到 80%，比 2005 年提高了 39.8%（史力，2010）。在 4 个小麦主产县建立了小麦核心区 1333 hm^2，示范区 2.67×10^4 hm^2，其中涡阳县已连续两年被评为全国粮食丰产先进县（胡永年，2008）。全省玉米种植面积由 1978 年的 23.67×10^4 hm^2 增加到 2007 年的 71.07×10^4 hm^2，占粮食总面积的比重由 3.8% 提高到 11%，玉米单产和总产也稳步提升。

4. 气象为农服务方面

“十一五”期间，淮河流域全面加强农业气象服务体系建设，气象为农服务能力明显提高。以安徽省为例，截至 2010 年，初步建立了农业观测站和农业气象试验站的农业气象观测系统，基本实现对主要气象要素的专业观测；省、市、县三级布局的农业气象业务服务体系已初步形成；农业气象服务领域不断拓展，农业气象资源利用不断深化；建立了安徽农网和覆盖全省的农村综合信息服务站网，实现了农业气象服务信息的广覆盖。

二、水资源

淮河中上游水系为非对称的羽状河流，各支流洪水在平原区相继汇入干流，正是由于其特有的地形和地理位置、复杂的水文特征以及特殊气候条件，使得淮河流域呈现易旱易涝的特点（程晓陶等，2008）。径流与气候条件关系密切，径流直接受降水量影响，同时气温升高也导致陆面蒸发加大、径流量减少。研究表明，近 50 a 来淮河干流径流量有下降趋势，水污染形势也日趋严重（张建云等，2007；王官勇和戴仕宝，2008；胡余忠，2009）。利用全球气候模式输出的未来气候要素数据，预估不同情景下淮河蚌埠水文站径流量变化情况，结果表明，相对于 1961—1990 年，2010—2100 年淮河年平均径流量年际变幅较大，出现极端径流量的频率有所增加①。针对气候变化对水资源的不利影响，

① 国家气候中心气候变化影响评估部．2010．气候变化影响综合评估方法（2.5 版）．国家气候中心气候变化影响评估部：67-69．

淮河流域采取一系列适应性措施积极应对。

1. 水利工程设施建设方面

淮河流域部分水利工程建于大跃进时期，水利工程设计标准偏低加之工程老化，这些工程难以实现预期的防洪除涝目标。因此，1991 年以来尤其是 2003 年淮河大水后，国家全面加快治淮工作进度。2009 年治淮 19 项骨干工程全部建成，以水库、河道堤防、行蓄洪区和控制性枢纽为主体的流域防洪工程体系基本形成，淮河中游淮北大堤保护区及重要城市防洪标准显著提高，为保障流域防洪安全、供水安全、粮食安全和生态安全、促进地方经济发展、维护社会稳定、提高人民生活水平做出了重要贡献，有力地提高了水利设施对气候变化的适应能力(柳福元，2009；王光宇，2009)。仅从 2007 年淮河大水来看，2007 年淮河洪水大于 1991 年、区域经济总量更是远超 1991 年，但流域受灾面积、受灾人口、倒塌房屋、转移人口和直接经济损失各项灾害指标的绝对值减幅都在 50%以上(汪斌，2009)。

2. 现有水利工程科学调度方面

充分发挥现有水利工程科学调度作用，防洪除涝，实现水利设施最大效益。如 2007 年淮河流域发生流域性洪水，淮河防汛总指挥部适时采取上游水库拦洪削峰，适度承担风险；中游相继运用行蓄洪区，人退水进；下游敞开入江、入海水道，主动给洪水以出路的科学调度措施，有效实施洪水管理，保证了重要堤防无一决口，水库无一垮坝，行蓄洪区群众转移无一伤亡，最大限度地减轻了洪涝灾害损失。

3. 水资源管理和节水方面

加强堤防和控制性工程建设的同时，积极退田还湖(河)、平垸行洪、疏浚河流。以流域为单元实行水资源统一管理、统一规划和统一调度，使整个流域的经济社会与供用水的“费用与效益”之间得到均衡和协调发展，实现水资源的可持续利用。在水资源利用方面，充分利用淮河流域湖泊洼地众多的自然条件，在不影响防洪排洪的同时调蓄雨洪资源，通过工程性措施提高雨洪资源利用率，缓解非汛期水资源供需矛盾。此外，随着科学作物灌溉方式和农业节水技术的逐步推广应用，淮河流域农田灌溉面积虽逐年增加，但农灌用水量却呈下降趋势。如同是大旱的 2001 年与 1978 年，2001 年实灌面积较 1978 年增加了 $174.5\times10^4 hm^2$，但农灌用水量却比 1978 年下降了 81 亿 m^3，淮河流域 2001 年综合灌溉定额较 1978 年下降了 37%，农业节水已取得显著成绩。

三、能源

气候变化对能源的影响是指对气候变化所引起的气象条件改变或极端气候事件发生频率及强度改变对能源活动造成的影响。如降水变化对水力发电的影响，低温与高温天气对采暖和制冷的能源需求影响，干旱与洪涝的发生频率及强度改变对灌溉和排涝的能源需求影响，以及极端气候事件造成的能源供应中断等。20 世纪 80 年代以来，随着经济高速发展，人民生活水平不断提高，对改善室内环境所消费的能源不断增加，气温在影响中国能源消费波动量中的贡献不断增大(袁顺全，2002)。以安徽省为例，受经济快速增长拉动以及极端高温增多因素共同影响，用电量和用电负荷逐年攀升，2009年全省用电量和最大用电负荷均创新高。全省年用电总量为853.22亿kW·h，较2008年增长20.2%，电力供需矛盾较为突出。特别是7—8月高温日数较多，制冷能耗迅速增加，给电力保障带来更大的压力。全省电网最大用电负荷为1596.2×10^4kW，较2008年最大用电负荷1211.3×10^4kW增加31.8%，为年内第七次创新高。为减轻气候变化对能源领域的不利影响，淮河流域采取一系列举措加以应对。

1. 优化能源结构方面

近年来，淮河流域在充分发挥煤炭资源优势和区位优势、加快煤炭工业结构调整、坚决淘汰落后生产能力的同时，合理调整能源布局结构和能源供给结构，新能源和可再生能源快速增长，开发和利用比重也不断上升。2010年上半年，安徽新能源发电量增长102.5%，水电发电量增长45%，分别高于火电增幅88.7%和31.2%。

安徽省在风能开发利用方面也开展了一系列工作。气象部门在前期风能普查的基础上，在风能资源较丰富的来安、天长、宿松和望江建成四个风能资源专业测风塔，进一步开展风能资源详查，并完成风能资源综合评估，确定了风能重点开发区域、风能资源潜能较大区域和需进一步考察的潜在开发区。安徽省发改委将风能发电列入"十二五"新能源发展重点规划。有多个企业在安徽开展风电开发项目。2011年1月，总体规划为25万kW的来安风电场首次并网发电。为了最大程度利用风能资源，安徽气象局近年来分别在当涂县、来安县建设风力提水站，并试验成功，其显著的经济效益、生态效益和社会效益，受到当地农民的欢迎。和风能发电相比，风力提水投资小，有风时即可取水，不要求风力稳定，比较灵活，适宜在安徽省大部分地区推广，尤其对江淮分水岭等经常出现干旱的地区实用价值大。

2. 产业结构调整方面

淮河流域通过调整经济结构、转变发展方式，实现了经济质量的稳步提升。淮河流域矿区在提高煤炭资源开发利用率的同时，积极寻找"替代产业"。以安徽省为例，近年来第二、三产业在国民经济中的比重进一步提高，三种产业结构由2000年的24.1∶42.7∶33.2调整为2007年的16.5∶44.7∶38.8；2008年淮北市原煤产量上升到4086万t，但煤炭产业在总产值中的比重却由以前的90%多下降为不足50%（刘杰，何聪，2009）。在开发和利用煤炭资源的同时，淮河流域注重加强城市生态环境的治理力度，利用文物古迹、历史文化名城等特有的地域文化资源，推动旅游业和服务业的发展。

3. 资源综合利用方面

针对淮河流域煤炭工业"三废"污染严重、资源浪费现象，一方面政府增加环保投入，加快城市绿化系统的建设；另一方面煤炭企业通过技术改造和技术创新，开展清洁生产、发展循环经济，按照"3R原则"——减量化(Reduce)、再循环(Recycle)和再利用(Reuse)组织生产(Handfeild，*et al.*，2005；赵忠伟等，2009；孙陶生，2009)。2005年安徽省煤矸石产生量约1500万t，利用率85%；粉煤灰产生量约549万t，利用量约476万t，利用率87%。安徽省鼓励和支持大型企业利用余热、余气、余压等发电，截至2007年，全省热电联产新增装机100×10^4 kW以上。此外，大力推广瓦斯(煤层气)综合利用。目前，淮南矿业集团已建成谢桥矿2×600 kW瓦斯发电站，潘三矿4×1200 kW瓦斯发电站，潘一矿中央抽排泵房2×500 kW集装箱式移动电站，谢一矿2×500 kW集装箱式移动电站。淮北矿业集团海孜矿2005年投入4×800 kW发电机组利用瓦斯发电，准备二期工程再上4×800 kW发电机组。皖北煤电集团祁东煤矿2003年开始瓦斯发电，一期工程共安装三台发电机组，总装机容量3600 kW，矿井瓦斯利用率超过40%，经济效益和环境效益明显①。

此外，加大了煤炭资源深加工力度，提高煤炭洗选率，到2010年安徽省两淮煤矿原煤入洗率提高到80%以上，重点煤矿达到85%以上，并大力推进煤系高岭土深加工等综合利用(刘杰，何聪，2009)。

第三节　适应性行动计划案例——治淮19项骨干工程

一、工程概况

针对淮河下游既易涝又易旱的地域特点，按照防洪抗旱并举、除害兴利并重的思路，1991年国务院《关于进一步治理淮河和太湖的决定》确定实施治淮19项骨干工程。2003年淮河大水后，国务院召开治淮工作会议，作出关于加快治淮19项骨干工程建设的重大决策。按照"蓄泄兼筹"的治淮方针，在上游新建板桥、石漫滩、燕山、白莲崖等四座大型水库，加固20座大型病险水库，中游建设临淮岗洪水控制工程以巩固拦洪和扩大蓄洪能力；在淮河和沂沭泗中下游进行干流河道整治及堤防加固、入江水道巩固、分淮入沂续建、洪泽湖大堤加固、沂沭泗河洪水东调南下工程建设以扩大河道泄洪能力，消除堤防险工隐患，提高防洪标准；建设怀洪新河、入海水道等分洪工程以扩大分洪能力；对包浍河、涡河、沙颍河、奎濉河、洪汝河、汾泉河等主要跨省淮北支流进行治理以提高支流防洪除涝能力，此外，还加强行蓄洪区安全建设和洼地治理等工程。

二、取得的成效

1. 防洪标准提高

治淮19项骨干工程和已建的其他治淮工程，初步构建了淮河流域防洪减灾体系，流域总体防洪标准明显提高。在行蓄洪区充分运用的情况下，能够安全防御流域性大洪水。

淮河上游山丘区是流域暴雨集中区域，洪水汇流快、下泄急，易造成灾害。上游河道防洪能力由治理前不足5 a一遇提高到约10 a一遇标准。但由于山丘区洪水未得到有效控制，防洪能力仍明显不足，应将其防洪标准提高至20 a一遇，以适应当地经济社

① 安徽省人民政府.2007.安徽省"十一五"资源节约与综合利用规划.

会发展的要求。

淮河干流中游防洪标准也有一定提高，在充分运用行蓄洪区和临淮岗洪水控制工程的情况下，可使中游淮北大堤主要防洪保护区和淮南、蚌埠市的防洪标准由治理前不足 50 a 一遇提高到 100 a 一遇。但河道行洪能力不足，中等洪水时水位高、持续时间长、影响两岸排涝。2003 和 2007 年大水，在开启行蓄洪区的情况下，润河集超警戒水位(24.3 m)持续时间均超过 30 d；正阳关超警戒水位(24.0 m)持续时间均超过 24 d；蚌埠超警戒水位(20.3 m)持续时间均超过 24 d。但由于中游高水位顶托，沿淮洼地涝水难以排出，"关门淹"现象仍然存在。

淮河下游兴建了入海水道近期工程，扩大了泄洪能力，配合现有的入江水道、分淮入沂等工程，可使洪泽湖大堤的防洪标准由治理前不足 50 a 一遇提高到 100 a 一遇。但淮河下游入江、入海能力仍不能满足洪泽湖提高防洪标准的要求；洪泽湖设计水位偏高，中低水位时下泄流量偏小。

沂沭泗河中下游重要防洪保护区的防洪标准由治理前的 10 a 一遇提高到 50 a 一遇。尽管沂沭泗河水系的防洪标准有所提高，但尚有大批中小河道未进行治理，其防洪除涝标准仍明显偏低。

淮北重要跨省支流的防洪标准除洪汝河由治理前的 5 a 一遇提高至 10 a 一遇外，沙颍河、汾泉河、涡河、包浍河、奎濉河等防洪标准均从治理前的约 10 a 一遇提高到 20 a 一遇，除涝标准也有所提高，基本达到 3 a 一遇。

2. 减灾效益明显

治淮 19 项骨干工程建设时间跨度较长，工程建设期间遭遇了 2003 和 2007 年两次大洪水，淮河干流各主要断面 30 d 洪量的重现期分别为 11～26 a、15～22 a，1991 年大水的重现期为 9～15 a，说明 2003 和 2007 年洪水的洪量大于 1991 年。已建工程发挥了较好的防洪减灾效益，与工程建设前的 1991 洪水比较，灾情明显减轻。据《治淮汇刊年鉴(1991 年)》、《治淮汇刊年鉴(2004 年)》和 2007 年淮河防汛抗洪工作总结(淮河防汛总指挥部)等统计资料，1991、2003 和 2007 年灾情及减灾效果如表 7.2 所示。

表 7.2　　淮河流域 1991、2003 和 2007 年洪涝灾害统计表

年份	受灾面积(万 hm^2)	成灾面积(万 hm^2)	受灾人口(万人)	倒塌房屋(万间)	转移人口(万人)	直接经济损失(亿元)
1991 年	551.67	401.6	5423	196	226.1	339.6
2003 年	384.67	259.13	3730	77	180.9	286
2007 年	294.87	158.67	2472	11.53	98.1	155.2
2003 年较 1991 年减少	30.3%	35.5%	31.2%	60.7%	20.2%	15.8%
2007 年较 1991 年减少	54.7%	60.5%	54.4%	94.1%	56.6%	54.3%
2007 年较 2003 年减少	35.0%	38.8%	33.7%	85.0%	45.8%	45.7%

从表 7.2 中可知，尽管 2003 和 2007 年洪水总量和经济总量都大于 1991 年，但所造成的各项灾害损失指标的绝对值却大幅度降低，2007 年比 2003 年又减少甚多，这充分说明 19 项骨干工程的减灾效益显著。表 7.2 中的成灾面积是洪灾与涝灾之和，其中涝灾面积占 2/3 以上，说明涝灾损失较重。

治淮 19 项骨干工程构建的淮河防洪体系框架，提高了流域总体防洪标准，在行蓄洪区充分运用的情况下，能够安全防御流域性大洪水。洪水的科学调度和防控能力得到增强，社会防汛抢险成本得到节约，全流域防御洪灾风险能力和社会安定程度大为提高。总体来看，治淮 19 项骨干工程符合流域规划，总体布局和建设方案科学合理，防洪减灾效益十分显著。

小　结

气候变化对淮河流域已经产生了多方面的影响，且以不利影响为主。未来的气候变暖将可能会对淮河流域的生存环境以及农业、水资源等部门产生更多不利影响。而过多地依赖约束性温室气体减排来减缓气候变化，将直接制约淮河流域目前能源工业、制造业以及农牧业的发展，导致淮河流域社会经济发展裹足不前。因此，为实现淮河流域社会经济可持续发展，选择趋利避害的适应对策和措施，是应对气候变化的必然选择。

本章首先阐述了区域气候变化适应性评估方法，并以美国 MINK 研究项目为案例分析了区域气候变化适应性评估的步骤、技术方法、评估的效果以及存在的问题等。为减轻气候变化的不利影响，淮河流域采取的一系列经济、技术和行政等手段适应气候变化，并就现有对农业、水资源、能源等领域的适应措施及其成效进行了重点介绍。最后以治淮 19 项骨干工程典型案例，分析了适应性行动已取得的成效。

参考文献

陈国燕，葛幼松．2007．全球气候变暖背景下的农业可持续发展—以山东省为例．安徽农业科学，**35**(9)：2764-2766.

程晓陶，王静，夏军等．2008．气候变化对淮河防洪与排涝管理项目的影响及适应对策研究．气候变化研究进展，**4**(6)：324-329.

胡永年．2008．实施粮食丰产科技工程提升安徽稻麦生产水平．安徽科技，(1)：14-15.

胡余忠．2009．淮河中游水文要素变化趋势分析．江淮水利科技，(1)：40-42.

马晓群，陈晓艺，姚筠．2009．安徽淮河流域各级降水时空变化及其对农业的影响．中国农业气象，**30**(1)：25-30.

李道明．2009．长丰县农业结构调整现状及对策．现代农业科技，**18**：380-381.

刘胡祥，陈若礼，朝金华．2005．淮北地区夏玉米生育期气候资源的配置与提高单产的措施．玉米科学(增刊)：120-121.

刘杰，何聪．2009．煤城淮北悄然变身．人民日报，4-25.
刘庆安．2008．淮北煤矿塌陷区综合治理中存在的问题与建议．淮北职业技术学院学报，**7**(6)：105-106.
柳福元．2009．放歌江河——新中国60年水利建设大观．河南水利与南水北调，**11**：50-60.
《气候变化国家评估报告》编写委员会．2007．气候变化国家评估报告．北京：科学出版社.
史力．2010．安徽："高产攻关"5年增粮近40亿公斤．安徽日报，9～7.
孙陶生．2009．发展循环经济若干理论问题探讨．安阳工学院学报，**3**：34-39.
田红，李春，张士洋．2005．近50年我国江淮流域气候变化．中国海洋大学学报(自然科学版)，**35**(4)：539-544.
田红，许吟隆，林而达．2008．温室效应引起的江淮流域气候变化预估．气候变化研究进展，**4**(6)：357-360.
王官勇，戴仕宝．2008．近50年来淮河流域水资源与水环境变化．安徽师范大学学报(自然科学版)，**31**(1)：75-79.
王光宇．2009．见证安徽治淮60年．党史纵览，**9**：23-27.
王林海．2003．淮北市农业结构调整成效、问题与对策．安徽农学通报，**9**(5)：7-8.
王林坤，王树文，罗诗武．2008．沿淮低洼地区农业结构调整的对策与措施．安徽农学通报，**14**(15)：15-16.
王胜，田红，丁小俊等．2009．淮河流域主汛期降水气候特征及"旱涝急转"现象．中国农业气象，**30**(1)：31-34.
汪斌．2009．辉煌成就历史跨越——新中国成立60年淮河防洪工作回顾与展望．治淮，**9**：4-6.
吴永生．2007．安徽省淮河行蓄洪区经济社会发展对策．江淮水利科技，(3)：7-9.
徐永．2010．浅析淮北市农业基础设施建设．安徽农学通报，**16**(1)：16，21.
信乃诠．1999．中国农业气象学．北京：中国农业出版社，628-634.
殷永元．2002．气候变化适应对策的评价方法和工具．冰川冻土，**24**(4)：426-432.
殷永元，王桂新．2004．全球气候变化评估方法及其应用．北京：高度教育出版社，1-158.
袁顺全．2002．能源消费变化及其与经济和气候的关系研究．南京：河海大学．
张爱民，王效瑞，马晓群．2002．淮河流域气候变化及其对农业的影响．安徽农业科学，**30**(6)：843-846.
张华建．2009．高产攻关助推灾年小麦大丰收．农村工作通讯，**18**：59-60.
张建云，王国庆．2007．气候变化对水文水资源影响研究．北京：科学出版社，30-34.
张美玲，鹿翠华，张慧．2007．1990年以来鲁南地区热量资源的变化及未来趋势．气象与环境学，**30**(增刊)：66-69.
张永勤，缪启龙．2001．气候变化对区域经济影响的投入一产出模型研究．气象学报，**59**(5)：533-560.
赵熙玲．2008．沿淮地区发展特色农业的条件与措施．安徽农学通报，**14**(15)：8-9.
赵忠伟，徐建中．2009．循环经济导向的供应链管理研究．科技进步与对策，**26**(18)：25-27.
朱萍，王瑞芳．2004．徐州地区气候变化与农业种植制度改革//首届长三角科技论坛—气象科技发展论坛论文集：471-475.
Carter T R，Parry M L，Harasawa H，*et al*. 1994. IPCC Technical guidelines for assessing climate change impacts and adaptations. report by Working Group II of the Intergovermental Panel on Climate Change. UK：University Collage London.
Handfeild R，Sroufe R，Walton S. 2005. Integrating environmental management and supply chain

strategies. *Business Strategy Environ.*, **14**(1):1-19.

IPCC. 2001. Climate Change 2001: *The scientific basis. Contribution of Working Group I to the Third Assessment Report of Intergovernmental Panel of Climate Change.* Cambridge University Press: 881pp.

IPCC. 2007. *Climate Change* 2007: *The Physical Science Basis. Contribution of Working Group I to the Fourth Assessment Report of the Intergovernmental Panel on Climate Change.* Cambridge, UK: Cambridge University Press, 1-996.

Smit B, Wandel J. 2006. Adaptation, adaptive capacity and vulnerability. *Global Environmental Change*, **16** (3): 282-292.

USDOE. 1991. Processes for identifying regional influences and responses to increasing atmospheric CO_2 and Climate Change—The MINK Project. Washington D C: United States Department of Energy.

第八章

气候变化减缓对策

王胜，田红（安徽省气候中心）

引　言

减缓气候变化是指人类通过削减温室气体的排放源和（或）增加温室气体的吸收汇而对气候系统实施的干预。减缓气候变化受到广泛的社会经济政策影响，反过来又对社会经济发展产生影响（IPCC，2007；《气候变化国家评估报告》编写委员会，2007；王勤花等，2007）。淮河流域人口众多，经济发展水平较低，能源结构以煤炭为主，应对气候变化能力相对较弱，因此，减缓气候变化是淮河流域一项长期艰巨的任务，主要表现为对发展模式、能源结构、自主创新能力等的挑战（高广生，2007；苏伟，2008）。

第一节　温室气体排放现状与减排压力

一、温室气体排放现状

淮河流域煤炭资源丰富，已探明储量约 1000 亿 t，占全国储量的 1/8，是中国重要的能源生产基地（林斐，2000）。现已建成淮南、淮北、平顶山、徐州、兖州、枣庄等国家大型煤炭生产基地。据统计，煤炭行业占淮河流域工业经济的近半壁江山（万伦来等，2007）。

煤炭和化石燃料消费是最主要的温室气体排放源，过去 20 a 中全球大约有 3/4 的人为 CO_2 排放量来源于煤炭和化石燃料消费（刘强等，2000；中国气候变化国别研究编写组，2000；高峰等，2001；丁维新，蔡祖聪，2002）。丰富的煤炭资源带动了淮河流域煤炭工业及关联产业(电力、建材等)的发展,与此同时产生的温室气体排放量显著增加。目前,淮河流域已成为中国温室气体排放浓度较高的地区。以安徽省为例,据估算,2007年全省温室气体排放总量约为29 881.45万t二氧化碳当量,扣除林业碳汇后,净排放量为29 761.75万t二氧化碳当量①。主要温室气体排放源包括:化石燃料燃烧(20 071万t)、工业生产过程(8141.95万t)、农业排放(1106.7万t)以及固体废弃物和废水排放(561.8万t)。从温室气体排放结构来看,煤炭及石油消费的排放比例超过95%,其中化石燃料燃烧排放二氧化碳为20 071万t,占90.45%(安徽省统计局,2008;刘虹,姜乃隽,2009)。

经国务院批复,安徽省"十一五"期间节能减排指标是,到2010年万元GDP能耗由1.21 t标准煤下降到0.97 t标准煤(按2005年价格计算),下降20%②。2009年,安徽省万元GDP能耗下降5.39%,而全国万元GDP能耗下降3.61%,下降幅度为全国平均水平的1.5倍③。2006—2009年,安徽省万元GDP能耗累计下降16.13%;单位工业增加值能耗2.10 t标准煤/万元,下降11.13%;单位GDP电耗1088.76 kW·h/万元,下降1.83%。合肥、芜湖、马鞍山等10个市率先完成或基本完成"十一五"节能目标。但全省要完成节能减排目标,形势依然严峻。

中国已经从科学和社会发展等多方面认识到了气候变化的巨大影响,并且开始进行着积极的应对。1990—2005年,单位国内生产总值二氧化碳排放强度下降46%。然而研究表明,即使全球停止增加温室气体排放,并且2015到2020年开始减少排放,要防止全球平均气温再上升2℃,到2050年全球的温室气体减排量需达到1990年水平的80%。2009年12月,在丹麦首都哥本哈根召开的世界气候大会商讨了《京都议定书》一期承诺到期后的后续方案,即2012—2020年的全球减排协议。在这次大会上,中国政府承诺到2020年单位国内生产总值二氧化碳排放比2005年下降40%~45%,作为约束性指标纳入国民经济和社会发展中长期规划,并制定相应的国内统计、监测、考核办法。

二、温室气体减排面临的形势和问题

1. 高耗能产业比重大,节能减排压力大

目前淮河流域正处于工业化加速发展阶段,钢铁、冶金、有色、建材、电力等高耗能、高污染、高排放的产业比重大,支撑其发展的重要物质基础主要是煤炭。在一次能源消费结构中,原煤消费量占一次能源总量的90%以上。煤炭的大量直接消费,不仅造成了能源利用效率的低下,而且由于燃烧过程中产生的二氧化碳,对生态环境造成了严重的破坏,致使经济发展的"高碳"特征非常明显。

此外,节能减排重点工程建设滞后。以安徽省为例,2009年计划现有燃煤机组脱硫设施投运3500万kW、城市新增污水处理能力1200万t/d(不含原有污水处理厂处理水

① 安徽省发展和改革委员会.2009.安徽省应对气候变化方案.

② 安徽省人大常委会.2009.关于全省"十一五"节能减排总体目标完成情况的调研报告.

③ 国家统计局.2010.2009年各省、自治区、直辖市单位国内生产总值(GDP)能耗等指标公报.

量)，但上半年分别仅完成31%和25%，从总体计划实施进度看，重点工程建设推进缓慢，滞后于其他工程的建设。经济发展、能源消费与环境保护之间的矛盾愈显突出。

2. 能源及利用技术相对落后，淘汰落后产能缓慢

能源生产和利用技术相对落后，直接导致排放强度较高，一方面，淮河流域目前的能源开采、供应与转换、输配技术、工业生产技术和其他能源终端使用技术还不够先进；另一方面，重点耗能行业落后工艺仍占一定比重。正在进行的能源、交通、建筑等基础设施建设，如果不能及时获得先进的节能减排技术，这些设施的高排放特征就会在未来几十年内延续存在，因此，全面提升能源利用技术水平的压力巨大。

淮河流域工业能耗和废气排放占到总量的70%，整治和逐步淘汰落后产业生产工艺是节能减排的重点工作。淮河流域除淘汰小火电工作按计划进行，淘汰落后钢铁、有色、水泥产能工作正在推进之中外，造纸、酒精、味精、柠檬酸等落后产能淘汰工作起步晚，进展迟缓。如果这项工作不能有计划，有步骤，坚定地执行，或淘汰不彻底，一旦市场行情好转，落后产能很容易死灰复燃。

3. 清洁能源资源不足，发展清洁能源面临挑战

以安徽省为例，在能源结构中，煤炭及火力发电的生产和利用占85%左右；清洁能源资源匮乏。无海洋能资源，地热能没有得到勘探和开发，风能和太阳能资源也不具有明显优势。只有水能和生物质能资源及少量的煤层气有一定的开发利用，且水能比重下降，1980年水力发电占全省发电总量的8.9%，1985年为7.2%，1990年为6.8%，1995年为3.6%，2000年为2.25%，2005年进一步下将为2.02%。太阳能在工业领域的利用开发还没有起步，农村沼气也没有得到全面普及，清洁能源资源不足在一定程度上制约了清洁能源的发展。

4. 低碳产业发展滞后，技术创新不足

仍以安徽省为例，与先进省份相比，安徽省光伏产业、新能源汽车、建筑节能和环保设备等低碳产业发展相对落后，差距明显。以太阳能光伏发电为例，安徽省不仅项目少、企业规模小，且缺乏完整的产业链，目前仅有蚌埠的0.2 MW项目已核准，而2008年中国太阳能光伏装机容量达到34 MW。

技术创新是发展低碳经济的核心和关键。目前，淮河流域低碳技术研发和推广能力还不能适应形势发展需要，低碳技术研发和推广缺乏合理规划和有效的优惠政策支持。政府投入机制不稳定，金融系统对低碳技术项目支持不够，低碳技术的研发和推广资金不足。同时，市场已有低碳技术一般“各自为战”，缺乏有效的整合。

第二节　现有减缓措施成效

尽管温室气体减排形势较为严峻，但近年来淮河流域四省通过采取政治、经济、法律乃至必要的行政手段，有力地推进了节能减排工作，温室气体排放强度得到一定程度

的控制，减缓气候变化成效较为明显。

一、单位 GDP 能耗持续下降

单位 GDP 能耗是反映能源消费水平和节能降耗状况的主要指标。图 8.1 是淮河流域四省以及全国历年单位 GDP 能耗变化。1991—2004 年，淮河流域四省和全国平均单位 GDP 下降趋势均十分明显，其中安徽省单位 GDP 能耗由 1991 年的 4.387 t 标准煤/万元降到 2000 年的 1.696 t 标准煤/万元，10 a 下降了 61.34%。“十五”期间，全国和流域内各省单位 GDP 能耗下降趋势均放缓，江苏和安徽两省单位 GDP 能耗低于全国平均水平，而河南高于全国平均水平。“十一五”以来，安徽省单位 GDP 能耗降幅逐年加大，2006—2009 年 4 a 分别下降 3.44%、4.11%、4.52%和 5.39%，累计下降 16.36%，超过全国平均水平 1.75 个百分点，完成“十一五”节能目标的 80.05%[①]。

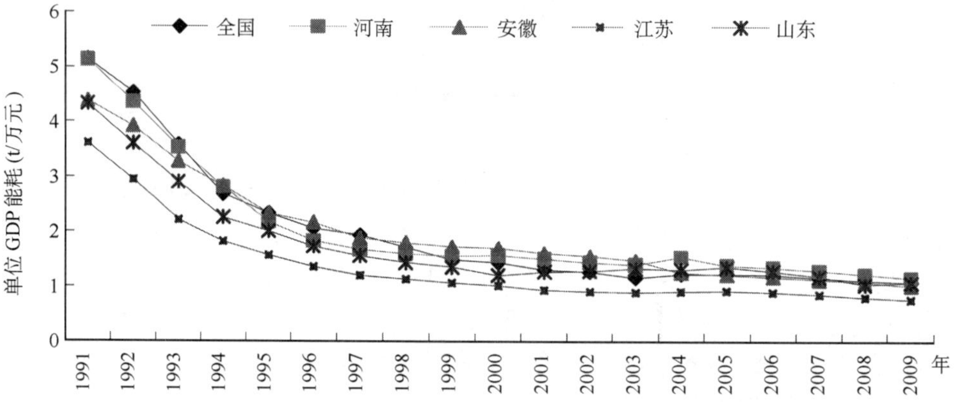

图 8.1　淮河流域四省以及全国历年单位 GDP 能耗变化情况

通过关停小火电、淘汰落后炼钢等措施，实施高效节能与新能源领域相关项目，淮河流域企业节能成效明显。以安徽省为例，2006 年至 2010 年 7 月，全省关停小机组总规模达到 305.5 万 kW，大大超过 2007 年省政府与国家发改委签订的“十一五”关停小火电 172.05 万 kW 责任目标。截至 2010 年 7 月，安徽省 12.5 万 kW 以下的公用纯凝火电机组已经全部关停，电力行业淘汰落后产能工作走在了全国前列。2010 年计划实现淘汰机立窑水泥生产线 49 条、落后产能 446.8 万 t；淘汰落后铅冶炼炉 8 台、落后产能 2 万 t；关闭小煤矿矿井 11 对、落后产能 69 万 t。此外，资源综合利用步伐明显加快。淮南矿业集团作为国家瓦斯综合利用示范基地，改造 18 台共 92 t 燃煤锅炉为燃瓦斯气锅炉，瓦斯替代 5 万多吨煤炭，创造价值 2000 多万元(中国经济导报，2010；新华网，2010)。

淮河流域扩大国际交往范围与合作领域，积极引进、推广国外的先进技术和管理经验，努力扩大利用外资规模。CDM(Clean Development Mechanism，清洁发展机制)是《京都议定书》的一种灵活的机制，其基本原则为：发达国家在发展中国家投资低成本的

① 安徽省节能监察中心．2010．2010 年节能工作简报第 5 期(总第 91 期)．

减排机会，并从产生的减排量中获得减排信用，从而减少需要在本国境内完成的减排量。CDM降低了发达国家遵守《京都议定书》的成本，同时发展中国家也可以从中获利，它不仅仅为发展中国家带来新的投资，也带来先进的符合可持续发展要求的技术（姬振海，2008）。淮河流域是中国重要的煤炭生产基地，煤层气资源丰富。据初步估算，位于淮河流域的两淮煤田埋深2000 m以浅共有煤层气资源量9087亿m^3。目前，两淮煤矿井下抽放和利用的煤层气不到1000万m^3，而每年排放到大气中的煤层气达3.8亿m^3，不仅污染大气又浪费了大量资源（姚凤云，2002；张其兵等，2004；中商情报网，2009）。因此，加快煤层气开发，将会减少燃煤带来的环境污染，优化淮河流域能源结构，减少温室气体排放（陈宏斌，2005）。2007年2月18日，中国首个煤层气CDM项目——淮北矿业集团海孜、芦岭瓦斯发电项目得到正式批准并注册。按照项目协议规定，淮北矿业集团公司从2006年1月1日－2015年12月31日，将通过综合利用瓦斯发电，每减排1 t二氧化碳，就可以得到合作方——国际能源系统集团荷兰分公司9美元的资金支持。据测算，如果海孜、芦岭瓦斯发电项目按设计装机容量运行，每年能够减排二氧化碳29万多吨。因而，该项目实施对于淮北矿业集团公司瓦斯综合治理、利用以及矿区环境保护，都有着良好经济和社会效益（安徽省经济委员会，2007）。

二、温室气体减排气候效应显现

在全球气候变暖的大背景下，淮河流域平均气温有升高趋势，尤其是20世纪90年代之后平均气温升高趋势显著，其中春、秋、冬季较为明显。以安徽省为例，最近50 a安徽省年平均气温上升了0.5～1.5℃，平均增温幅度为0.12～0.27℃/10 a，尤其是20世纪90年代以来变暖趋势最为突出①。

1991年安徽省能源消费总量折合标准煤为2910.52万t，而2008年达到9539.77万t，能源消费量增加了3.3倍。据测算，消费1 t标准煤相当于产生2.1 t二氧化碳（安徽省发展和改革委员会，2009）。1991—2005年，安徽省累计能耗70067.98万t标准煤（安徽省统计局，2006），相当于产生147142.76万t二氧化碳，二氧化碳产生量的年增加趋势为9.07%/a；其间全省平均气温累计增温0.9℃（图8.2）。因此，1991年以来温室气体的猛增可能是导致安徽省气温升高的主要原因之一。

通过开展节能减排工作，2006—2008年安徽省累计节约能耗达2055.72万t标准煤，折合减排二氧化碳达4317.01万t；全省温室气体累计减排率达8.21%，高于全国（6.49%）水平。一系列节能减排措施的实施，有效抑制气候变暖趋势的进一步加剧。由于温室气体是导致气温升高的主要原因之一，根据上述二氧化碳增量与平均气温升高的关系测算，2006—2008年减少二氧化碳气体排放抑制了全省平均气温可能进一步升高0.03℃，节能减排对减缓气候变化具有一定的成效。

---

① 安徽省气候中心. 2008. 气候变暖背景下我省极端气候事件的特征分析. 气候变化专题分析报告.

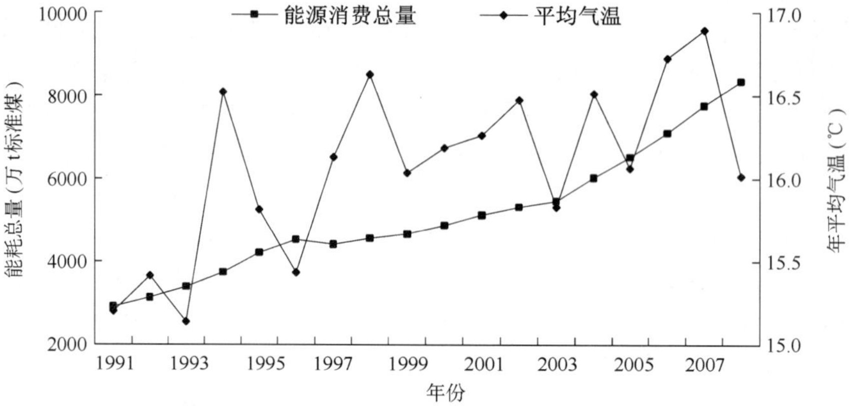

图 8.2 1991—2008 年安徽省能源消费总量与年平均气温演变

第三节 减缓措施与对策

一、未来温室气体排放情景分析

以安徽省为例，利用中国能源政策综合政策评价模型对安徽省未来能源需求及其引起的二氧化碳排放进行情景定量分析(国家发展和改革委员会能源研究所，2005)。为进行减排潜力分析，设置基准情景和强化政策情景两种不同情景。基准情景是假设延续现有的社会经济和能源政策，煤炭仍保持较高比重，同时延续实施现有的能效提高政策。强化政策情景是假设采取一些重大社会经济政策措施，实现产业结构调整，发展高附加值产业、服务业等；同时大力发展清洁能源，力争终端部门的能源效率到 2020 年接近国际先进水平等。

模型参数的设定主要依据国家“十二五”发展规划框架、安徽省全面建设小康社会的发展目标(2003—2020 年)、安徽省生态建设总体规划纲要、安徽省工业经济“十一五”发展规划纲要、以及最近公布的行业振兴规划等。假设 2011—2020 年，全省经济仍将保持相对快速增长的趋势；未来人口发展主要依据“安徽省人口发展‘十一五’规划和 2020 年远景目标”；能源强化政策的设置主要根据安徽省的能源发展规划。利用上述参数经模型运算，得到安徽省社会经济、能源需求和二氧化碳排放预测情景结果。

从预测结果来看，到 2020 年，基准情景和强化政策情景下安徽省一次能源需求将分别达到 1.67 亿 t 和 1.39 亿 t 标准煤；两种情景下万元地区生产总值能耗分别为 0.65 和 0.54 t 标准煤。相对 2007 年安徽省万元地区生产总值能耗 1.12 t 标准煤，两个情景相对 2005 年能源强度分别下降 42％和 52％。一次能源结构中煤炭比例在强化政策情景下由目前的 91％下降到 2020 年的 78％，而基准情景仍保持 82％的高水平。强化政策情景下，万元地区生产总值的能源二氧化碳排放量将从 2007 年的 2.91 t 下降到 2020 年的1.29 t,下降幅度为56%。到2020年,相对于基准情景万元地区生产总值的能源二氧化碳排放量的1.6 t,下降了20%。两种情景相比较,2020年化石燃料燃烧二氧化碳减排量将实现7823万t,减排效果十分明显(刘虹和姜乃隽,2009)。因此,强化政策情景将是安徽省降低温室气体排放强度、减缓气候变化的根本途径。

二、温室气体减排措施

随着人口和国民经济的不断增长,城市化水平不断提高,未来淮河流域的能源需求和相应的温室气体排放势必还将有较大增长。温室气体减排与经济发展的矛盾十分突出。因此,淮河流域在减排的同时还不能抛弃"高碳"产业,即在低碳化过程中推进工业化,优化产业结构。具体来说:

1. 发展低碳经济,减少温室气体排放

(1)优化产业结构,构建低碳产业支撑体系

在工业结构方面,淮河流域应继续坚定不移地走新型工业化道路,着力壮大热电联产、装备制造和钢铁有色等支柱产业,加快形成以先进制造业和基础产业为支撑、大中小企业合理布局的主导工业体系,着力发展资源节约型、环境友好型产业。在高新技术产业方面,增强自主创新能力,加快高新技术成果产业化和利用高新技术、先进适用技术改造传统产业步伐,加快信息技术在传统产业中的应用,加快高新技术产业从加工装配为主向自主研发制造延伸。以生物质能、风能、太阳能、燃料电池等为主要方向,积极发展清洁及可再生能源,加大产业化力度。在传统产业方面,着力提升煤炭、化工、食品加工、造纸四大产业结构,增强传统优势产业竞争力。应着眼于从整体上搞好淮河流域传统工业的升级换代,集中力量对一些有发展潜力、优势的产业和产品进行技术改造,使产业技术层次上一个新台阶,保持和提升产业的竞争力。在第三产业方面,积极推进低碳科技服务业,增强产业支撑力。提升生活服务业,加强生产服务业,在旅游业、文化产业、物流产业和特色服务业四大方面创品牌,抓集团,形成优势和竞争力。

(2)优化能源消费结构,提高能源效率

鉴于煤炭在淮河流域能源消费中的主导地位,因此要大力推进煤炭净化技术创新,加强相关基础设施建设。同时,要大力发展水电、沼气和地热能的开发和利用;加大对垃圾焚烧发电和秸秆等生物质能发电,以及煤层气和煤矸石的综合利用。最大限度地降低能源消费强度和碳排放强度,实现碳排放与经济增长的逐步脱钩。到2015年,安徽省力争煤炭,天然气和煤层气,小水电、核电、太阳能和生物质能,石油产品消费比例分别调整为75%、10%、7%、8%,清洁能源得到较快发展。

通过提高行业准入门槛,淘汰产能 5×10^4 t/a 以下企业和单套装置 2×10^4 t/a 以下碳黑生产线;通过提高环境、质量和技术标准,引导企业加快技术创新、技术进步和产品升级换代;此外,通过兼并重组、"上伸下延",尽快淘汰落后产能,提高产业集中度和技术能耗水平,实现集约化、集团化、循环发展。规划新建的火电机组原则上要求单机容量在60万kW以上,并同步安装脱硫装置。鼓励建设大容量、高效率的大型循环流化床煤矸石发电机组,特别是建设单机容量20万kW以上机组;鼓励建设煤矸石热电联产项

目，向附近工矿企业和城镇集中供热[①]。

(3)减少农业和农村温室气体排放

①减量化生产模式：加强农业污染防治，推广高效、低毒、低残留农药和测土施肥，减少对土壤、水环境的污染。到2012年，江苏省淮河流域力争化学氮肥施用总量比2007年减少8%，化学农药使用量比2007年降低15%，规模畜禽养殖场粪污和秸秆综合利用率提高到80%以上，80%的县建成生态农业县[②]。②再利用模式：一方面对农产品进行深度加工；另一方面将各类农产品加工后的副产品及有机废弃物化害为利，进行系列开发、深度加工，既节约了能源资源，又解决了对生态环境的污染。③再循环模式：将农产品转化成再生资源重新投入生产系统。目前安徽省丰原集团已成功突破用秸秆生产燃料乙醇的关键技术，中国科学技术大学研究的秸秆、木屑转化成生物油的技术取得了阶段性成果；秸秆发电项目的试验完成，并获得国家发展和改革委员会核准建设。安徽省年产生农业废弃物秸秆约4000万t，每年再利用量近50%，对农业节能减排起到积极作用(鲍耿磊和胡应中，2007；霍永琴，2008)。

2. 加大生态保护，增加碳汇功能

建设生态和湿地资源重点保护工程，建立重要生态功能区，以及重大林业灾害应急体系。到2015年，淮河流域典型森林生态系统和国家重点野生动植物、自然保护区以及湿地资源保护面积有较大程度的增加，自然保护区面积占国土总面积的比重进一步增大；大力开发节约资源和保护环境的农业技术，积极推广以沼气为纽带、种养业相互促进的农业循环经济模式，实现人畜粪便、农作物秸秆、有机生活垃圾等废弃物的无害化处理和资源化利用。

碳汇主要是指森林吸收并储存二氧化碳的能力。研究表明，每增加1%的森林覆盖率，可以从大气中吸收固定0.6亿～7.1亿t碳(龚建文，2009)。清洁发展机制下的造林再造林碳汇项目，是《京都议定书》框架下发达国家和发展中国家之间在林业领域内的唯一合作机制。发挥碳汇潜力，就是要通过土地利用调整和林业措施将大气温室气体储存于生物碳库。淮河流域农业生产比重较大，发展碳汇林业和农业潜力较大。因此，要加强和改进林业生态建设和管理，扩大造林面积，提高单位面积森林蓄积量，积极发展生态农业，增加农田土壤碳贮存，减少农业碳排放。充分利用淮河流域农业和森林的碳汇潜力，获得国家和国际清洁机制的支持。

3. 发展清洁发展机制，引进国外资金与技术

中国气候变化协调委员会将煤层气项目列为《京都议定书》CDM项目开发的四个优先领域之一。淮河流域煤层气资源丰富，煤层气资源开发和利用必将有效减少二氧化碳减排。首先，淮河流域应建立清洁发展机制项目专家库，加强与国内外相关机构合作，提高开发清洁发展机制项目的整体能力；其次要抓紧制定清洁发展机制项目行业发展规划，加强温室气体排放量监测与减排潜力论证工作，对本流域优势产业(如煤炭、电

---

① 安徽省发展和改革委员会. 2006. 安徽省“十一五”能源发展规划. 安徽省人民政府.

② 江苏省农林厅办公室. 2008. 加大力度，加快进度切实抓好淮河流域农业面源污染防治. 农林工作简报.

力、生物质能等）以及能使成批企业受益的清洁发展机制项目所需技术进行重点攻坚开发；建立淮河流域清洁发展机制项目库，选择一批有影响和代表性的项目，通过政策扶持和资金投入的方式作为清洁发展机制示范项目开发。近年来，淮河流域着力加快煤层气开发利用，制定煤矿瓦斯抽采利用规划，制定了煤矿瓦斯抽采利用的实施意见和煤矿瓦斯治理规定等一系列政策性措施。目前，淮河流域已获批准100多项CDM项目，减排主要涉及煤层气开发、节能和提高能效、新能源和可再生能源等方面。

4. 加强减缓气候变化保障措施

（1）加强自主创新以及国际和区域合作，开发利用低碳技术

着眼于中长期战略技术的储备，加快现有低碳技术推广和应用以及关键低碳技术的自主创新。引导风险投资，鼓励企业开发低碳先进技术。加强国际低碳方面的技术交流，积极参与国际能源技术和碳交易市场，加强低碳技术、低碳产品的贸易，充分有效利用发达国家对中国的技术转让，促进淮河流域低碳经济发展。加强国内交流与合作，开展与兄弟省市在可持续发展和应对气候变化领域的交流与合作，积极借鉴其他省份的宝贵经验，实现资源共享，优势互补。

（2）加强体制和法律法规体系建设

由淮河流域各省应对气候变化工作领导小组牵头，加强应对气候变化工作组织领导，建立相关的管理机构和机制，各级政府和相关部门协作配合，研究制定相关战略和政策，并认真组织实施。组织制定一批地方技术标准和技术规范，逐步建立健全资源节约标准体系。加快制定高耗能、高耗水及高污染行业市场准入标准和合格评定制度，制定重点行业清洁生产评价指标体系和涉及低碳经济的有关污染控制标准。加强节能、节水等资源节约标准化工作。开展节能、节水、环保产品认证以及环境管理体系认证。逐步制定完善与发展低碳经济有关的示范企业、清洁生产示范企业、示范园区、示范城市、示范县（区）、示范社区、示范村镇、废弃物综合利用示范单位、绿色社区、绿色学校、绿色医院、绿色政府、绿色建筑、公共平台示范基地等评价标准。

（3）提高公众低碳生活的意识

应用电视、报纸、书刊、影像等各种宣传工具和手段，努力提高人们的资源环境意识，提高公众保护全球气候的参与意识，引导公众建立有助于减少温室气体排放的生活方式和消费模式，如使用较高效率的家用电器、充分利用公共交通设施、购买和使用再生纸以及分类存放可回收利用生活垃圾等。

小　结

气候变化问题对当今世界高度依赖自然资源发展物质文明的社会经济发展模式提出了挑战，使可持续发展战略成为新的发展模式。由于淮河流域经济基础较薄弱，人民的生活水平较低，发展经济、消除贫困、提高人民生活水平仍是当前及今后相当长时期内的首要任务。化石能源消费量以及随之产生的温室气体排放量将不可避免地继续增

加；加之淮河流域煤炭资源丰富，经济发展过度依赖化石燃料燃烧，而清洁能源资源不足，高耗能产业比重大，低碳产业发展滞后，低碳成果应用不足，导致淮河流域已成为中国温室气体排放浓度较高的地区。

本章介绍了淮河流域温室气体排放现状及未来排放情景和减排压力，总结分析了目前已有的减缓措施及其效果，提出适合于本流域气候变化的减缓措施和政策建议：发展低碳经济，减少温室气体排放；加大生态保护，增加碳汇功能；发展清洁发展机制，引进国外资金与技术；加强减缓气候变化的法律、法规体系建设，有步骤地实施温室气体减排技术的研发与推广普及工作。

参考文献

安徽省发展和改革委员会．2009．低碳经济中的安徽能源产业．http://www.ahpc.gov.cn/

安徽省经济委员会．2007．我国首个矿井瓦斯 CDM 项目落户淮北．http://www.ahjw.gov.cn.

安徽省统计局．2006．安徽统计年鉴(2006)．北京：中国统计出版社．

安徽省统计局．2008．安徽统计年鉴(2008)．北京：中国统计出版社．

鲍耿磊，胡应中．2007．安徽省农业崛起的必由之路：发展农业保险．华东经济管理，**21**(3)：72-76．

陈宏斌．2005．CDM 机制—煤层气利用新的融资渠道．能源环境保护，**19**(5)：46-49．

丁维新，蔡祖聪．2002．沼泽甲烷排放及其主要影响因素．地理科学，**22**(5)：619-625．

高广生．2007．《中国应对气候变化国家方案》减缓内容简介．中国能源，**29**(8)：5-9．

高峰，孙成权，曲建升．2001．全球变化研究的新认识——IPCC 第三次气候评价报告第一工作组概要．地球科学进展，**16**(3)：442-445．

龚建文．2009．低碳经济：中国的现实选择．江西社会科学，(7)：27-35．

国家发展和改革委员会能源研究所．2005．中国能源政策综合评价模型．http://www.eri.org.cn/manage/englishfile/19-2005-7-11-192505.

霍永琴．2008．发展循环经济，促进安徽农业节能减排．科技信息，**19**：318-319．

姬振海．2008．低碳经济与清洁发展机制．中国环境管理干部学院学报，**18**(2)：1-4．

林斐．2000．淮河流域资源型工业的发展战略．地域研究与开发，**19**(3)：40-43．

刘虹，姜乃隽．2009．安徽省气候变化形势与温室气体排放预测分析．中国能源，**31**(9)：40-43．

刘强，刘嘉麒，贺怀宇．2000．温室气体浓度变化及其源与汇研究进展．地球科学进展，**15**(4)：454-460．

《气候变化国家评估报告》编写委员会．2007．气候变化国家评估报告．北京：科学出版社，313-423．

苏伟．2008．中国促进减缓气候变化的战略与政策．环境保护，**9**：14-15．

万伦来，胡志华，金炎．2007．淮河流域新型工业化道路研究．经济研究导刊，**11**：150-152．

王勤花，曲建升，张志强．2007．气候变化减缓技术：国际现状与发展趋势．气候变化研究进展，**36**：322-327．

新华网．2010．安徽省限时淘汰七行业落后产能，8-31．

姚凤云．2002．安徽省煤层气开发的前景．煤矿环境保护，**16**(4)：53-54．

张其兵，阎伍玖．2004．安徽省两淮煤矿区主要环境问题及其整治对策．国土与自然资源研究，**3**：52-53．

中国气候导报. 2010. 安徽电力提前完成淘汰落后产能目标,8-14.
中国气候变化国别研究编写组. 2000. 中国气候变化国别研究. 北京:清华大学出版社.
中商情报网. 2009. 2009—2012 年安徽省煤层气项目投资咨询报告. http://www. askci. com.
IPCC. 2007. *Climate Change* 2007. *The physical science basis*. Cambridge. Cambridge University Press.

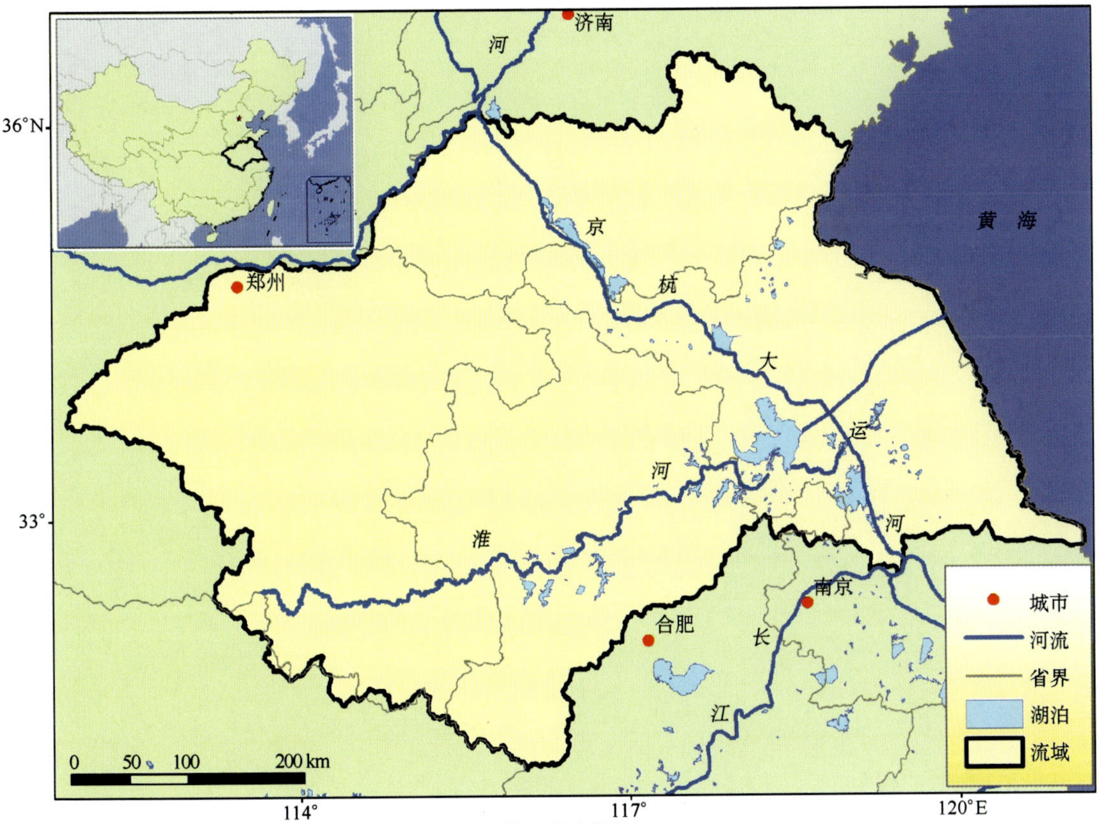

济南
河
36°N
黄 海
京
郑州
杭
大
运
河
33°
淮
河
南京
合肥
长
江
城市
河流
省界
湖泊
流域
0 50 100 200 km
114°
117°
120°E

淮河流域图